Rock Mechanics

Felsmechanik
Mécanique des Roches

Supplementum 11

Ingenieurgeologie und Geomechanik im Talsperren- und Tunnelbau

Vorträge des 29. Geomechanik-Kolloquiums
der Österreichischen Gesellschaft für Geomechanik

Engineering Geology and Geomechanics in Dam and Tunnel Construction

Contributions to the 29th Geomechanical Colloquium
of the Austrian Society for Geomechanics

Salzburg, 9. und 10. Oktober 1980

Herausgegeben für / Edited for
Österreichische Gesellschaft für Geomechanik
von / by L. Müller, Salzburg

1981   Springer-Verlag   Wien   New York

Mit 153 Abbildungen

CIP-Kurztitelaufnahme der Deutschen Bibliothek

Ingenieurgeologie und Geomechanik im Talsperren-
und Tunnelbau: Vorträge d. 29. Geomechanik-
Kolloquiums d. Österr. Ges. für Geomechanik,
Salzburg, 9. u. 10. Oktober 1980 = Engineering
geology and geomechanics in dam and tunnel
construction / hrsg. für Österr. Ges. für Geomechanik von L. Müller. — Wien, New York:
Springer, 1981.

(Rock mechanics: Suppl.; 11)
ISBN-13:978-3-211-81637-0

NE: Müller, Leopold [Hrsg.]; Geomechanik-
Kolloquium ⟨29, 1980, Salzburg⟩; Österreichische
Gesellschaft für Geomechanik; PT

ISSN 0080-3375
ISBN-13:978-3-211-81637-0   e-ISBN-13:978-3-7091-8621-3
DOI: 10.1007/978-3-7091-8621-3

Inhaltsverzeichnis — Index — Table des matières

Rock Mechanics, Suppl. 11, 1–7 (1981)

Rock Mechanics
Felsmechanik
Mécanique des Roches
© by Springer-Verlag 1981

Zum 100. Geburtstag von Josef Stini
Ansprache bei der Eröffnung des 29. Kolloquiums für Geomechanik

Abb. 1. *Josef Stini*, 1880–1958

Als einer der letzten, die noch mit unserem unvergessenen Lehrer Professor
Stini persönlich in einzelnen Aufgaben zusammenarbeiten konnten, habe ich es
über Ersuchen der Tagungsleitung übernommen, hier in einer kurzen Einführung
und Erinnerung der hundertsten Wiederkehr seines Geburtstages in diesem Jahr
zu gedenken.

Die Baugeologen Österreichs verehren in *Josef Stini* nicht nur ihren uner-
reichten Meister, sondern noch mehr den eigentlichen Schöpfer der heute gülti-
gen Form ihrer Facharbeit; mit der Entwicklung der Geomechanik und Felsmechanik ist er als einer der neben *Leopold Müller* maßgebendsten Mitgestalter der
ersten und späterer Kolloquien unseres Salzburger Kreises bis zu seinem Tode im
Jahre 1958 untrennbar verbunden.

Auch viele der älteren Bauingenieure unserer Generation werden sich noch
der Zeit nach dem Zweiten Weltkrieg erinnern, als die Beurteilung der baugeologischen Voraussetzungen irgendeines größeren Bauvorhabens in Österreich, be-

0080–3375/81/Suppl. 11/0001/$ 01.40

sonders etwa im Ausbau der Wasserkräfte, der Verkehrswege oder im Tunnelbau, nicht als abgeschlossen gelten konnte, bevor *Stini* als die überlegene Autorität sich dazu geäußert und seine Billigung gegeben hatte. Trotz dieser nur von wenigen vergleichbar erreichten Ausstrahlung seines Könnens und seiner Persönlichkeit hat er sich — wie viele Zeitgenossen wissen — als stiller, emsig arbeitender Mensch oft im rauhen Umgang mit den Männern vom Bau nicht zureichend in seinen Überlegungen und Schlüssen anerkannt gefühlt.

Freilich gab es schon vor ihm auch in Österreich wie etwa in der Schweiz die geologische Begleitarbeit bedeutender Fachleute zu den großen alpinen Eisenbahn- und Tunnelbauten, schon 1874 gebrauchte *F. v. Hochstetter* in seiner Wiener Rektoratsrede über „Geologie und Eisenbahnbau" — wie *A. Kieslinger* festgestellt hat, als erster — den Begriff „Ingenieurgeologie"; unvergessen bleibt die Arbeit etwa von *Max Singer* und *Vinzenz Pollak*.

Doch vom Ersten Weltkriege an bedurfte es eines neuen Anfanges, der durch *Stini* — neben seinen Freunden *Otto Ampferer* und *Hans Ascher* — weit über das bisher Erreichte hinausführte. Als Absolvent der Hochschule für Bodenkultur in Wien, nach Praxis in der Wildbachverbauung und ergänzenden Studien an der Technischen Hochschule und an der Universität in Graz hat sich *Stini* als Lehrer an der Höheren Forstlehranstalt in Bruck an der Mur, als Dozent in Graz und ab 1925 als Professor und Institutsvorstand an der Technischen Hochschule in Wien mit dem Einsatz seiner ganzen bewundernswerten Arbeitskraft und Persönlichkeit der Erkundung und weiteren Erforschung der geologischen Voraussetzungen im Bauwesen gewidmet.

Für ihn war die Baugeologie eine möglichst exakt formulierte Verfeinerung, Spezialisierung, Erweiterung und Anwendung der Regeln der Allgemeinen Geologie, vom Werden, dem Aufbau und dem Verhalten geologischer Körper und ihrer Formen.

Es kann hier nicht versucht werden, Leistungen auf Einzelgebieten herauszustellen und nahezubringen. In seiner Arbeitsweise war *Stini* immer kartierender Geologe, der seine Beobachtungen möglichst in geschlossener flächenhafter bis räumlicher Darstellung niederlegte und den jeweiligen Stand der örtlichen petrographischen und stratigraphischen wissenschaftlichen Erforschung voll verwertete und ergänzte. Aber er wußte natürlich, daß die üblichen geologischen Karten — auch sogenannte „Detailaufnahmen" 1:25 000 oder 1:10 000 — für die Fragen des einzelnen Bauobjektes sehr wenig aussagen und daß dafür schlechthin alle im Detail erkennbaren Merkmale der Gesteinsaufschlüsse und der Kleinformen des Geländes beobachtet, ausgewertet und zusammengefaßt werden müssen. Das hat *Stini* meisterhaft ausgebaut und den Grundstein gelegt zur heute selbstverständlich gewordenen Darstellung und Erschürfung der geologischen Grundlagen eines Bauvorhabens nicht im Maßstab geologischer Karten, sondern im Maßstab und auf Grundlage der Baupläne.

Die zweite, von *Stini* eingeleitete grundsätzliche Erweiterung der baugeologischen Mitarbeit ist wohl die, daß der Geologe nun nicht mehr nur ein einführendes Gutachten zum Baugeschehen beiträgt, sondern daß er als ein ständiges Mitglied des technischen Stabes während der ganzen einschlägigen Bauausführung die fortschreitende Aufschließung des Untergrundes und seine Behandlung beeinflußt, berät und dokumentiert.

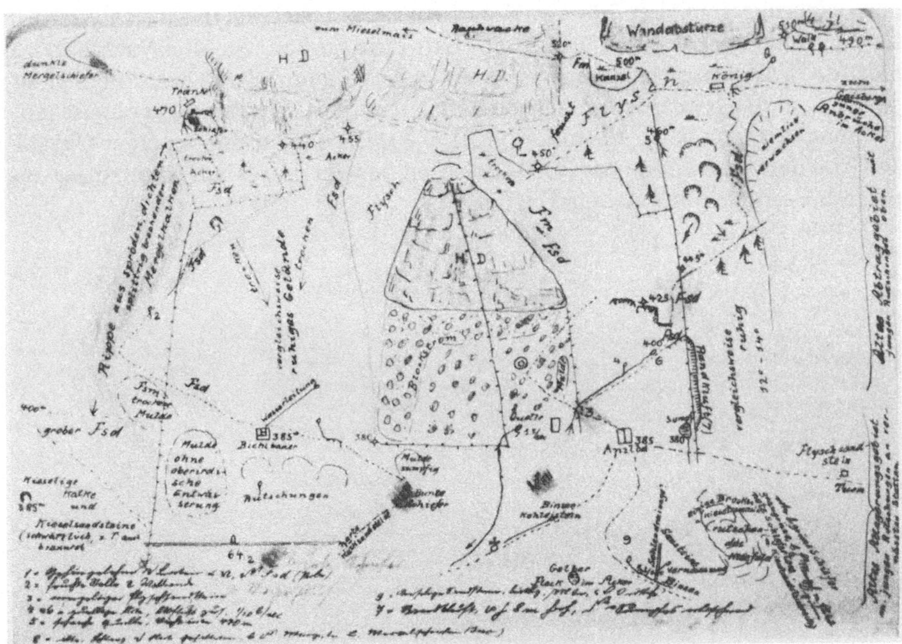

Abb. 2. *Stini* war ein Meister der Detailbeobachtung und Detailkartierung, welche, im Maßstab
der Baupläne, Grundlage technischer Interpretation geologischer Daten sind.
Geologische Skizze eines Berghanges; Seite aus den Notizbüchern
Stini was a master in detail observation and mapping, which — in the scale of the plans — are
the basis of technological interpretation of geological data
Geological sketch of a mountain-slope; one page of *Stini*'s note-books

Schließlich danken wir ihm durch die systematische Sammlung seiner breit-
gestreuten Erfahrung große Fortschritte auf dem Wege von der rein qualitativ-
beschreibenden Darstellungsart der frühen Geologie zur Lieferung zahlenmäßiger
Werte des Untergrundverhaltens — und seien es auch zunächst nur geschätzte
Vergleichswerte — für die konstruktive Arbeit des Ingenieurs. An den Anfängen
unserer Felsmechanik steht *Stini* unter anderem durch den Ausbau der systematischen Kluftmessung und Kluftstatistik, wie auch durch erste Schritte auf dem
erst durch einen Ausbau in weiterer Zukunft eminent aussichtsreich werdenden
Wege einer rechnerischen Analyse der uns von der Natur so reichlich ange-
botenen Beispiele stabiler und instabiler Böschungen und Gebirgshänge. Berg-
stürze, Bergzerreißung und Talzuschub belegen ja in eindringlicher Anschaulich-
keit, daß wir in den Formen unserer Berge keineswegs nur das Ergebnis langsamer
Kleinarbeit der Erosion zu sehen haben, sondern klimageschichtlich beeinflußte
Gleichgewichtsformen mit nur geringen und zeitlich wechselnden technischen
Sicherheiten, das Ergebnis großmaßstäblicher Stabilitätsversuche mit dem natürlichen, durch keine Modellvereinfachung verfälschten Baustoff des Gebirges. Das
ist der Weg von der technischen Felsmechanik zur angestrebten Geomechanik.

Es ist bekannt, daß *Stini* neben relativ frühen Büchern über die Muren, über
Technische Gesteinskunde und Geologie, Quellenkunde und Tunnelgeologie

seine Erfahrungen in über 300 Veröffentlichungen — vielfach in seiner Zeitschrift „Geologie und Bauwesen" — dargestellt hat. Zum großen, von den Nachfahren erhofften, zusammenfassenden Werk kam es nicht mehr. Wenig bekannt aber ist, daß das Amt der Niederösterreichischen Landesregierung in seiner geologischen Abteilung den fachlichen Nachlaß von *Josef Stini* wohlgeordnet in einer Unzahl von Geländebüchern und über 700 Gutachten bewahrt, Ergebnis einer schier unfaßbaren Emsigkeit und Arbeitskraft.

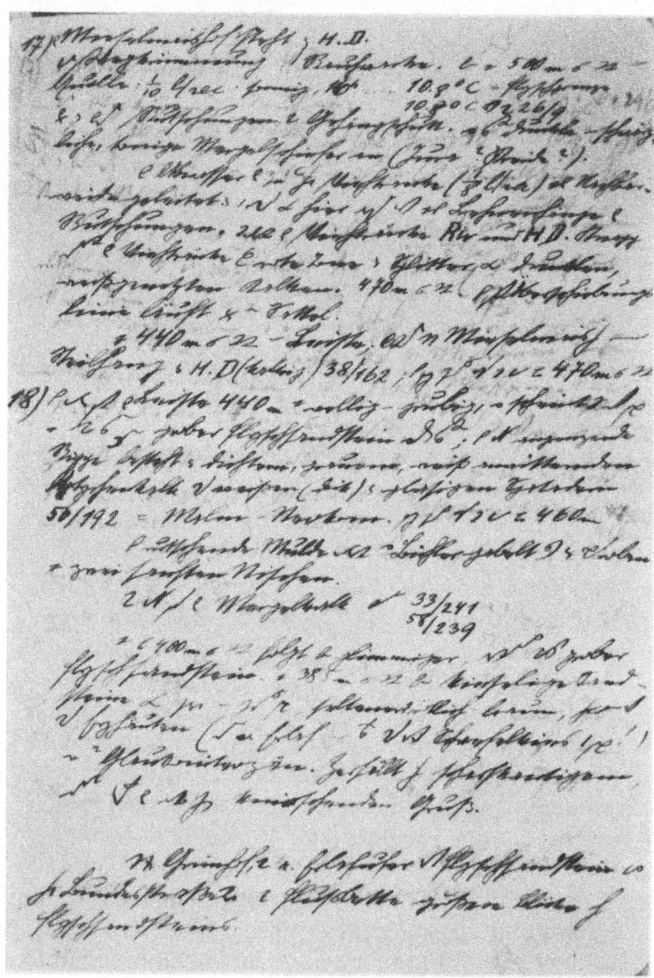

Abb. 3. Am Abend eines anstrengenden Aufnahmetages pflegte *Stini* seine stenographischen Feldnotizen aus dem frischen Gedächtnis ins reine zu schreiben (auf dieser Seite sind die Bleistift-Original-Notizen noch zu erkennen)
In the very evening of a fatiguing day of surveying, *Stini* used to make fair copies out of his shorthand notes, from his fresh memory (on this page the original short-hand-notes are left visible)

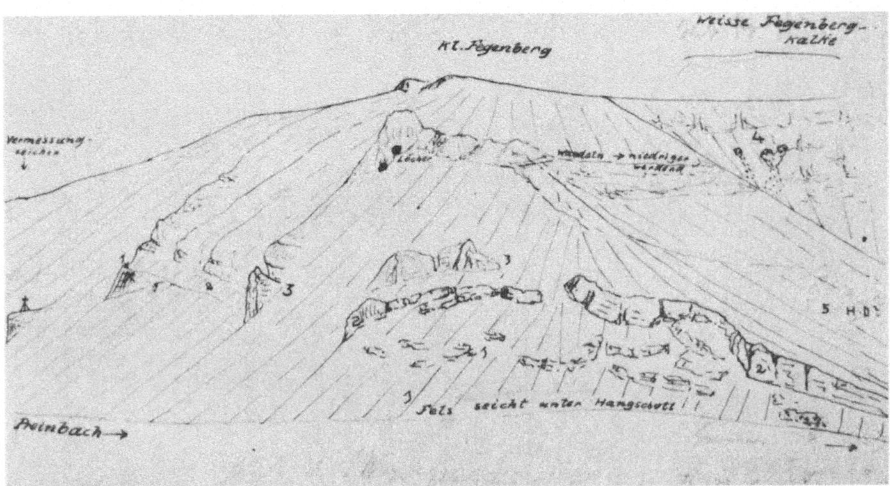

Abb. 4. Weitere geologische Skizze eines Berghanges; aus den Kalkalpen in Niederösterreich
Another geological sketch of a mountain-slope; Limestone-Alps, Lower Austria

Abb. 5. Tausende von Kluftmessungen führte *Stini* eigenhändig aus und faßte sie zu Gefügestatistiken zusammen, wobei er für die graphische Darstellung ursprünglich die zweidimensionale Kluftrose, später das dreidimensional lesbare Schmidtsche Netz verwendete. In den Klüften den wesentlichsten, mechanisch bestimmenden Faktor zu sehen, ist sein Vermächtnis an die Geomechanik. Nur wenig anderes lag ihm so sehr am Herzen wie dies.
Beispiel eines Original-Formblattes der Kluftstatistik *Stini's*
Stini recorded thousands of joints personally, collecting them to joint statistics. Originally he used for the graphic representation the two-dimensional joint rose, later on the three-dimensional recording by means of Schmidt's net. It is his legacy to geomechanics having considered the joints to be the most essential factor that determines the mechanical behaviour. Only a few other things were as important for him.
Example of an original form, *Stini* used in joint-statistics

Übersicht der geologischen Gutachten im Nachlaß Prof. Stini

regional ⟶ thematisch ↓	Burgen-land B	Kärnten K	Nieder-Österr. N	Ober-Österr. O	Salz-burg S	Steier-mark St	Tirol T	Vorarl-berg V	Wien W	Nachfolge-Staaten	BRD D	übrig. Europa	
Baustoffe, Steinbrüche, Montanwesen	3	5	10	3	1	19	3	1	4	14	1		64
Baugrundfragen	–	–	19	2	1	3	1	1	21	3	–	–	51
Straßenbau, Trassierungen	3	2	26	7	6	6	1	–	1	–	1	–	53
Stollen- und Tunnelbau	–	5	8	1	7	11	6	–	–	2	1	1	41
Wasserversorgung, Abwasser	5	46	17	3	10	33	3	1	8	14	–	–	140
Heilquellen	5	4	2	3	2	1	–	–	–	–	–	–	17
Wasserkraftanlagen, Flußbau	–	35	23	19	33	40	27	3	2	23	6	–	211
Muren, Rutschungen, Hänge	2	4	13	1	8	7	3	15	7	2	1	1	63
Luftschutzanlagen	1	3	20	–	2	5	–	2	27	2	1	–	63
	19	104	138	39	70	122	44	23	70	60	11	2	703

Österreich   629   74

Die eingeschaltete Tabelle bringt eine erste rohe Übersicht über diese erhaltenen Gutachten sehr verschiedenen Umfanges in regionaler und in thematischer Gliederung. Wir sehen, daß der Schwerpunkt der Arbeit *Stinis* trotz der übernationalen Auswirkung seines Beispieles auch aus Gründen der Zeitumstände deutlich in unseren österreichischen Alpenländern lag und aus welchem unvorstellbar großen Erfahrungsschatze aus den Bereichen der Wasserversorgung und Wasserkraft, des Untertagebaues, der Verkehrswege und der Hangbewegungen die allgemeinen Regeln abgeleitet sind, die er etwa über die Wasserbewegung im Gebirge und ihre technischen Auswirkungen abgeleitet und gelehrt hat.

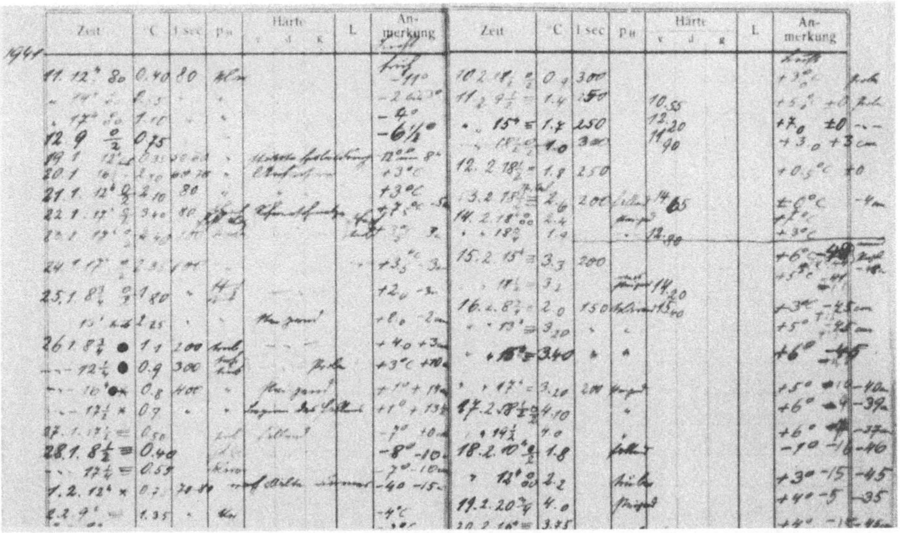

Abb. 6. Bei quellenkundlichen Untersuchungen wurde *Stini* nicht müde, hundert von Temperatur- und Schüttungsmessungen selbst auszuführen, welche über die Natur der Quellen Auskunft geben
Stini did not grow weary of performing himself hundreds of measurements of temperature and yield of springs, obtaining so informations about the nature of the springs

Aus diesem Nachlaß sollen nun einige Diapositive, die der Verfasser dem Entgegenkommen der dortigen Kollegen und der Herren Prof. *Horninger* und Dozent *Eppensteiner* von der Technischen Universität Wien verdankt, das Bild der Erinnerung runden. Sie zeigen für die Arbeitsweise von *Stini* charakteristische Kartierungen, Ablichtungen aus den handschriftlichen Geländebüchern, als Beispiele die von ihm zuerst gegen die Meinung anderer Fachgenossen erkannten großen Talzuschübe in den Hängen der Speicher Durlaßboden und Gepatsch; sie zeigen auch das den ausführlichen Nachruf aus der Feder *A. Kieslingers* im 50. Band der Mitteilungen der geologischen Gesellschaft in Wien (1958) einleitende Gelegenheitsbildnis. Wir hoffen, daß unser verehrter Lehrer so wie in diesem freundlichen Bilde leicht überlegen, aber verständnisvoll verzeihend und zufrieden lächeln würde, wenn er beobachten könnte, was wir nun über zwanzig Jahre nach ihm in unseren späteren Kolloquien zu sagen haben.

E. Clar

Rock Mechanics, Suppl. 11, 9—32 (1981)

Rock Mechanics
Felsmechanik
Mécanique des Roches
© by Springer-Verlag 1981

Neue Wege zur Erkundung tektonischer Strukturen im Tunnelbau

Von

H. Prinz, K. Reul und **N. Scholz**

Mit 10 Abbildungen

Zusammenfassung — Summary

Neue Wege zur Erkundung tektonischer Strukturen im Tunnelbau. Mit der tektonischen Luftbildinterpretation steht eine Methode zur Verfügung, auch in tektonisch stärker beanspruchtem Gebirge den Verlauf tektonischer Störungszonen und auch den Beanspruchungsgrad des Gebirges, besonders bei den in letzter Zeit immer häufiger erkannten Horizontalverschiebungen, zu erfassen. Die hier dargestellte tektonische Gefügeanalyse vermittelt nicht nur ein flächendeckendes Bild über die Verteilung der Trennflächen im Gebirge, sondern vermag in vielen Fällen auch die Kinematik auf den tektonischen Trennflächen aufzuzeigen.

Die Untersuchungsmethode wird ausführlich erläutert und die Erfahrungen von der ersten Anwendung beim Auffahren des Tunnels Hirschhorn im südlichen Odenwald werden mitgeteilt. Die im Gegensatz zu dem Ergebnis der konventionellen Untersuchungen doch recht starke tektonische Beanspruchung des Gebirges ist bei der Luftbildauswertung erkannt und die Bereiche unterschiedlicher tektonischer Zerrüttung sind recht zutreffend wiedergegeben worden. Eine weitere wesentliche Erkenntnis dieser ingenieurgeologischen Untersuchungen ist die starke horizontale Scherbeanspruchung des Gebirges, die beim Tunnelbau künftig verstärkt zu beachten ist.

New Techniques in Researching Tectonic Structures for the Planning of Road Tunnels. Tectonic fabric analysis is especially apt to locate strike-slip-faults (wrench faults), which, in horizontally layered strata, are difficult to identify by either geological mapping or drilling. The method was successfully introduced in the planning of a road tunnel through Triassic sandstones in the southern Odenwald Mountains (South Hesse). Fabric analysis by means of enlarged air photographs revealed a number of zones of strong shear deformation, which have not been found by the previous conventional investigations. The results of the tectonical analysis proved to be correct, when the actual mining work was executed. Further investigation in situ showed the existence of strong strike-slip-faults to an extent not known before. Its occurrence should be paid much attention in future tunnel projects.

The following paper explains the investigation steps, shows the results and compares them with the conditions found in situ. The consequences as to future investigations are discussed.

0080—3375/81/Suppl. 11/0009/$ 04.80

1. Einleitung

Im Verbreitungsgebiet des Buntsandsteins sind derzeit in Hessen einige Verkehrstunnelbauten in Bau oder Planung, nämlich der Straßentunnel der B 37 bei Hirschhorn am Neckar, der Straßentunnel für die Umgehung des Ortsteils Oberrieden der B 27 bei Eschwege (Werra-Meißner-Kreis) und vor allem die geplante Neubaustrecke der Deutschen Bundesbahn von Hannover nach Würzburg, mit allein in Hessen 29 Tunnelbauwerken mit einer Gesamtlänge von rd. 61 Tunnelkilometern (*Weber, Engels* und *Maak*, 1979, Bild 1).

Das Buntsandsteingebirge Ost- und Nordhessens gehört aufgrund seiner unterschiedlichen Schichtausbildung, der tektonischen Beanspruchung und der gebietsweise auftretenden Erscheinungsformen des tiefen Salinarkarstes bezüglich Tunnelbau zu den schwierigen Gebirgsformationen.

Die moderne Buntsandsteingliederung ermöglicht es zwar heute, die Lagerungsverhältnisse und die tektonischen Strukturen des Gebirges weitaus besser zu erfassen als bisher, doch wird bei tektonisch stärker beanspruchtem Gebirge wegen der Engräumigkeit der Strukturen die Vorhersage tektonischer Störungszonen auch mit Hilfe einer geologischen Spezialkartierung sehr schwierig. Auch enggesetzte Bohrungen und eine detaillierte stratigraphische Bearbeitung der Bohrkerne reichen oft nicht aus, da die Bohrergebnisse nur selten eine Aussage über Richtung und Raumstellung der Großklüfte und Störungszonen erlauben. Bei tektonischen Horizontalverschiebungen ohne nennenswerten Vertikalversatz versagen die konventionellen Methoden fast ganz. In solchen Fällen ist eine luftbildgeologische Spezialuntersuchung derzeit die einzige Möglichkeit, den tektonischen Bau des Gebirges einigermaßen zu erfassen.

Die mit diesen Tunnelbauten zusammenhängenden ingenieurgeologischen Probleme sind im Hessischen Landesamt für Bodenforschung frühzeitig erkannt und die Untersuchungsergebnisse jeweils kurzfristig der Fachwelt vorgestellt worden. Die Auswirkungen des tiefen Salinarkarstes wurden von *Laemmlen, Prinz* und *Roth* (1979) und *Prinz* (1979 und 1980 a) eingehend beschrieben. *Prinz* (1980 b) beschäftigt sich ausführlich mit den Besonderheiten der Schichtausbildung und gibt einen Überblick über die maschinelle Lösbarkeit der Gesteine und ihr Verhalten bei Wasserzutritt. In der vorliegenden Arbeit werden nun als weiterer Fragenkomplex neue Ergebnisse zur Erkundung tektonischer Strukturen und der tektonischen Gebirgsbeanspruchung am Beispiel eines bereits aufgefahrenen Tunnelprojekts diskutiert.

2. Geologischer Überblick

2.1. Allgemeine geologische Situation

Die genannten Tunnelprojekte liegen im Verbreitungsgebiet des Buntsandsteins und zwar vorwiegend in flach gelagerten Schichten des Unteren und Mittleren Buntsandsteins. Der im Odenwald etwa 500 m, im Norden bei Kassel etwa 1000 m mächtige Schichtenkomplex des Buntsandsteins ist keineswegs einheitlich ausgebildet. Mächtigkeit und Ausbildung der einzelnen Schichtglieder können gebietsweise sehr verschieden sein, was primär mit den unterschiedlichen Sedimentationsverhältnissen des in Becken- und Schwellenbereiche aufgegliederten, nach Süden zunehmend flachmeerischen Sedimentationsraumes zur Buntsandsteinzeit zusammenhängt. Gebietsweise können auch ganze Schichtglieder ausfallen.

Der Buntsandstein wird im tieferen Untergrund von Gesteinen des Zechsteins unterlagert, mit zum Teil sehr mächtigem Anhydrit und gebietsweise bis zu 300 m mächtigem Steinsalz. Die löslichen Salinargesteine unterliegen seit geologischen Zeiträumen bis heute einer gewissen Auslaugung, die zu sehr unterschiedlichen, oft als pseudotektonisch bezeichneten Lagerungsstörungen im Deckgebirge geführt hat. Der interessierte Leser findet nähere Angaben über die Zusammenhänge des sogenannten tiefen Salinarkarstes vor allen Dingen bei *Laemmlen, Prinz* und *Roth* (1979).

2.2. Buntsandsteingliederung

Die Gesteine des Buntsandsteins sind Schichtgesteine. Die Schichtflächen, welche gleichzeitig geotechnisch sehr wirksame Trennflächen darstellen, sind durch Sedimentationswechsel in der Korngröße entstanden, der auch zu der teilweise ausgeprägten Wechselschichtung von Sandstein- und Tonsteinbänken geführt hat. Aufgrund eines sehr weiträumig verfolgbaren, teilweise rhythmischen Wechsels in der Korngröße wird der Buntsandstein heute (*Richter-Bernburg,* 1974) in insgesamt 8 Folgen untergliedert, die im Gelände auch bei mäßigen Aufschlußverhältnissen nach Lesesteinen und morphologischen Kriterien kartierbar sind.

Die Ausbildung der Mächtigkeit der an der DB-Neubaustrecke verbreiteten Folgen des Unteren und Mittleren Buntsandsteins sind aus Abb. 1 ersichtlich. Der am weitesten verbreitete Mittlere Buntsandstein wird in 4 Folgen untergliedert, von denen die drei älteren jeweils mit einem geringer mächtigem, grob- bis mittelkörnigem, mehr oder weniger dickbankigem Basissandstein beginnen, der dann von einer wesentlich mächtigeren Wechselfolge aus überwiegend feinkörnigen Sand- und Tonsteinen überlagert wird, deren Tonsteinanteile bis über 40 % betragen können. Insgesamt ist auch eine Abnahme des Tonsteinanteils von unten nach oben, d. h. von der Volpriehausener zur Hardegsener Wechselfolge zu verzeichnen. Eine kurzgefaßte petrologische Beschreibung dieser Schichtenfolge bringt *Prinz* (1980 b).

Im mittleren und höheren Unteren Buntsandstein ist von Norden nach Süden eine deutliche Abnahme des Tonsteinanteils und eine Zunahme der Bankungsdicke der Sandsteine zu verzeichnen, die ihren Ausdruck in den dickbankigen Bausandsteinen des Spessart- und Odenwaldgebietes finden. Als typische Vertreter dieser Schichtausbildung können im Rahmen der vorliegenden Arbeit hierfür die dickbankigen Sandsteine vom Neckargebiet bei Hirschhorn angesehen werden, die früher in zahlreichen Steinbrüchen als Bausandsteine abgebaut worden sind.

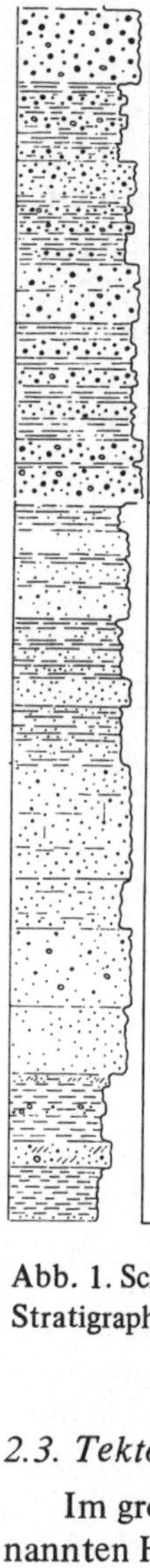

		SÜDABSCHNITT		NORDABSCHNITT	
Mittlerer Buntsandstein	Solling-Folge	Solling - Sandstein	35 m	Oberer Teil der Solling-Folge / Wilhelmshausener Schichten	70-100 m
	Hardegsen-Folge	Hardegsener Wechselfolge	±35 m	Hardegsener Wechselfolge	100 m
		Hardegsener Sandstein	15 m	Hardegsener Sandstein	10 m
	Detfurth-Folge	Detfurther Wechselfolge	30 m	Detfurther Ton	20 m
				Detfurther Wechselfolge	30-50 m
		Detfurther Sandstein	±25 m	Detfurther Sandstein	30-35 m
	Volpriehausen-Folge	Volpriehausener Wechselfolge	45-60 m	Avicula – Hauptlager	40 m
				Volpriehausener Wechselfolge	100 m
		Volpriehausener Sandstein	25 m	Volpriehausener Sandstein	30 m
Unterer Buntsandstein	Salmunster-Folge	Tonlagen-Sandstein	50-70 m	Tonstein-Sandstein-Wechselfolge	20m
				Sandstein-Tonstein-Wechselfolge	25-30m
				Tonstein-Sandstein-Wechselfolge	25-30m
		Basis - Sandstein	10m		
	Gelnhausen-Folge	Dickbank-Sandstein	70-80m	Sandsteinfolge mit einzelnen Tonsteinlagen	100-110m
		ECKscher Geröllsandstein / Heigenbrückener Sandstein	55-60m	Sandstein-Tonstein Wechselfolge	40-50m
	Brockelschiefer-Folge	Tonig-sandiger Teil	35-40m	Tonig-sandiger Teil	10m
		Sandiger Teil	5-7m	Sandiger Teil	10m
		Toniger Teil	25m	Toniger Teil	15m

80-151

Abb. 1. Schichtenfolgen des Unteren und Mittleren Buntsandsteins in Ost- und Nordhessen
Stratigraphic classification of the lower and middle Bunter in eastern and northern Hesse

2.3. Tektonischer Überblick

Im großtektonischen Rahmen gehört das betreffende Gebiet zum sogenannten Hessischen Schild, einem Teilstück der Südwestdeutschen Großscholle nach *Carlé* (1950). Es handelt sich um ein flach aufgewölbtes tektonisches Hochgebiet, in dem die ehemals horizontal abgelagerten Schichten des Buntsandsteins nach bisheriger Auffassung durch eine vielgestaltige Bruchschollen- und Verbiegungstektonik in ein unregelmäßiges Schollenmosaik zerlegt sind. Innerhalb des Hessischen Schildes werden einzelne Hochgebiete unterschieden, die den bekannten Mittelgebirgen wie Odenwald, Spessart, Rhön und Richelsdorfer Gebirge entsprechen und dazwischenliegende, großflächige Mulden- und Senkungszonen, die sich, zum Teil durch Salzauslaugung verstärkt, mehr oder weniger deutlich in der Oberflächengeologie abzeichnen (z. B. Fuldaer Börde, Niederhessische Tertiärsenke).

Die tektonische Gestaltung in den Teilgebieten des Hessischen Schildes ist jedoch im einzelnen recht unterschiedlich. Im östlichen und nordöstlichen Hessen herrscht eine Vergitterung rheinisch (N 0–30° E) und herzynisch (N 120–150° E) streichender Bruchrichtungen vor, die ihren Ausdruck in den schmalen tektonischen Grabenbrüchen der sogenannten Hessischen Gräben im Sinne von *Stille* (1925: 174) finden. In diesen Gräben sind Gesteine des Oberen Buntsandsteins, des Muschelkalkes und des Keupers in das Niveau des Mittleren Buntsandsteins eingesunken. Sie entstanden nach *Carlé* (1950: 19) ursprünglich durch Dehnung, die aber in vielen Fällen durch Gegeneinander-Bewegung der angrenzenden Schollen überformt wurde.

Im südlichen Odenwald wird die Tektonik sehr stark von den Bruchrichtungen der nur 10 bis 15 km westlich verlaufenden großtektonischen Struktur des Oberrheingrabens beeinflußt, der bei Heidelberg aus der NNE-Richtung in eine N- bzw. NNW-Richtung umbiegt. Rheinisch (N 10–30° E) streichende Parallelbrüche sind hier im Buntsandstein-Odenwald das vorherrschende tektonische Element und prägen vielfach die Richtung der tief und steil eingeschnittenen Flußtäler.

3. Die flächenhafte tektonische Gefügeanalyse

3.1. Grundlagen, Definitionen

Die flächenhafte tektonische Gefügeanalyse durch Fernerkundung transformiert die von *Sander* (1930, 1948 und 1950) in die Geologie und Petrographie eingeführte Gefügelehre, hier besonders die tektonische Gefügekunde, und die für die angewandte Geologie befruchtenden Arbeiten seines Schülers *Karl* (1964) auf die besonderen Gegebenheiten und Erscheinungsformen der Gefügedatensammlung aus Fernerkundungsbildern.

Die Methode benutzt lediglich die in Parallelanordnung auftretenden tektonischen Trennflächen zur Analyse (Klüfte, Bewegungsflächen, Verwerfungsflächen, Salbänder von Gangbildungen, Schieferungsflächen u. a.). Sie gründet auf Erkenntnissen und Gesetzmäßigkeiten der Gefügelehre, nach denen die gegenseitigen Lagebeziehungen von tektonischen Trennflächen in erster Annäherung ein Abbild tektonischer Körper und deren Deformation und ein Abbild des kinematischen Geschehens sind. Teilweise ist eine Verbindung zwischen kinematischem Bild und der verursachenden mechanischen Beanspruchung zulässig.

Die Gefügeflächen werden bei räumlicher Betrachtung im Stereomodell als Gefügespuren ermittelt und in das Luftbild eingezeichnet. Nach *Reul* (1977) ist die Gefügespur als feine Zeichnung im Luftbild definiert, welche die Schnittlinie der Gefügefläche mit der Gesteinsoberfläche markiert, bzw. deren lotrechte Projektion durch die Lockergesteinsdecke an die Erdoberfläche. Die Gefügespur ist meist gradlinig, wenn nämlich die Trennfläche senkrecht im Gebirgsraum orientiert ist (horizontale Flächennormale) und in allen Fällen einer wenig gekrümmten Gesteinsoberfläche. Weicht die Flächennormale maßgeblich von der Horizontallage ab und ist die Gesteinsoberfläche unstetig geneigt, so ist die Gefügespur gekrümmt oder geknickt. In diesen Fällen definiert die Krümmung oder die Knickung der Gefügespur die Raumlage der Trennfläche im Gebirge.

3.2. Abbildung tektonischer Flächengefüge im Luftbild

Sieht man von den Felsoberflächen des Hochgebirges ab, so treten in Mitteleuropa nur selten Gesteinsoberflächen zutage. Überwiegend ist eine Lockergesteinsdecke vorhanden und sei es auch nur eine mehr oder weniger tief reichende Bodendecke mit dichter Vegetation. Trotzdem werden die Ausbißlinien von Trennflächen im Festgestein in vielfältigen Erscheinungsformen an der Tagesoberfläche markiert. Die Untersuchung dieser Erscheinungsformen führte zur Unterscheidung einer Reihe von Spurentypen, deren genetische Entwicklung definiert ist. So hebt sich im vegetationslosen Ackerland der Kolmationstypus durch eine dunkle Zeichnung gegenüber der Umgebung ab, der Suffosionstypus durch helle Gefügespuren. Die beiden Typen der Subrosion und der Solution zeigen sich im Mikrorelief und haben auch eine funktionelle Bedeutung. Sie weisen beide auf eine starke Grundwasserbewegung im Untergrund hin. Der Vegetationstypus faßt eine Reihe von Subtypen zusammen, die besonders in Waldgebieten eine Rolle spielen und nach Pflanzenvergesellschaftung, nach Wuchshöhe und Wuchsform differenziert sind. Von den anderen vorkommenden Gefügespurtypen ist besonders derjenige der mechanischen Deformation wegen seines häufigen Auftretens zu nennen. Dabei zeichnet sich die Gefügespur unter anderem im Lockergestein durch Korngefügeveränderungen ab.

Mit Ausnahme der drei letztgenannten sind alle Spurentypen auf Unterschiede im physikalischen und chemischen Zerteilungsgrad der verwitternden Gesteinsrinde und der Tiefenreichweite der Bodenbildung, der Intensität der Perkolation des Niederschlagswassers und dessen Schleppkraft und, in Abhängigkeit davon, der Wasserretention und des veränderten Nährstoffangebotes für Pflanzen gegenüber der Umgebung, zurückzuführen.

3.3. Analyse der Gefügeanordnung

3.3.1. Vorbereitung, Korrekturen

Zur Verarbeitung der großen Datenmengen für notwendige korrektive Umformungen der Gefügespuren zu Schnittlinien mit der Horizontalebene (Streichen der Gefügespuren) und deren Lagekorrektur auf Gauß-Krüger-Koordinaten (Entzerrung aus der Zentralperspektive der Bildunterlage) sowie zur Durchführung einiger Analysenschritte wird ein elektronisches Datenverarbeitungssystem genutzt (Digitiger, Rechner, Trommelplotter). Die Algorithmen der hierfür entwickelten Programme entsprechen den analytischen Zusammenhängen, die nachfolgend beispielsweise vorgestellt werden. Vorbereitend müssen also zunächst die Bildgrunddaten in den Rechner eingegeben, die genaue Morphologie über Höhenformlinien digitalisiert und die Gefügespuren auf dem Luftbild über Digitalisierung dem Rechner zugeführt werden. Nach den relativ zeitaufwendigen Rechenvorgängen können die umgeformten Gefügespuren (Abb. 2 oben) in beliebigen Kartenmaßstäben als Arbeitsgrundlage für die manuelle Analyse oder zur interaktiv-maschinellen Weiterverarbeitung geplottet werden.

3.3.2. Analysenschritte

Bei der gefügetechnischen Analyse selbst sind grundlegend zwei Gruppen zu unterscheiden, einerseits die kinematische Analyse junger Bewegungen (Bewegungsanalyse) und andererseits die Untersuchung des konservativen tektonischen Baues.

Die Mehrzahl der Gefügespuren folgt aufgrund der Krustenunruhe durch geologische Zeiten alten Trennflächen des gefalteten und konsolidierten tieferen Untergrundes (bezogen auf die Lage des Tunnelprojektes im triassischen Deckgebirge). Sie bilden in erster Annäherung dessen Großstrukturen ab. Ihrer Entstehung entsprechend, sind sie vorwiegend senkrecht orientiert („bankrechte Klüfte").

Jüngere Bruchbewegungen und Spannungsabläufe passen sich nach Möglichkeit zwangsläufig dem präexistenten Flächengefüge an und benutzen dieses als Bewegungsflächen. Im Festgestein treten nun aber additiv neue, meist jedoch subparallele Bruchflächen auf, deren Einfallen entsprechend der tangentialen Beanspruchungskomponenten häufig von der Vertikalen abweicht, besonders bei Lageveränderungen mit bevorzugtem Höhenversatz. Ab- und Aufschiebungen verlangen nämlich als Gleitbahnen solche Scherflächen.

Jüngste und aktuelle Bewegungsvorgänge und Spannungszustände können bei großmaßstäbiger Betrachtung stellenweise aus dem Verlauf und aus der Anordnung von Gefügespuren auf mächtigeren Überdeckungen mit Lockersedimenten gefunden werden. Sie lehnen sich an ältere Bewegungsflächen im Festgestein an, entwickeln aber im Lockergestein zwischen geradlinigen Bewegungsbahnen autonome sigmoidale und bogenförmige Schleppgefüge. Im westlichen Bilddrittel der Abb. 2 (oberes Bild) ist diese Erscheinung der „nicht affinen Zergleitung" wiederholt realisiert. Noch ein anderes Bewegungsbild ist dort zu erkennen, nämlich Gefügeflächen, die sich unter sehr spitzem Winkel schneiden und von denen eine Fläche zur übergeordneten Transportfläche wird. Diese Gefügeanordnung entsteht durch zwei- oder mehrscharige Scherung bei schiefer (spitzwinkliger) Beanspruchung.

Die Autonomie des jungen Bewegungsgefüges ist allerdings sehr begrenzt. Sie liegt innerhalb der Grenzen, die zwischen den vorgezeichneten Zwangsgleitbahnen des konservativen Gefüges gegeben sind. Die angezeigten Bewegungsvektoren sind nur als aktuelles Bild zu deuten. Die häufig erkennbaren Zerscherungen in dünne „Gleitbretter" (Lamina *Sander's*) vollziehen nämlich innerhalb der Bewegungen großer Schollen Teilbewegungen mit zeitlich sich verändernden relativen Bewegungsgrößen, wobei der Bewegungssinn benachbarter „Gleitbretter" im Zeitablauf der Relativbewegungen öfter umgekehrt werden kann. Deshalb sind örtlich eng begrenzte Feststellungen (z. B. in einem Steinbruch) über den Bewegungssinn im Hinblick auf die Schlußfolgerungen, die ganze tektonische Schollen betreffen, mit Vorsicht zu behandeln. Das gleiche gilt bezüglich der Aussage über den resultierenden Rotationssinn von Schollen. Vielmehr ist für solche Betrachtungen ein großräumlicher Überblick erforderlich, um die summierenden Bewegungseffekte beurteilen zu können. In diesem Zusammenhang muß erwähnt werden, daß *Karl* (1964) vorausschauend erkannt hat, daß der Anwendung der Gefügelehre in der Fernerkundung eine besondere Bedeutung zukommen wird.

Die kinematische Analyse sieht darüber hinaus noch andere Definitionen von Bewegungsflächen vor, unter anderem solche, die in ihrer Umgebung ein Dis-

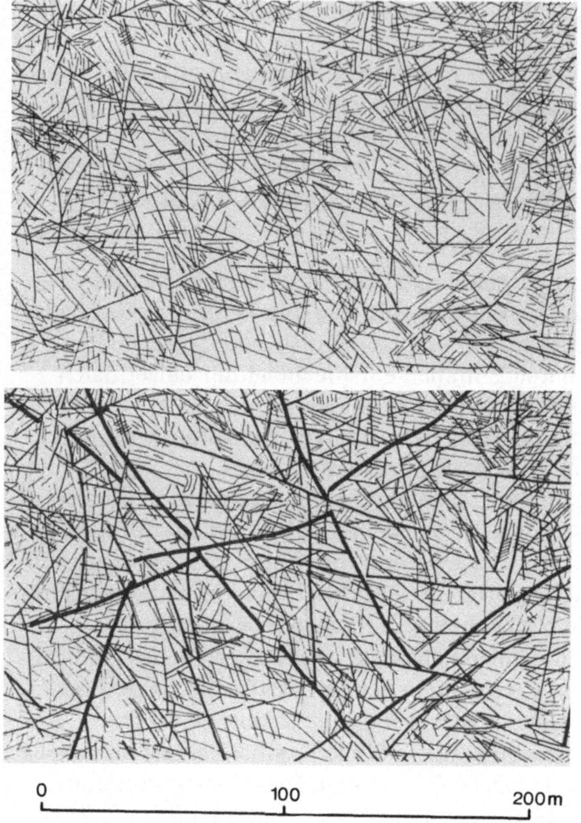

Abb. 2. Bildverarbeitung zur Festlegung von Verwerfungen. Westlicher Tunnelbereich Hirsch-
horn;
Oben: Gefügespuren (feine Striche) und Gleitbahnen (gröbere Striche)
Unten: Zusätzliche Einzeichnung kleiner Verwerfungen (dünne Linien) und übergeordneter
Verwerfungen (dicke Linien). Die Darstellungen sind nach Norden orientiert
Identification of faults in the western area of the tunnel Hirschhorn. Orientation to north.
Above: Joint traces thin lines, displacement traces thicker lines
Below: Additional representation of fault lines. The thickness of line indicates the prominence
of fault

kontinuum erzeugen (Gefüge-Entregelung, die einen homogenen Bereich quert).
Andere Untersuchungen nutzen die gefügekundliche Beobachtung, daß die bisher beschriebenen Bewegungsbahnen en miniature astförmige Verzweigungen
von kleinen Verwerfungen darstellen, die im Zuge des Spannungsabbaues im Gebirge größere Verwerfungen begleiten („Begleitgefüge von Verwerfungen"). Die
Verfolgung dieser Zusammenhänge läßt die Identifikation und die Wichtung der
Bewegungslinien und Verwerfungen zu (vgl. Abb. 2, unteres Bild), wobei häufig
übergeordnete Verwerfungsabschnitte von solchen geringerer Bewegungsbedeu-
tung unterschieden werden können. Hier ist hervorzuheben, daß mit der beschriebenen Untersuchungsmethode nur die Horizontalkomponenten von Verwerfungen erfaßt werden können. Da aber die Vertikalbewegungen in der Regel

auch horizontale Komponenten besitzen, sind in den dargestellten Verwerfungen auch diejenigen mit Vertikalversatz integriert. Die Erfahrung lehrt, daß sogar geringfügige Höhenversätze im Meterbereich und darunter miterfaßt werden. Für das hier vorgegebene Ziel (Feststellung des Zerrüttungsgrades des Gebirges) ist eine Differenzierung in Vertikal- und Horizontalkomponenten allerdings unerheblich, solange durch die Verwerfung nicht unterschiedliche petrographische Einheiten aneinander stoßen. Dieser Fall kann allerdings wiederum aus dem Luftbild erkannt werden.

Die Durchführung ergänzender Untersuchungsabschnitte der Bewegungsanalyse, wie z. B. die Erkundung des relativen Bewegungssinnes auf Verwerfungsflächen, die Feststellung der relativierten Bewegungsvektoren und die Interpretation der Mechanik von Bewegungen erscheinen in Anbetracht der Zielsetzung wenig sinnvoll. Auswahl und Begrenzung der vorzunehmenden Analysenschritte sollen vielmehr jeweils der besonderen Aufgabenstellung angepaßt sein.

Die *Untersuchung des konservativen tektonischen Baues*, der durch die Mehrzahl der Gefügespuren aus dem konsolidierten Untergrund abgebildet wird (vgl. Abschnitt 3.32) vervollständigt die Information über den Zerrüttungsgrad des Untergrundes und führt zu Abgrenzungen von Schollen unterschiedlicher Gebirgszerteilung, deren Klassifikation und Symmetriebeziehungen untereinander. Als Voraussetzung hierfür ist zunächst das autonome Bewegungsgefüge (falls vorhanden) zu eliminieren.

Die Analyse beginnt mit der Zuordnung der konservativen Flächengefüge in das natürliche geologische Bezugssystem des Faltenbaues. Durch spezielle Untersuchungen an Diskordanzflächen ist der Nachweis geführt worden, daß die an den Faltenverlauf des Grundgebirges geometrisch gebundenen Kluftflächen auch im Festgestein des Deckgebirges den vorwiegenden Gefügeanteil bilden (*Reul*, 1976). Auf diesem Durchpausvorgang hat auch *Kronberg* (1976) hingewiesen. Dieser Gefügeanteil wird als „faltenbürtig" bezeichnet (*Reul*, 1976). Für Faltengebirge und Deckgebirge ergibt sich danach ein einheitliches Bezugssystem zur Bewertung des somit funktionellen (Falten-)Gefüges. Diese Klüfte werden nach der Nomenklatur der Strukturgeologie und in Abweichung von der Nomenklatur der Gefügelehre (*Sander*, 1948; S. 137) in faltenstreichende Kluftflächen b, in Querkluftflächen q und in die in sich $\pm$ orthogonalen Hauptscherflächen der Diagonalklüftung d_1 und d_2 unterteilt (Gefügewerte nach *Reul*, 1977).

In der Regel durchsetzen mehrere, jeweils in sich parallel angeordnete Kluftscharen verschiedener Streichrichtungen ein und denselben Gebirgsraum (örtliche Kluftkombination). Drei jeweils parallele benachbarte Flächenpaare (oder zwei Kluftpaare kombiniert mit einem Schichtflächenpaar oder mit einem Schieferungsflächenpaar) schneiden aus dem Gebirge den kleinsten tektonischen Gefügekörper, das Kluftepiped. Seine Gestalt ist durch die Kombination der beteiligten Gefügeflächenwerte bestimmt. Sie wiederholt sich in gleichartigen, benachbart angrenzenden Epipeden bis sie von anders struierten Raumelementen abgelöst wird. Die Gesamtheit einer solchen ununterbrochenen Epiped-Anordnung wird Skeleton genannt (*Reul*, 1976) und stellt einen homogenen Bereich im Gebirge dar (Genitätsbereich *Sander's*), der auch funktionell $\pm$ homogen ist. Die kombinierten Gefügeflächenwerte bezeichnen die Skeleton-Klasse, z.B. bei der

18   H. Prinz, K. Reul und N. Scholz:

Kombination von b-, q- und d_1- Flächen ergibt sich die Klasse des (bqd_1)-Skeletons. Alle der 13 bisher festgestellten Skeletonklassen können bei gleicher Orientierung der Faltenachse vorkommen (± konstant streichende b-Klüfte). Sie bilden zusammen den tektonischen Großbaustein des Tektons. Bei veränderter Lage der Faltenachse ändert sich das Streichen aller Gefügewerte der entsprechenden Skeletonklassen, wodurch sich ein anderes Tekton abzeichnet.

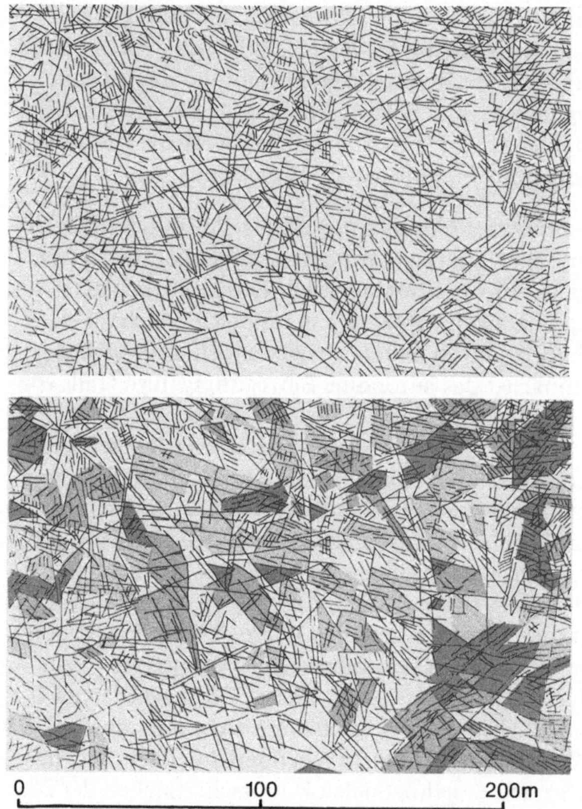

Abb. 3. Bildverarbeitung zur Festlegung von Genitätsbereichen (Skeletone) mit Klassifizierung im westlichen Tunnelbereich Hirschhorn. Die Darstellungen sind nach Norden orientiert.
Oben: Gefügespuren (feine Striche) und Gleitbahnen (stärkere Striche)
Unten: Zusätzliche Einzeichnung der Genitätsbereiche mit Markierung von Skeleton-Klassen durch Rasterung. Die Rasterung ist auf 3 Klassen beschränkt, nämlich auf die Klassen $(d_1\ d_2$ ss) als hellgraue, (bq ss) als mittelgraue und (b d_2 ss) als dunkelgraue Flächen. Die mit ss bezeichneten Flächen sind Schichtflächen
Determination of homogeneous blocks (skeletons) with classification. Western area of the tunnel Hirschhorn. Orientation to north.
Above: See Fig. 2
Below: Additional representation of skeleton classes by shading. The shaded classes are restricted to 3 classes, $(d_1\ d_2$ ss) class light shaded, (bq ss) class toned shaded and (b d_2 ss) class dark shaded. ss plane means bedding

Abb. 3 (unteres Bild) zeigt die Verteilung von Skeletonen unterschiedlicher Klassen im gleichen Gebietsausschnitt der Abb. 2, wobei die Tektonzugehörigkeit unberücksichtigt bleibt. Aus drucktechnischen Gründen wurde die Rasterung auf nur 3 Skeletonklassen beschränkt.

Die jeweils parallelen Teilgefüge (Gefügewerte) eines Genitätsbereiches können geschlossen oder offen sein oder auch das Nachbarskeleton durchdringen (*Sander*, 1948). Durchdringende Teilgefüge treten in der westlichen Bildmitte der nördlichen Bildhälfte in Abb. 3 auf. Sie besagen, daß die Genitätsänderungen zwischen 2 Tektonen durch ± geringe Deformation ohne nennenswerte Bewegungsbrüche eingetreten ist. Andererseits können Fremdgefüge als Bewegungsfugen Genitätsbereiche durchschlagen und nur in ihrer unmittelbaren Umgebung Gefügeentregelungen bewirken, wie in der äußersten nordwestlichen Bildecke. Eine Unterbrechung der gegenseitigen Skeletonanordnung weist auf bedeutendere Verwerfungen an abrupten Skeletongrenzen hin, wie z. B. in der westlichen Bildmitte oder im südöstlichen Bildteil, desgleichen nahe der östlichen Bildrandmitte. Der horizontale Verschiebungsbetrag ursprünglich zusammengehörender Skeletonanordnungen wird hierdurch nicht selten angezeigt. Deutlich ist diese Erscheinung vor allem bei geringen Versatzbeträgen. Durch Verwerfungen getrennte Skeleton-„Nachbarn" erfahren zum Teil eine Drehung, an welcher Rotationen tektonischer Schollen im Zuge einer Verwerfung abgelesen werden können. Hervorstechend ist eine solche Situation z. B. dann, wenn die gegenüberliegenden Skeletone der gleichen Klasse, aber infolge der Umorientierung einem anderen Tekton angehören, z. B. die Skeletone der größeren dunkelgrauen Fläche im südöstlichen Bildteil der Abb. 3, die durch nordöstlich streichende Verwerfungen getrennt werden.

In einem besonderen Analysengang werden die vorstehenden Teiluntersuchungen, die sich letztlich aus der Faltengeometrie ableiten lassen, mit dem jungen autonomen Bewegungsgefüge in den Lockerablagerungen (in Abb. 3 mit eingezeichnet) verglichen. Hierdurch wird z. B. offenkundig, an welchen größeren Verwerfungen auch aktuelle Bewegungen und Spannungen zu erkennen sind.

Die vorgestellten Beispiele sollen einen Überblick über Hintergründe und Verfahrensweise bei der flächenhaften tektonischen Gefügeanalyse durch Fernerkundung geben. Sie zeigen, daß bestimmte tektonische Sachverhalte jeweils durch eine Reihe von verschiedenen Analysenschritten erhärtet werden können.

4. Tunnel Hirschhorn

Der Tunnel der Bundesstraße 37 schneidet mit den beiden Flußbrücken die Neckarschleife von Hirschhorn ab (Abb. 4). Er hat eine Länge von 350 m und einen Ausbruchsquerschnitt von rd. 125 m² und ist im Kalottenvortrieb mit nachgezogener Strosse und Sohle ausgebrochen worden.

4.1. Aufschlußarbeiten, Gebirgsbau

Der Buntsandstein-Odenwald wird hier von ± horizontal liegenden mittel- bis feinkörnigen, dickbankigen, harten Sandsteinen mit einzelnen, bis über 1 m

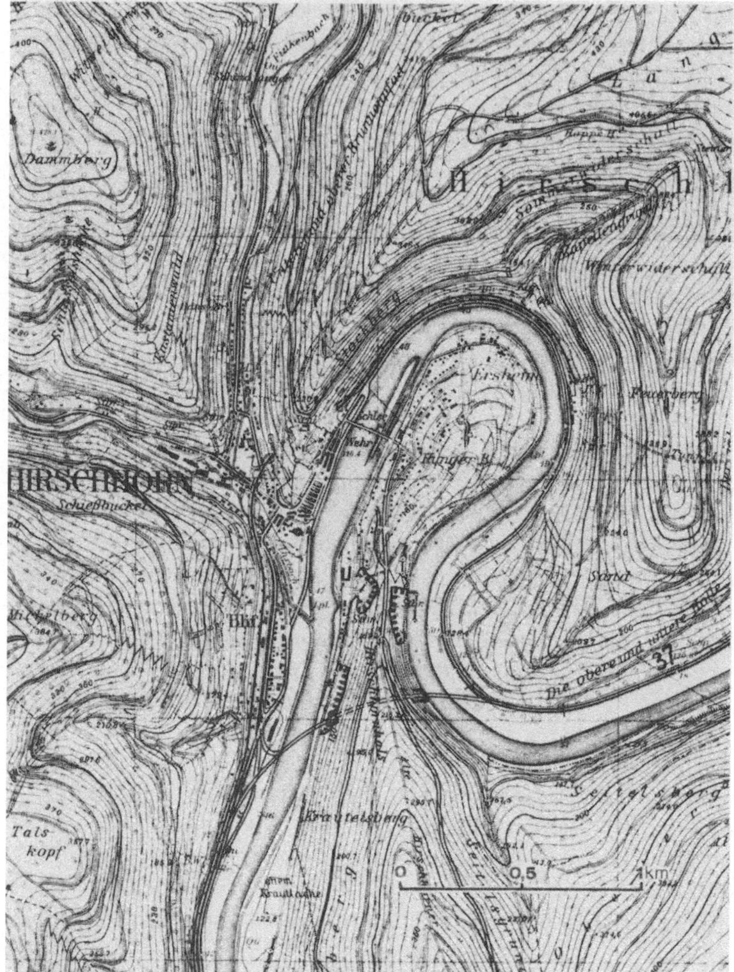

Abb. 4. Verkehrssituation und Lage des Tunnels Hirschhorn
Road net and situation of the tunnel Hirschhorn

dicken, zum Teil stark feinsandigen Tonsteinen der Miltenberger Wechselfolge
aufgebaut, die nach der geltenden Buntsandsteingliederung in die Salmünster-
Folge des Unteren Buntsandstein gestellt wird (*Backhaus*, 1975: 305 ff). Diese
Sandsteine wurden früher in zahlreichen Steinbrüchen als Bausandsteine gewonnen.

    Die ingenieurgeologischen Untersuchungen für das Tunnelbauvorhaben wur-
den bereits 1970[1] durchgeführt. Außer den beiden portalnahen Steinbruch-Auf-
schlüssen (s. Abb. 4) wurden zwei 71,5 m bzw. 105 m tiefe Kernbohrungen
niedergebracht. Die Schichten ließen sich im Längsschnitt, soweit dies im Buntsandstein überhaupt möglich ist, weitgehend parallelisieren. Die Klüftung ist in

---

[1] Durch Herrn Dr. *E. Pauly*, Hessisches Landesamt für Bodenforschung, Wiesbaden

den benachbarten Steinbrüchen im Durchschnitt mittelständig (Kluftabstände
0,2–1,0 m; i. M. 0,5 m). Die vorherrschenden Kluftrichtungen waren
N 15–20° E, N 55–75° E, N 80–95° E und N 140–165° E.

Danach war für den Tunnelbau ein weitgehend wasserfreies, tektonisch kaum
gestörtes und damit weitgehend standfestes bis nachbrüchiges Gebirge zu erwarten.

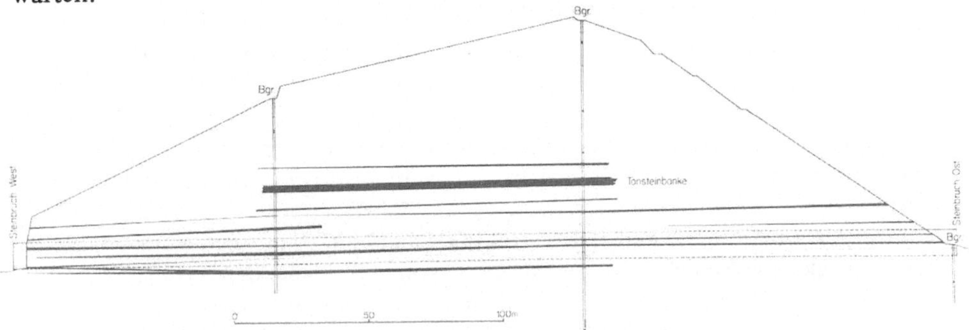

Abb. 5. Längsschnitt durch den Tunnel Hirschhorn mit Verlauf der Tonsteinbänke
Longitudinal section with bedding of the claystone layers

Beim Freilegen des Ostportales zeigte sich jedoch, daß die hangparallelen
Klüfte (N 140–160° E) und die Hangzerreißung hier stärker waren als die benachbarten Steinbruchaufschlüsse erwarten ließen und daß offensichtlich im
Hanganschnitt eine tektonische Störungszone freigelegt worden ist (Abb. 6.). Die
in der Südhälfte des Portalbereiches überall anstehenden dicken Sandsteinbänke
setzen entlang einer über dem Tunnelportal durchstreichenden Linie aus. Nördlich dieser N 30–35° E streichenden Linie treten auf einige Zehnermeter keine
Sandsteinbänke mehr zutage; es liegt durchweg mächtiger, blockiger Sandstein-

Abb. 6. Hanganschnitt für das Ostportal des Tunnels Hirschhorn
Quarry wall prepared for the eastern portal of the tunnel Hirschhorn

schutt vor. Diese Beobachtungen im Tagesaufschluß wurden durch die Bohrungen für die Felsanker zur Hangsicherung bestätigt.

Nach diesen Anfangserfahrungen wurde umgehend eine luftbildgeologische
Auswertung veranlaßt, deren Arbeitsmethode zu dieser Zeit gerade im
Hessischen Landesamt für Bodenforschung entwickelt worden war.

4.2. Ergebnisse der luftbildgeologischen Untersuchungen

Um einen Überblick über die Tektonik der weiteren Umgebung zu erhalten,
wurde sowohl eine Darstellung im Maßstab 1:100 000 auf der Bildgrundlage der
Bandbreite 6 (= 700–800 mm) und teilweise der Bandbreite 7 (= 800–1100 mm)
von ERTS–2 angefertigt, als auch für die nähere Trassenumgebung eine Ausarbeitung im Maßstab 1:12 000 aus Schwarzweiß-Diapositiven panchromatischer
Luftbilder.

Die Ausarbeitung im Maßstab 1:100 000 zeigt eine starke Zerlegung des Gebietes in tektonische Schollen, die einerseits von weitreichenden, nordsüdlich
(rheinisch) streichenden Störungen und andererseits von nordwestlich
(herzynisch) verlaufenden Zerrüttungszonen gebildet werden. Außerdem sind
± ostwestlich ziehende Störungen vorhanden, die aber nicht weit anhalten.

Dominierendes tektonisches Element sind die rheinischen Richtungen,
welche auch den Verlauf des Neckartales bei Hirschhorn und des von N ein-
mündenen Finkenbach-Tales und damit den unmittelbaren Tunnelbereich beeinflussen (Abb. 4). Von Bedeutung für den tektonischen Bewegungsablauf des
Gebietes von Hirschhorn scheint aber auch eine der oben genannten herzynisch
streichenden Zerrüttungszonen zu sein, welche aus NW kommend, den Verlauf
des Ulfenbach-Tales bei Hirschhorn vorzeichnet. Die rheinischen Störungen westlich und östlich von Hirschhorn verlieren beim Auftreffen auf diese herzynische
Bruchlinie an Wirksamkeit und klingen südlich davon aus. Im Tunnel selbst wirkt
sich diese Zerrüttungszone nurmehr indirekt aus, sie streicht 500 m (W-Portal)
bis 150 m (O-Portal) nördlich des Tunnels durch.

Die Tunneltrasse selbst wurde im Maßstab 1:2000 bearbeitet. Als Arbeits-
unterlagen standen Vergrößerungen der oben genannten Luftbilder 1:12 000
sowie ein Lageplan 1:1000, allerdings mit unzureichender Topographie, zur
Verfügung.

Die nachfolgenden Angaben von den Gefügespuren über der Tunneltrasse
(Abb. 7) beziehen sich auf Bau-Null (= km 7.202) nahe dem E-Portal. Zwischen
O und 10 m sind vorwiegend NW bis NNW streichende Gefügespuren eingezeichnet, an denen NE streichende Gefüge absetzen. Außerdem sind einige N–S
und E–W streichende Klüfte vorhanden. Knapp E von Bau-Null verläuft ein Be-
wegungsbruch N 30° E als Parallelfläche zur Verwerfung am äußersten Tunnelportal. Insgesamt ist hier das Gebirge deshalb zerrüttet. Bis etwa 20 m westlich
Bau-Null bilden NW und NNE streichende Klüfte einen weniger beanspruchten
Gebirgsraum ab. Bis 40 m schließt eine stärker deformierte Zone an, in der NW
und N bis NNE streichende Klüfte überwiegen. An NNE bis N streichenden
Bewegungsfugen haben kleine Horizontalverschiebungen stattgefunden. Bei 60 m
verlaufen Gefügespuren vorwiegend nach NE, deren Anordnung auf scherende
Zergleitung hinweist. Bei 70 m verläuft die zugehörige übergeordnete Bewegungs-
bahn etwa N 10° E. An sie sind einige WNW bis NNW streichende Reißfieder ge-

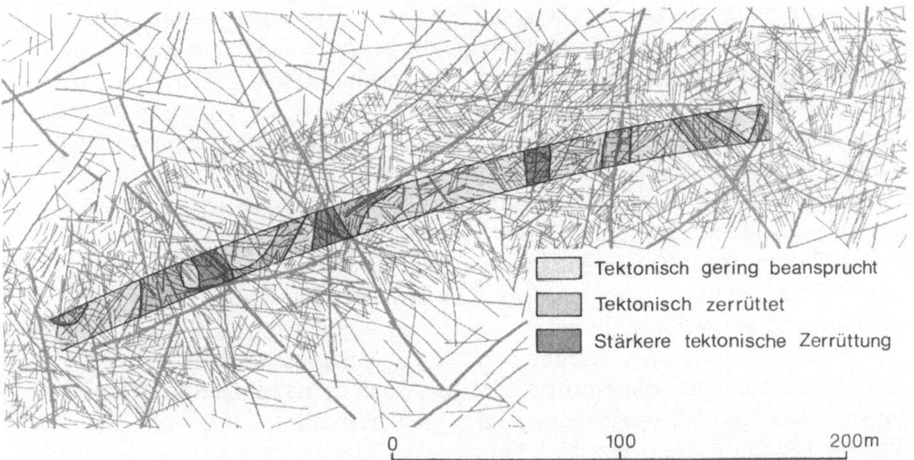

Abb. 7. Gefügeverteilung im Gebiet des Tunnels Hirschhorn mit interpretativer Wichtung der unterschiedlichen tektonischen Gebirgsbeanspruchung entlang der Tunneltrasse. Die Abbildung ist nach Norden orientiert
Distribution of fracture traces around the tunnel and the interpretative discrimination of areas with different intensities of deformation by fracturing: Very low intensity in light grey, low intensity in middle grey and notable intensity in dark grey. Orientation to north

bunden. Zwischen 80 und 90 m schneiden E—W streichende Gefügespuren, auf denen N—S Gefüge aufsetzen, die Tunnelachse. Mit N 20° E-Streichen quert bei 90 m eine kleine Verschiebungsbahn die Trasse. Nach Westen schließt eine Gebirgszone mit vorwiegend NE streichenden Gefüge an, durch das sich bei 100 bis 110 m eine Störungszone mit kurzen NW ziehenden Klüften andeutet. Mit ihr ist eine stärkere Zerrüttung und Desorientierung des Gebirges verbunden. Bis 150 m herrscht dann eine ruhige Klüftung mit ESE und NNE streichenden Klüften vor, wobei nur kleine NE gerichtete Verschiebungszonen auftreten, an welche WNW streichende Reißfieder-Klüfte geknüpft sind. Zwischen 150 und 170 m prägen dichte Gefügescharen, die in NE bis NNE-Richtung streichen, das Bild. Häufig werden diese durch NW streichende, dichte Kluftscharen abgeschnitten. Das hier vorhandene Bewegungsgefüge verdichtet sich bei 180 m zu einer Gleitbahn, die N bis NNE streicht. Weiter W drehen NNE streichende Gefügespuren auf N, begleitet von NNW-Reißfiedern. Sie treten im Gefolge einer Schar von N gerichteten Scherbahnen auf, die zwischen 195 m und 210 m eine starke tektonische Zerrüttung des Gebirges zur Folge haben. NW bis NNW orientierte Klüfte fügen sich zu Büscheln und erlangen als Gleitfieder besonders an den westlichsten Bewegungsbahnen bei 210 m Bedeutung. Zwischen 210 m und 220 m liegt eine ruhigere Klüftung vor. NE und WNW gerichtete Flächen bilden dort das Kluftepiped. Bei 220 m schneidet eine NNE bis NE streichende Bewegungsbahn von in dieser Richtung pendelnden Scherflächen die Tunneltrasse. Zwischen 220 und 248 m herrscht wieder ein aus Diagonal-Klüften (N—S und ESE) zusammengesetztes ($d_1 d_2$)-Skeleton ohne wesentliche Beanspruchung vor. Im südlichen Tunnelteil ist allerdings auch dieser Bereich von kleinen Bewegungsbahnen durchzogen, die als Begleit-Gefüge der bei 250 m beginnenden und bis

262 m anhaltenden, starken Zerrüttungszone aufgefaßt werden können. Dort nämlich zerbrechen Zerrüttungszonen das Gebirge, zwischen denen ein NW gerichtetes Reißfiedersystem ausgebildet ist. Zwischen 260 und 270 m wird im nördlichen Tunnelteil die Gebirgsbeanspruchung geringer. Im südlichen Tunnelteil sind aber auch dort N—S-Bewegungsbahnen vorhanden, die an einer ENE streichenden Fuge absetzen. Zwischen 270 und 280 m wird die Zerrüttung wieder stärker. N—S gerichtete Zerrüttungen werden von NNE streichenden Scherflächen begleitet, an denen ESE streichende Fieder-Klüfte absetzen. Zwischen 285 m und 290 m verdichten sich die N—S gerichteten Zerrüttungsbahnen wieder, die mit kurzen E—W bis ESE streichenden Kluftscharen kommunizieren und die wahrscheinlich Reißfieder anzeigen. Eine NNE bis NE ziehende Gleitbahn läßt diese Zone starker Zerrüttung schließlich enden.

Bis zum westlichen Tunnelportal tritt nun wieder eine ruhigere Klüftung auf, in der sich NNE und NE streichende Klüfte im Verein mit kürzeren ESE bis E—W streichenden Klüften kreuzen. Teilweise ergänzen immer wieder absetzende, N—S verlaufende Gefügespuren das tektonische Bruchbild. Gegen das westliche Tunnelportal zu ist aber im Nordteil des Tunnels wieder mit einer etwas stärkeren Zerteilung des Gebirges zu rechnen, die mit einer N—S-Störung W des Tunnelportals in Zusammenhang steht.

Sieht man von Verwerfungen W des W-Portals und im äußersten E-Portal ab, so liegen in der eigentlichen Tunneltrasse insgesamt nur 3 stark zerrüttete Zonen vor, von denen aber die östliche (bei 105 m) ungleich weniger beansprucht ist als die beiden starken Gebirgsauflockerungen zwischen 195 m und 210 m und zwischen 250 m und 262 m.

Diese beiden starken Zerrüttungen zeichnen sich durch einen speziellen gefügetektonischen Sachverhalt aus. Die angesprochenen nordsüdlichen Bewegungsbahnen, die der Hauptscherfläche d_1 im faltenbürtigen Bauplan entsprechen, splittern an nordwestlich (herzynisch) verlaufenden, weitreichenden Störungen auf. Die Verwerfungsteilstücke werden gegeneinander versetzt und bilden verzweigende Teilscherbahnen aus, die das Neben-Gefüge der großen Störungen darstellen. Die beiden herzynischen Störungen werden dort im Tunnelbereich außerdem an ENE bis NE streichenden Scherbahnen versetzt, die dabei aber auch selbst eine Zerlegung in Teilstrecken erfahren. Die horizontalen Versätze zeichnen eine sinistrale Kinematik der beteiligten tektonischen Schollen an. Auf starke Bewegungen deuten auch die autonomen Bewegungsgefüge entlang der genannten Störungen. Teilweise läßt das autonome Gefüge zusätzlich ausgleichende Gleitbewegungen in E—W und ESE Richtung erkennen, die von den Hauptstörungen ausgehen. An Störungen grenzen, bevorzugt im Bereich starker Zerrüttungen, gleichklassige Skeletone mit unterschiedlicher Orientierung aneinander, wodurch Schollenrotationen angezeigt sind (vgl. auch Abb. 3).

4.3. Ergebnisse der ingenieurgeologischen Tunnelkartierung

Beim Tunnelvortrieb wurde nach jedem Abschlag außer der Festlegung der Gebirgsklassen bzw. der Sicherungsarbeiten und des geologischen Mehrausbruches das Trennflächengefüge aufgemessen und im Maßstab 1:100 aufgetragen. Abb. 8 gibt eine verkleinerte Darstellung dieser Aufnahme vom Kalottenvortrieb wieder.

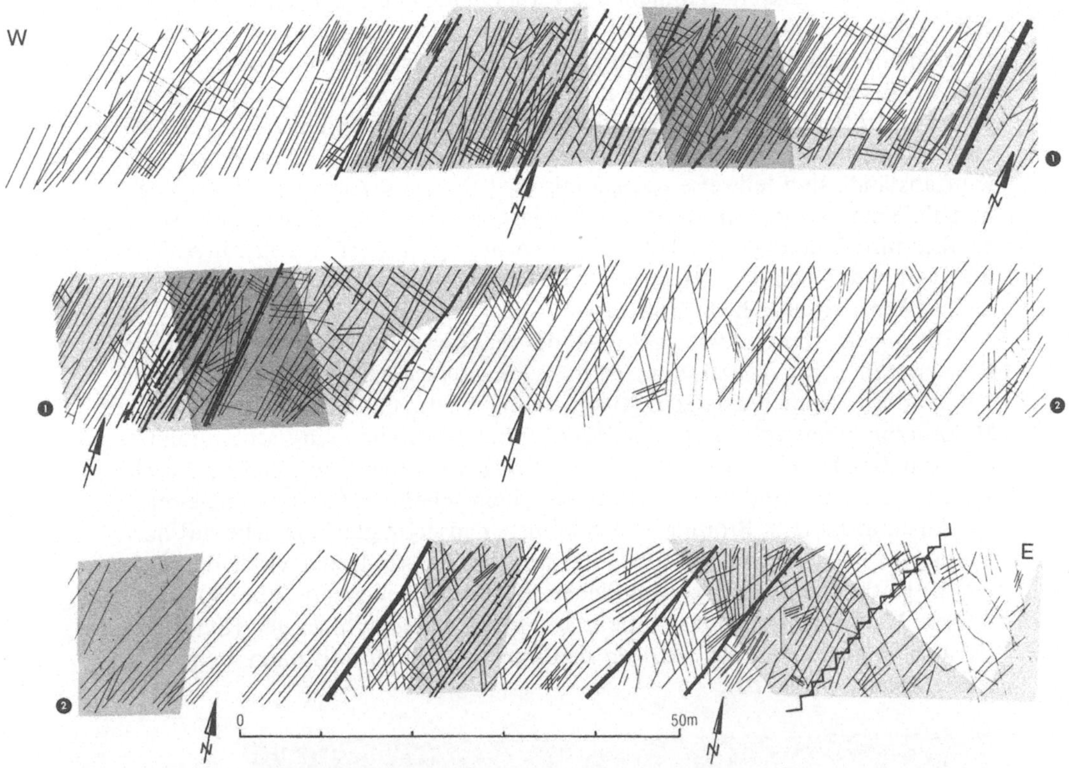

Abb. 8. Verkleinerte Darstellung der Trennflächen-Kartierung des Kalottenausbruchs (Bau-Null = 1 m vor (rechts) der ersten Eintragung)
Mapped joints and faults in the tunnel.

Ausstrich der einge-
messenen Klüfte

Joints

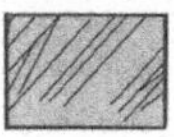

Störungszonen unter-
schiedlicher Breite
(0,1–1,0 m)

Fault zones, thickness
between 0,1 and 1,0 m

im Hanganschnitt ausstreichende
Störungszone (vgl. Abb. 6)

Fault zone outcropping on the surface
above the tunnel (see also Fig. 6)

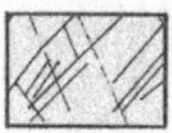

Bereiche stärkerer tek-
tonischer Zerrüttung
nach Abb. 7

Areas with notable in-
tensity by fracturing
as drawn in Fig. 7

Bereiche tektonischer
Zerrüttung nach Abb. 7

Areas with low intensity
of deformation by fracturing
as drawn in Fig. 7

Die über die gesamte Tunnellänge vorherrschenden *Klüfte* streichen
N 5—35° E, also rheinisch. Sie stehen ± senkrecht und durchtrennen die Sandsteine mehr oder weniger vollständig, während sie an stärkeren Tonsteinbänken
vielfach aussetzen oder verspringen. Die Streichrichtung dieser meist streng ge-
schart auftretenden Großklüfte ändert sich von flach rheinisch (N 25—35° E) im
Ost- und Mittelteil des Tunnels auf steil rheinisch (N 5—15° E) im Westteil. Die
Kluftabstände sind teilweise weitständig (> 1.0 m) mit Annäherung an einige,
in Abb. 8 stärker hervorgehobene Störungszonen und auch zwischen diesen aber
vielfach mittelständig (0,2—1,0 m) oder sogar engständig (<0,2 m). Besonders
im Westteil des Tunnels treten deutliche Scharungen von rheinischen Bruchflächen ohne eigentliche Störungszonen auf.

Die angetroffenen *Störungszonen,* die durchweg zum rheinisch streichenden
Bruchsystem gehören, weisen meist nur geringe Vertikalbewegungen von 0,5—
1,0 m oder entsprechende Schichtverbiegungen auf, sind aber meist ausgeprägte
Mylonitzonen mit vollständig zerriebenem Sandstein- und eingeschlepptem Ton-
(stein)material von 0,2 bis 1,0 m Dicke. Einige Störungszonen sind darüber hinaus von einer engständigen Scharung von rheinischen Großklüften begleitet.

An einigen dieser Störungszonen konnten ausgeprägte Harnische mit horizontal liegender Striemung beobachtet werden. Bei sandiger Mylonitfüllung traten die Harnische nur an den randlichen Sandsteinflächen auf (Abb. 9), im
tonigen Material dagegen meist mehrlagig und zwar sowohl an den Randflächen
als auch in Abständen von wenigen Zentimetern sich zur Mitte hin mehrfach
wiederholend (Abb. 10).

Abb. 9. Horizontal gestriemter Harnisch an den randlichen Sandsteinflächen einer Störungszone
Fault band in sandstone with horizontal striation on a slip plane

Diese mehrfach beobachteten horizontalen Harnische belegen im Zusammenhang mit den, für den geringen Vertikalversatz viel zu breiten Mylonitzonen, daß
hier offensichtlich ganz erhebliche *Horizontalbewegungen* stattgefunden haben.

Genaue Angaben über die horizontalen Verschiebungsbeträge konnten an keiner Stelle gewonnen werden, doch ist aus der Gesamtsituation anzunehmen, daß diese sich auf viele Meter summieren. Auch die im Berg sehr häufig beobachteten, meist 3 bis 5 mm breiten sandig-lehmigen Kluftfüllungen der rheinischen Großklüfte sprechen für gewisse Zerreibungseffekte an diesen Flächen. Auch an Schichtflächen zu stärkeren Tonsteinbänken konnte mehrfach eine Art Zerreibungsbreccie beobachtet werden.

Abb. 10. Schräg geschnittene Störungszone in vorwiegend tonigem Gestein mit horizontal gestriemten Harnischen
Obliquely cut fault in mostly clayey rock with horizontal striation

Außer dem vorherrschenden rheinischen System von Großklüften fallen vor allem zwei weitere steilstehende Kluftsysteme auf. Vorwiegend in der Osthälfte des Tunnels wurden zusätzlich N 145–170° E, also eggisch streichende Klüfte angetroffen; in der Westhälfte überwiegt hingegen die Kombination mit N 90–130° E streichenden herzynischen Klüften. Diese beiden Kluftsysteme sind je nach Schubbeanspruchung der meist rheinischen Bewegungsbrüche unterschiedlich stark ausgebildet. Daneben treten besonders an den beiden östlichen Störungszonen mit 15° bis 20° zur Bewegungsrichtung verlaufende Schleppklüfte auf, welche ebenfalls die örtliche relative Bewegungsrichtung markieren.

Die in den Portalbereichen zu erwartenden und am E-Portal auch recht deutlich vorhandenen *Hangzerreißungsklüfte* entsprechen den örtlichen tektonischen Kluftsystemen. Der Hang am E-Portal streicht N 140° E, wie das hier auf den ersten 10–15 m vorherrschende Kluftsystem. Die Klüfte zeigen auf den ersten 20–30 m deutliche Erscheinungen von Hangzerreißung mit Klaffweiten bis zu 1 m und zum Teil dezimeterbreiten Lehmfüllungen. Am W-Portal waren die Erscheinungen der Hangzerreißung weniger deutlich, da dieses in der Abbauwand eines großen aufgelassenen Steinbruchs liegt.

4.4. Vergleich Luftbildauswertung/Tunnelkartierung

Bei einem Schichtgestein, dessen Schichtausbildung einigermaßen bekannt ist, hängt das tunnelbautechnische Verhalten des Gebirges beim Vortrieb praktisch allein von der tektonischen bzw. in manchen Fällen pseudo-tektonischen (*Prinz*, 1979, 1980 a) Beanspruchung ab. Die Angabe von Bewegungsbrüchen und relevanten Störungszonen, sowie von Zonen unterschiedlicher tektonischer Beanspruchung mit Hilfe der Luftbildauswertung, wie sie in Abb. 7 dargestellt sind, würde daher einen ganz entscheidenden Fortschritt bedeuten. In dieser Arbeit kann nun über erste Erfahrungen mit der Anwendung der Luftbildauswertung für den Tunnelbau berichtet werden.

Die Abb. 7 zeigt im Tunnelbereich eine ganze Anzahl von Bewegungsbrüchen und relevanten Störungszonen, so daß aufgrund deren die Aussage der konventionellen Voruntersuchung, daß das Gebiet „tektonisch kaum gestört ist", auf keinen Fall gemacht worden wäre.

Im folgenden werden die Ergebnisse der Luftbildauswertung den beim Auffahren des Tunnels angetroffenen Verhältnissen gegenübergestellt:

Strecke ab Bau-Null am E-Portal	Messung vor Ort	Messung aus Luftbild
ca. 8 m östlich von Bau-Null	Verwerfung N 35° E	Verwerfung von N 40° E auf N 30° E (N) abbiegend
0–10 m (nach Westen gerechnet)	NNW–NW-Klüfte, an denen Ne–NNE-Klüfte absetzen; gestörtes Gefüge bei 8 m N 160° E streichend	NW–NNW-Gefügespuren, an denen NE–NNE-Spuren absetzen; gestörtes Gefüge bei 6 m N175° E streichend
10–20 m	NW-Klüfte und NE-Klüfte	NW-Gefüge und NNE-Gefüge; zusätzlich 2 E–W-Klüfte
20–40 m	NW–NNW-Klüfte dicht geschart und NNE-Klüfte. N 23° E-Verwerfung bei 33 m; bei 28 m NW Bewegungsfuge angedeutet.	NW-Gefüge dicht geschart, daneben NNE- und NE-Gefüge; zusätzlich wenig N–S und E–W-Gefüge. N 10° E Verwerfung bei 40 m. Das Gefüge ist insgesamt um ca. 15° gegen N über E verdreht. Bei 25 m NW-Bewegungsgefüge.

40–60 m	Bis 50 m im Südteil NNW-Klüfte. Bis 60 m N 25° E-Klüfte, die im Nordteil gegen E abbiegen (N 32° E). Bei 45 m Verwerfung N 30° E, bei 60 m Verwerfung N 22° E.	Bis 50 m im Südteil NW-Gefüge, bis 60 m NE-Gefüge, das im Nordteil etwas gegen E abbiegt. Bei 45 und 50 m Bewegungsfugen N 10° E, bei 60 m N 45° E Verwerfung.
70 m	Verwerfung N 22° E, daneben dicht gescharte NNE- und NNW-Klüfte als Reißfieder.	Verwerfung N 10° E, daneben NNE- und NW-Gefüge als Reißfieder; wenig E–W und N–S-Gefüge.
70–100 m	Vorwiegend N 30° E-Klüftung, im S untergeordnet N 45° E. Sehr wenig NW-Klüfte. E–W-Gefüge fehlt; bei 90 m keine Scherzone.	NE-Gefüge von N 10° E auf N 45° E drehend. Wenig NW-Gefüge. E–W-Gefüge zahlreich; bei 90 m Scherzone N 20° E.
100–110 m	Bei 100 m Scherbahn N 30° E; gestörtes Gefüge in N 10° E.	Bei 100 m Verwerfung N 10° E und Scherbahn N 40° E.
110–150 m	Ab 110 m drehen NE-Klüfte (zahlreich) von E über N zu N 25–20° E; dazwischen kurze Reißfieder NW streichend, zahlreiche, nicht durchgehende N–S-Klüfte, die N 170–175° E streichen; E–W-Gefüge fehlen vollständig; nur kleine Gleitbahnen.	Wenig NE-Gefüge N 40–20° E; kurze NW-Reißfieder nur bis 125 m; einige N–S-Klüfte; auffallende E–W-Gefüge N 100° E und N 80–75° E; nur kleine Gleitbahnen.
150–170 m	Überwiegend, zum Teil durchgehende N 25–20° E-Klüfte; kurze NW-Klüfte aufsetzend, die im NE zum Teil NNW streichen; am Südrand des Tunnels auch Klüfte N 50° E. Kein E–W-Gefüge.	Gefüge N 45° E; NW-Klüfte aufsetzend, das zum Teil NNW streicht. NW-Scherbahn bei 170 m; wenig E–W-Gefüge.
170–190 m	NNE-Klüfte drehend, zum Teil über E nach N; neben N 25° E-Klüften auch N 10° E-Klüfte; NW-Gefüge dreht über E nach N auf N 120° E; bei 190 m am Südrand des Tunnels Kluftbüschel von NNE auf NE drehend; bei 175 m Verwerfung N 15° E. Wenig Gefüge in N 75° E.	Wenig NNE-Klüfte auf 5–10° E drehend. NW-Gefüge 110° E; bei 190 m am Südrand des Tunnels Kluftbüschel von NNE auf NE drehend. Bei 150 m Scherbahn N–S. Wenig Gefüge in N 65° E.

195–210 m	N 10° E streichende Zerrüttungszone mit dichtgescharten Verwerfungsbahnen; auch N–S-Scherbahnen. Wenig Klüfte N 170° E. Zahlreiche Fiederklüfte N 115° E. Bei 200 m in dieser Richtung Gefügediskontinuität; wenig kurze Fiederklüfte in N 70–90° E.	N 10° E streichende Zerrüttungszonen mit dichtgescharten Gleitbahnen; auch in N–S gescharte Gleitbahnen mit Verwerfung. Klüfte auch in N 160° E (SSE) mit Verwerfung. Zahlreiche Klüfte N 110° E. Bei 200 m in dieser Richtung Verwerfung; wenig Gefüge in N 70° E; unmittelbar südlich der Trasse Verwerfungsast in dieser Richtung.
210–220 m	Wenig beanspruchtes Gebirge; Klüfte N 10° E und Klüfte N 120° E. Bei 220 m Verwerfung N 5° E.	Wenig beanspruchtes Gebirge; Klüfte N 15–20° E und Klüfte N 110° E. Bei 220 m kleine Verwerfung N 25° E.
220–248 m	N–S-Klüfte mit vielen kurzen E–W-Klüften, zum Teil N 80° und N 110° E; bei 235 m Gleitbahn N 15° E.	N–S-Klüfte mit E–W-Klüften, zum Teil N 80° E und N 110° E; bei 235 m Gleitbahn N 25° E; südlich des Tunnels verläuft ein Verwerfungsast N 80° E.
250–262 m	Dichte Scharung von N 5° E- bis N–S-Klüften mit Verwerfungen in dieser Richtung; dicht durchsetzt mit NW-Klüften, Gefügediskontinuität in NW-Richtung.	N–S bis N 5° E-Kluftschar und N–S-Verwerfung; Scharung von NW-Klüften; Verwerfung in NW-Richtung; im Südteil ausklingende E–W- bis ENE-Verwerfung.
270–290 m	Von N–S-Klüften gehen en échélon N 170° E-Scherklüfte aus. Bei 270 m und 290 m je 2 kleine Verwerfungen NS bis N 5° E; kurze Klüfte zum Teil dicht geschart in N 100–105° E, im Norden bis N 120° E; vereinzelt NW-Klüfte.	N–S-Kluft und N 160–170° E-Klüfte. In beiden Richtungen kleine Verwerfungsäste. Kurze und lange Klüfte in N 105° E, im Norden bis N 120° E; außerdem sehr wenig NW-Klüfte.
290–westl. Tunnelportal	N–S bis N 5° E-Klüfte und (weniger) N 20° E Scherbahnen, auf denen kurze N 90–100° E-Klüfte geschart ansetzen.	N–S bis N 5° E-Klüfte und kleine Bewegungsbahnen in N 40° E (Verdrehung gegenüber Messung im Tunnel: 20° N gegen E); längere Klüfte in N 100° E.

Der Vergleich zeigt, daß die im Luftbild dargestellten Gefügespuren im wesentlichen die im Tunnel angetroffenen Klüftungsverhältnisse erkennen lassen. Bei der vorliegenden luftbildgeologischen Ausarbeitung muß allerdings die Einschränkung gemacht werden, daß die jeweils entsprechenden Gefügerichtungen in der E-Hälfte des Tunnels gegenüber der Tunnelkartierung häufig um 10–15°

von E über N (links) verdreht sind; in der W-Hälfte des Tunnels dagegen um den gleichen Betrag, in einem Falle sogar bis 20°, in der Gegenrichtung, also von N über E (rechts). Außerdem ist in der Luftbildauswertung die Einzeichnung von ± Ost-West-streichenden Gefügespuren insofern überbewertet, als in der E-Hälfte des Tunnels diese überhaupt nicht gemessen wurden; in der W-Hälfte solche Klüfte (hier allerdings in identischer Richtung) in der Luftbildauswertung (durch längere Striche) überbetont erscheinen. Auch die Verwerfungen zeigen einen Richtungsverzug, wenn auch seltener und weniger stark, als dieser bei den Klüften festzustellen war.

Der Richtungsverzug hängt damit zusammen, daß
— die topographische Unterlage nur eine schlechte Bildentzerrung zuließ und
— damit die Flächenlage im Raum unberücksichtigt blieb, so daß alle Flächen, die von der Vertikallage abweichen, am Hang eine abweichende Ausbißrichtung erhielten (dies erklärt auch, warum die im allgemeinen wenig von der Vertikalen abweichenden Flächen horizontaler Verschiebungen eine geringe Winkelabweichung aufweisen) und
— mit zunehmender Gebirgsüberdeckung ursprünglich sehr kleine Unterschiede zwischen Gefügestreichen und Gefügeausbiß in der Projektion auf den Tunnel sich stärker auswirken.

Es ist anzunehmen, daß bei einer besseren topographischen Unterlage die Richtungsfehler erheblich gemindert werden können.

Die geringen Winkelabweichungen erscheinen angesichts der Zielsetzung nicht so erheblich, zumal der wesentliche Sachverhalt von den jeweiligen Gefügekombinationen abhängt, der dadurch nicht verwischt wird. Das Wesentlichste ist, daß die Lokation von Störungs- und Zerrüttungszonen richtig wiedergegeben ist und die Interpretation der graduellen Zerrüttungsverhältnisse im Gebirge grundsätzlich zutreffend ist. Mit einiger Erfahrung kann danach durchaus eine Gebirgsklassifizierung vorgenommen werden. Im Tunnel Hirschhorn z. B. in den in Abb. 7 ausgewiesenen Zonen „tektonisch zerrüttet" und „stärkere tektonische Zerrüttung" wegen der starken Zerscherung des Gebirges durchweg Stahlbogenverbau eingebracht worden, während in den „tektonisch gering beanspruchten" Bereichen Ankersicherung möglich war.

Die einzige echte Einschränkung, die in Bezug auf die Übereinstimmung der Luftbildauswertung mit der Tunnelkartierung in Hirschhorn zu machen war, ist die vom E-Portal aus dritte Beanspruchungszone, die als „stärkere tektonische Zerrüttung" ausgewiesen ist, aber ein verhältnismäßig wenig zerbrochenes Gebirge angetroffen hat. Abgesehen davon, daß der Auswerter diese Zone noch vor dem Durchfahren um eine Stufe zurücknehmen wollte, liegt hier, wie die Tunnelkartierung zeigt, doch eine Zone deutlich unterschiedlicher Gebirgsbeanspruchung vor. Östlich dieser Zone treten ausschließlich flach rheinische Scherklüfte auf, während nach Westen wieder zahlreiche N 160° E-Klüfte dazukommen. Eine solche Grenze unterschiedlicher Homogenbereiche muß eine Zone besonderer Scherbeanspruchung sein. Wie in Abschnitt 4.2. bereits erörtert, ist diese Scherbeanspruchung aber nicht mit den Gefüge-Schnittereignissen in den anderen Zonen starker Zerrüttung vergleichbar. Es wird eine der Aufgaben bei künftigen Projekten sein, einen Standard für die Interpretation bestimmter Konfigurationen von Bewegungsflächen zu finden.

Literatur

Backhaus, E.: Der Buntsandstein im Odenwald. Aufschluß 27, 299–320, Heidelberg, 1975.
Carlé, W.: Erläuterungen zur Geotektonischen Übersichtskarte der Südwestdeutschen Groß-
   scholle. 31, 2 Abb., Württ. Statistisches Landesamt, Stuttgart, 1950.
Karl, F.: Anwendung der Gefügekunde in der Petrotektonik (Teil I Grundbegriffe). Clausthaler
   Tektonische Hefte 5, E. Pilger, Clausthal-Zellerfeld, 1964.
Kronberg, P.: Bruchstrukturen des Rheinischen Schiefergebirges, des Münsterlandes und des
   Niederrheins – kartiert in Aufnahmen des Erderkundungssatelliten ERTS-1. Geol. Jb. A.
   33, 37–48, Hannover, 1976.
Laemmlen, M., Prinz, H., Roth, H.: Folgeerscheinungen des tiefen Salinarkarstes zwischen
   Fulda und der Spessart-Rhönschwelle. Geol. Jb. Hessen *107,* 207–250, Wiesbaden, 1979.
Prinz, H.: Ingenieurgeologische Probleme an der DB-Neubaustrecke Hannover-Würzburg in
   Osthessen. Ber. 2. Nat. Tag. Ing.-Geol., 93–101, Fellbach, 1979.
Prinz, H.: Erscheinungsformen des tiefen Salinarkarstes an der Trasse der DB-Neubaustrecke
   Hannover-Würzburg in Osthessen. Rock Mechanics, Suppl. *10,* 23–33, Wien, New York:
   Springer 1980.
Prinz, H.: Tunnelbau im Buntsandstein Ost- und Nordhessens. Ber. 4. Nat. Tagung Fels-
   mechanik in Aachen, 1980 (in Druck).
Reul, K., Ree, Ch.: Tektonische Gefügeanalyse aus Fernerkundung und vor Ort am Beispiel
   der Uranlagerstätte Ellweiler. Jber. u. Mitt. oberrh. geol. Ver. N. F. *58,* 183–201, Stutt-
   gart, 1976.
Reul, K.: Die tektonische Gefügeanalyse durch Fernerkundung, eine neue Untersuchungs-
   methode. Geol. Jb. Hessen *105,* 149–153, Wiesbaden, 1977.
Reul, K.: Luftbildgeologische Gefügeuntersuchung. Erl. geol. Kt. Hessen 1:25 000, Bl. 5917
   Kelsterbach, 3. Aufl., Wiesbaden, 1980.
Richter-Bernburg, G.: Stratigraphische Synopsis des deutschen Buntsandsteins. Geol. Jb. A.
   25, 127–132, Hannover, 1974.
Sander, B.: Gefügekunde der Gesteine. Wien: Julius Springer 1930.
Sander, B.: Einführung in die Gefügekunde der geologischen Körper I. Wien: Springer 1948.
Sander, B.: Einführung in die Gefügekunde der geologischen Körper II. Wien: Springer 1950.
Stille, H.: Die saxonischen Brüche (Schlußwort zu den „Göttinger Beiträgen zur saxonischen
   Tektonik" 1923–1925). Abh. Preuß. Geol. La., N. F. *95,* 149–207, Berlin, 1925.
Weber, H., Engels, W., Maak, H.: Die Neubaustrecke Hannover-Würzburg. ETR *28,* 725–734
   Darmstadt, 1979.

Anschrift der Verfasser: Prof. Dr. *H. Prinz,* Dr. *K. Reul,* Berging. (grad), *N. Scholz,* Hessisches
Landesamt für Bodenforschung, Leberberg 9, D-6200 Wiesbaden, Bundesrepublik Deutschland.

Rock Mechanics, Suppl. 11, 33—44 (1981)

Rock Mechanics
Felsmechanik
Mécanique des Roches
© by Springer-Verlag 1981

Geologisch begründete Nachforderungen im Felsbau — eine wachsende Herausforderung für den Ingenieurgeologen von heute

Von

W. Fürlinger

Zusammenfassung — Summary

Geologisch begründete Nachforderungen im Felsbau — eine wachsende Herausforderung für den Ingenieurgeologen von heute. In der Praxis des Felsbaues kommt es heute sehr häufig zu Meinungsverschiedenheiten in der Auslegung des Bauvertrages, die oft in beträchtlichen finanziellen Nachforderungen der Bauausführenden gipfeln.

Nur allzuoft stützen sich solche Forderungen auf geologische Argumentationen, da man offenbar glaubt, in der Geologie die schwächste, flexibelste, am leichtesten angreifbare Stelle des Bauvertrages zu sehen.

Einige Beispiele aus der Praxis des Tunnel-, Autobahn- und des Kraftwerkbaues sollen die Vielfalt der dabei auftretenden Probleme und Meinungsverschiedenheiten erläutern helfen, mit denen der Ingenieurgeologe in zunehmendem Maße konfrontiert wird.

Bei kritischer Betrachtung dieser Probleme zeigt sich, daß die Schwächen nicht so sehr im Bereich der geologischen Wissenschaft selbst liegen, sondern eher in Unzulänglichkeiten von vertraglichen Definitionen, der Ausschreibung, von Verfahrensweisen und Normen zu suchen sind. Daran knüpfen sich Gedanken und Vorschläge zur Verbesserung der bestehenden Situation aus ingenieurgeologischer Sicht.

Geologically Justified Additional Charges in Rock Engineering — An Increasing Challenge for the Engineering Geologist of Today. It has become a deplorable but quite common habit in the construction business to raise additional financial demands during completion of major construction works, especially in rock engineering.

Constructors frequently blame their red figures on extra expenses due to unexpected geological subsurface conditions.

Discussions about the justification of such charges generally lead to longlasting and costly lawsuits, involving arbitration committees and many different opinions of engineers, geologists and lawyers.

The study of some case histories, especially in the fields of tunnelling, construction of galleries and foundation engineering of highway bridges shows that the origin of most of the problems can rather be found in the way geological informations are handled in the work order, the contract and on the construction site than in the geological science itself.

As a result of this experience, some suggestions can be made in order to improve construction contracts in the future:

— Extent and quality of geological investigations necessary for a given project should be clearly defined. The financial means to carry out these "adequate investigations" must be guaranteed.

0080—3375/81/Suppl. 11/0033/$ 02.40

The employer should be liable for the geological information he provides.

The way how geological informations are considered in the contractor's calculation should be subject to control by the employer.

Disagreements on geological matters on the construction site should be settled by hearing a neutral geologist's opinion. The geological arbitrator should receive equal parts of his honorarium by both the employer and the contractor.

Die Praxis zeigt, daß bei vielen Großprojekten im Felsbau im Nachhinein über die Geologie gestritten wird.

Mit dem folgenden Beitrag zum 1. Themenkreis dieses Kolloquiums, der die Überschrift „Ingenieurgeologie heute" trägt, soll gezeigt werden, wie sehr die Ingenieurgeologie im Spannungsfeld der Interessen von Auftraggeber (AG) und Auftragnehmer (AN) steht.

Die immer mehr um sich greifende Gepflogenheit, die Geologie zum Streitobjekt im Felsbau zu machen, stellt einen Problemkreis dar, der in zunehmendem Maße die Aufmerksamkeit unseres Berufsstandes in Anspruch nimmt.

Als „vor Ort" arbeitender Baugeologe wird man bei fast allen großen Bauprojekten mit geologischen Meinungsverschiedenheiten konfrontiert.

Der AN bedient sich häufig solcher Unstimmigkeiten, um massive finanzielle Nachforderungen gegenüber dem Bauherrn zu begründen. Der AG ist freilich tunlichst bemüht, derartigen Mehrzahlungen zu entgehen.

Diese Vorgangsweise macht sich in allen drei wichtigen Sparten unseres Fachgebietes breit — also im Hohlraumbau, im Verkehrswegebau und auch im Kraftwerksbau.

Zahlreiche Beispiele aus diesen Bereichen haben gezeigt, daß die Ursachen von Nachforderungen bzw. deren geologische Begründungen sehr vielfältig sein können. Dementsprechend schwierig ist es auch, sie zu beurteilen.

Die unvoreingenommene Analyse von Beispielen aus der Praxis zeigt sehr deutlich, wo noch Schwachstellen in den Beziehungen zwischen Geologie und Bauwesen liegen. Es ist ganz im Sinne der Salzburger Kolloquien gelegen, gerade in diesem Kreis von Fachleuten auf solche Schwächen im Nahbereich unseres Fachgebietes aufmerksam zu machen. Daraus ergeben sich Anregungen dafür, in welcher Richtung weiterzuarbeiten Erfolg verspricht.

Jede Kritik bedarf allerdings des Vorschlages von Alternativen, um konstruktiv zu sein. Es soll daher versucht werden, Verbesserungsvorschläge zur Diskussion zu stellen, die aufgrund der Erfahrungen aus der Praxis sinnvoll erscheinen.

Im Grunde genommen geht es bei allen derartigen geologischen Streitfällen um die wohlbekannte Diskrepanz zwischen den erwarteten geologischen Verhältnissen und den, während der Bauausführung tatsächlich angetroffenen geologischen Gegebenheiten.

Es ist hier bewußt nicht von „zu erwartenden" geologischen Verhältnissen die Rede. Das würde nämlich den Anschein einer absoluten Gültigkeit der geologischen Aussage für beide Vertragspartner erwecken. Meist erwartet aber der Bieter etwas anderes als der Bauherr.

Die Frage ist nun, ob diese Diskrepanz tatsächlich vorhanden ist, ob sie bewußt oder unbewußt von einem der Vertragspartner konstruiert wird, ob sie gar nachträglich von einem der Partner in den Vertragstext hineininterpretiert wird, oder ob sie auf sprachlichen oder sachlichen Mißverständnissen beruht. Das muß von Fall zu Fall geprüft und entschieden werden.

Diese Diskrepanz ist es ja, aus der sich Mehraufwendungen und Mehrkosten ergeben, die entweder dem AG angelastet, oder dem AN aufgebürdet werden.

Die Untersuchung verschiedener charakteristischer Fälle, bei denen es zu Nachforderungen gekommen ist, zeigt, daß sich — abstrahierend — einige Modellsituationen erkennen und als solche formulieren lassen.

Folgende vier typische Situationen kommen häufig vor:

1. Unerwartete geologische Bauaufschlüsse trotz angemessener Vorerkundung.

2. Fehlkalkulation des Bieters aufgrund mangelhafter Präsentation der Geologie in der Ausschreibung.

3. Fehlkalkulation des Bieters durch unrichtige Auslegung der geologischen Unterlagen.

4. Geologische Komplikationen nach drastischen Projektsänderungen bei Variantenausführung.

Zu jeder dieser Situationen wird im folgenden ein erläuterndes Beispiel kurz beschrieben:

Zu 1.: *Unerwartete geologische Verhältnisse bei der Gründung eines Pfeilers einer Autobahn-Hangbrücke*

Für einen Pfeiler einer Autobahn-Hangbrücke war eine Gründung in Form zweier Brunnen vorgesehen.

Die Einschätzung der geologischen Verhältnisse stützte sich im wesentlichen auf zwei Kernbohrungen neben den Gründungsorten. Danach wurden die voraussichtlichen Gründungstiefen angegeben.

Bei Erreichen der Gründungssohle des talseitigen Brunnens zeigte sich jedoch, daß die Felsqualität nicht den Erwartungen entsprach. Der Brunnen steckte in plastischen Myloniten, durchzogen von spiegelnden Harnischflächen, die auf eine bedeutende Störung schließen ließen. Wasserzutritte durchfeuchteten das Gebirge so stark, daß trotz äußerst vorsichtiger Vortriebsweise ein Verbruch eintrat. Aufgrund von Sondierungen wurden die Hoffnungen gering eingeschätzt, den breiten Zerrüttungsstreifen in absehbarer Tiefe mit vertretbarem Aufwand zu durchörtern. Die Bestätigung dieser Befürchtung brachte schließlich eine weit über die Brunnensohle hinaus vorgetriebene Kernbohrung, die weiter ungünstigste Verhältnisse anfuhr.

Wegen dieser schwierigen Situation und unter dem Zwang eines starken Termindruckes entschloß man sich auf Anraten der geotechnischen Sachverständigen zu einer Änderung der Gründungsart.

Die Brunnen wurden aufgegeben und mit Füllbeton ausbetoniert. Ein Bohrpfahlkasten mußte die Last des künftigen Überbaues aufnehmen. Mit den Bohrpfählen war es leichter möglich, tragfähige Felsbereiche aufzusuchen und hohe Mantelreibungen zu aktivieren. Als flankierende Maßnahme wurde eine Entwässerungsbohrung vom Hang her in den Gründungsbereich vorgetrieben.

Dieses Umdisponieren der Gründungsart war sehr zeitaufwendig. Es erfolgte zu einem Zeitpunkt, da die Vorbaurüstung darauf wartete, sich auf eben diesen Pfeiler abstützen zu können.

Insgesamt wurde vom AN ein uneinbringlicher Zeitverlust von zwei Monaten geltend gemacht. Die im Bauzeitplan vorgesehenen Pufferzeiten für Baugrundprobleme waren bereits restlos ausgeschöpft und verbraucht.

Der AN distanzierte sich daher vom Pönalerisiko, das mit einer Überschreitung des Übergabetermines unausbleiblich schien. Er machte pflichtgemäß Vorschläge zur Einbringung der verlorenen Zeit in Form von Zusatzanboten. Dabei hielt er den Einsatz einer zusätzlichen konventionellen Rüstung für zielführend.

Der Bauherr verwarf diese sehr aufwendige Möglichkeit und räumte stattdessen eine Terminverlängerung von fünf Wochen ein. Diese Frist wurde schließlich eingehalten. Sie wurde allerdings durch hohe Forcierungskosten erkauft, die Gegenstand einer umfangreichen Nachforderung des AN waren.

Das Wesentliche an der geschilderten Situation scheint zu sein, daß die angetroffene Geologie alle Beteiligten – also AG wie AN gleichermaßen überraschte. Die entstandenen Probleme wurden daher einvernehmlich gelöst. Die erfreuliche Flexibilität des AG bei der Umplanung der Gründung verdient hier hervorgehoben zu werden.

Die Aufwendungen für die Vorerkundungen waren durchaus angemessen. Jeder Gründungsort wurde durch zwei Kernbohrungen untersucht. Dennoch kann es vorkommen, daß sich schon neben dem Bohrloch unerwartete Verhältnisse zeigen, die dem Auge des Geologen verborgen bleiben.

Das Auftreten unerwarteter geologischer Situationen unterstreicht auch die Notwendigkeit einer ständigen baugeologischen Betreuung von Großbaustellen.

Zu 2.: *Ein Beispiel aus dem Tunnelbau*

Die Folge eines Tunnelbaues in einem Kristallinkomplex im Südosten Österreichs war eine unerfreuliche Bilanz: Einer der beiden ARGE-Partner meldete nach zähem Ringen gegen Ende der Bauzeit den Ausgleich an, ein anderer ging in Konkurs.

Über die geologischen Probleme bei diesem Tunnelbau wurde an gleicher Stelle bereits berichtet (*Fürlinger*, 1978).

In diesem Zusammenhang seien die Umstände hervorgehoben, die zu dem wirtschaftlichen Mißerfolg geführt haben:

Die Vorerkundung war durch einen Sondierstollen aufwendig und der Bedeutung des Projektes durchaus angemessen. Bei den hohen Vorerkundungskosten wären allerdings auch etwas intensivere Bemühungen in der Auswertung und Präsentation der geologischen Gegebenheiten durchaus gerechtfertigt gewesen.

Ein grundsätzliches Problem steckte offenbar in der Beschreibung der Gebirgsklassen (GKL).

In der Aussschreibung wurden die bergmännischen Ausdrücke „standfest" bis „gebräch" im einzelnen, vermeintlich charakteristischen Gebirgseigenschaften gekoppelt. Sie wurden zur Grundlage einer fünfstufigen Gebirgsklassifizierung gemacht.

Unglücklicherweise wurden diese bergmännischen Bezeichnungen, die ja mit dem Lauffer-Diagramm zusammenhängen, mit geologischen Kriterien und mit Gebirgslösungsvorschriften — also technischen Anweisungen — verquickt. Dadurch wurden sie in ein Schema gepreßt, das dem angetroffenen Gebirge nur sehr selten gerecht wurde.

Es war daher von Anfang an schwierig, „gebirgsgerecht" zu klassifizieren.

Außerdem enthielt der Ausschreibungstext geologische Formulierungen, die in der Baugeologie nicht sehr gebräuchlich sind und offenbar vom Bieter auch nicht richtig eingeschätzt werden konnten.

Die GKL I war z. B. als „chemisch gesundes" Gebirge charakterisiert. Dieses sollte mit großen Abschlagslängen im Vollausbruch ohne wesentliche Stützmaßnahmen bearbeitet werden können. Das gleiche Kriterium der „chemischen Gesundheit" galt auch für GKL II, die ebenfalls im Vollausbruch, bei kürzeren Abschlagslängen, bewältigt werden sollte.

Ohne das Teilkriterium des „chemischen Gesundheitszustandes" des Gebirges besonders zu beachten, wurden zu Beginn lange Strecken sehr optimistisch klassifiziert und gemäß GKL I und II ausgebrochen. Nach den ersten 150 m Vollausbruch reagierte das solchermaßen behandelte Gebirge jedoch mit einem Verbruch.

Unter dem Eindruck dieses Schadensereignisses beauftragte der AN ein Ingenieurbüro mit der Suche nach den möglichen Ursachen. Als ein Teilergebnis dieser Untersuchungen wurde festgestellt, daß das Gebirge durchwegs Oxydationsumbildungen an Klüften aufwies. Außerdem waren mylonitische Kluftbestege mit Montmorillonit-Bildung sehr häufig.

Da diese Produkte das Ergebnis sekundärer chemischer Umbildungen sind, ist die chemische Gesundheit des Gebirges nicht gegeben — so argumentierte der Gutachter unter anderem. Daraus folgte streng genommen, daß die GKL I und II im Tunnel gar nicht vorkamen. Sie waren zusammen immerhin mit 35 % prognostiziert.

Man kann sich leicht vorstellen welche Konsequenzen es hat, wenn 35 % der Kalkulationsgrundlage unrichtig sind. Im Ganzen gesehen verringerte sich der Anteil der guten, und vermehrte sich der Anteil der schlechten Gebirgsklassen (*Fürlinger*, 1978).

Auch bei den GKL III, IV und V traten ähnliche Schwierigkeiten auf.

All diese Diskrepanzen führten zu Erschwernissen, deren Kosten der AN in der Endphase des Baues auf mehr als 30 Mio S bezifferte.

Es scheint in diesem Falle die Beschreibung der geologischen Verhältnisse durch den Bauherrn den Bieter zu einer offenbar zu optimistischen Kalkulation verleitet zu haben.

Die Verknüpfung verschiedenartiger und verschiedenwertiger Kriterien in der Gebirgsklassifizierung wird vor allem von erfahrenen Praktikern kritisiert. *Pöchhacker* sagte z. B. anläßlich des 23. Geomechanik Kolloquiums 1974: „Diese Beschreibung nach mehreren Gesichtspunkten stellt eine recht problematische Überbestimmung dar."

Die fehlende Festlegung von Prioritäten bei mehreren verschiedenartigen Klassifizierungskriterien führt erfahrungsgemäß zu Meinungsverschiedenheiten.

Da sich dieser Mangel seitdem mehrmals in der Praxis bestätigt hat, ist es verwunderlich, warum in Leistungsverzeichnissen bis heute noch nicht davon abgegangen wurde.

Zu 3.: *Ein Beispiel aus dem Stollenbau*

Im Zuge des Baues eines Speicherkraftwerkes im Zentralgneis der Hohen Tauern sind einige km Druck- und Überleitungsstollen aufzufahren.

In historischer Zeit ist dort ein Goldbergbau mit umfangreichen Stollen- und Schachtaufschlüssen umgegangen. Dadurch ist die geologische Situation im Kraftwerksbereich bis ins Detail bekannt. Auch wissenschaftliche Bearbeitungen des betreffenden Gebietes geben ausführliche petrografische Detailbeschreibungen der hauptsächlich vorkommenden Gesteinstypen.

Obwohl der betreffende Stollen in konventionellem Sprengvortrieb ausgeschrieben wurde, entschied sich die anbietende ARGE für einen Fräsvortrieb.

Der erhoffte wirtschaftliche Erfolg blieb jedoch aus. Die Vortriebsleistungen waren unbefriedigend. Der Geräteverschleiß war zu groß.

Deshalb trat man an den Bauherrn mit Mehrforderungen wegen angeblich „nicht vorhersehbarer Erschwernisse" heran.

Gestützt auf zwei, im Nachhinein bestellte geologische Gutachten wies der AN nach, daß die Abrasivität des durchörterten Gneises zu hoch ist, um einen wirtschaftlichen Vortrieb mittels einer Fräse zuzulassen.

Auf die Frage, ob es sich dabei um unvorhersehbare Erschwernisse handle, stellte der vom AG konsultierte technische Berater lapidar fest, daß die Gutachten keine Erkenntnisse bringen, die nicht bei sorgfältiger Bearbeitung des Variantenangebotes schon früher hätten gewonnen werden können.

Der AG muß annehmen dürfen, daß sich der Bieter vor der Entscheidung für den Maschineneinsatz ein ausreichend klares Bild über die geologischen und vor allem petrografischen Verhältnisse verschafft hat. Dies umso mehr, als die dazu notwendigen speziellen gesteinstechnischen Untersuchungen oft in den werkseigenen Labors der Fräsenhersteller ausgeführt werden.

Dies steht auch im Einklang mit den von *Horninger* beim 28. Geomechanik Kolloquium in Salzburg geäußerten Auffassungen über die Risikoverteilung in solchen Fällen.

Zu 4.: *Die Verkettung von Mehrkosten am Beispiel eines Autobahn-Talüberganges*

Bei einem Autobahn-Talübergang beauftragte der Bauherr einen Variantenentwurf des Bieters.

Der wesentliche Unterschied zur Verbundbrücke des Ausschreibungsprojektes bestand in der Ausführung einer im Freivorbau hergestellten Stahlbetonbrücke. Dazu waren aus statischen Gründen Doppelpfeiler notwendig.

Obwohl die Gründungsorte der Lage nach gleich blieben, änderten sich die Dimensionen für den Voraushub und die Gründungen beträchtlich.

Die folgende Beschreibung zeigt eindrucksvoll die Eskalation der Baumaßnahmen infolge Umprojektierung zusammen mit ungünstigen baugeologischen Verhältnissen.

Aufgrund der Vorerkundung wurde von den geotechnischen Beratern des

Bauherrn angenommen, daß eine Voraushubsicherung mit verstärktem Spritzbeton und Felsnägeln ausreichen würde, um einen einfachen, auf zwei Brunnen gegründeten Pfeiler im steilen Felsgelände zu sichern. Die Aushubbreite sollte 8 m betragen.

Diese Annahme wurde von den Bietern in den Variantenentwurf mit Doppelpfeiler und daher auf 18 m erweiterter Aushubbreite unverändert übernommen.

Wegen der wesentlich erweiterten Dimensionen wurden von den Geotechnikern nun auch wesentlich massivere Voraushubsicherungen in Form von Ankerwänden und Ankerpfeilern gefordert und den Ausführungsplänen zugrundegelegt. Die endgültige Aushubbreite betrug nun 30 m.

Im Verlaufe des schrittweisen Abtrages traten Baugrundverhältnisse zutage, die aufgrund der Vorerkundung nicht erwartet wurden:

Die Felszerrüttung war stärker, als bis dahin angenommen. Es wurden Großklüfte mit Myloniten angefahren. Auf eine tiefgreifende Auflockerung des Felses wiesen Zerrklüfte hin, die mit schluffsandigen fluviatilen Einschwemmungen gefüllt waren.

Es zeigte sich, daß selbst die ohnehin schon massiven Voraushubsicherungen noch verstärkt, und vor allem im unteren Bereich noch wesentlich ergänzt werden mußten.

Dadurch entstanden dem AN erhebliche Erschwernisse und Mehraufwendungen. Er mußte z. B. Teilaushübe sofort sichern und überhaupt eine vorsichtigere Arbeitsweise anwenden.

Das schwerer wiegende Problem ergab sich jedoch aus beträchtlichen Terminverzögerungen, die den eng verflochtenen Bauzeitplan sprengten. Sie drohten, den endgültigen Übergabetermin des Objektes zu gefährden. Nach umfangreichen und ebenso aufwendigen Umdispositionen und Umplanungen konnte diese Gefahr gebannt werden.

Die Mehraufwendungen, die der AN in diesem Fall geltend machte, gliedern sich in zwei verschiedenartige, jedoch voneinander abhängige Teilforderungen:

— Aufwendungen, die unmittelbar zur Beherrschung der geologischen Schwierigkeiten notwendig waren

— Folgekosten, die zur Kompensierung der daraus entstandenen Terminverluste notwendig waren. Diese Kosten betragen ein Mehrfaches der ersteren und beinhalten Positionen wie:

— Forcierungskosten der Gründungen

— Umplanung für Systemänderung der Tragwerksherstellung auf die Nachbarpfeiler

— Erhöhte Kosten für Tragwerkskomplettierung im Winter etc.

Daraus entstehen auch zwei grundsätzliche Fragen:

— Wären die geologisch bedingten Erschwernisse auch bei Ausführung des Ausschreibungsentwurfes aufgetreten?

Diese Frage kann der Geologe beantworten. Sie konnte im vorliegenden Fall bejaht werden. Die Probleme wären sicherlich nicht so groß geworden. Man weiß ja, daß Probleme mit wachsender Anschnittsgröße nicht nur linear wachsen, sondern daß sie sich potenzieren, ganz analog dem Verhältnis Sondierstollen : voller Tunnelquerschnitt.

Die zweite Frage bezieht sich auf die Berechtigung und den Umfang der Folgekosten. Diese Frage ist allerdings eine vertragliche, die den Bereich der Zuständigkeit des Geologen eindeutig verläßt. Sie ist in den RVS grundsätzlich behandelt

Für die gerechte Beurteilung solcher Fälle ergibt sich die Notwendigkeit, bei jedem Beispiel genau zu trennen, das, was vor Baubeginn über die Geolgie bekannt war, bzw. was in Form der Ausschreibungsunterlagen bekanntgegeben wurde, von dem, was während der Bauausführung entdeckt wurde.

Sehr wichtig ist auch, wie die geologische Information dem Bieter präsentiert wird. Nicht selten liegen in dem „Wie" allein die Wurzeln schwerwiegender Mißverständnisse und Meinungsverschiedenheiten.

Vor dem Hintergrund der angeführten Beispiele, an die sich noch beliebig viele reihen ließen, ergeben sich einige grundlegende Gedanken, Überlegungen und Forderungen, die im folgenden zur Diskussion gestellt werden.

Eine der wichtigsten bezieht sich zweifellos auf Umfang, Qualität und Verbindlichkeit der geologischen Information.

Es ist nach meiner Erfahrung nun einmal eine bedauerliche Tatsache, daß Mängel in diesen Belangen einer Spekulation Tür und Tor öffnen. Der mit der Geologie zusammenhängende Bestandteil von Bauverträgen wird nicht selten als der mit den größten Unsicherheiten behaftete, flexibelste Teil betrachtet und nicht zuletzt deshalb so häufig zum Streitobjekt.

Das muß gar nicht sosehr an Mängeln der geologischen Wissenschaft selbst liegen, sondern vielmehr sind die Schwächen darin zu sehen, daß zuwenig Klarheit darüber herrscht, wie umfangreich und detailliert die geologische Aussage für das jeweilige Projekt sein sollte bzw. sein muß.

In den diesbezüglichen Normen (z. B. in den Vorbemerkungen zur ÖNORM 2110) sind diese Fragen nur sehr generell behandelt.

Es wird besonders die Notwendigkeit einer gründlichen Vorbereitung des Bauvorhabens betont und gefordert, nur „ausgereifte Projekte" und „fehlerfreie Leistungsverzeichnisse" den Ausschreibungen zugrunde zu legen. Wie die Praxis lehrt, herrschen jedoch über den „Reifegrad" von Ausschreibungsunterlagen keine einheitlichen Auffassungen.

Die Verankerung eines gewissen projektsbezogenen Mindeststandards in den Normen wäre hier eine wünschenswerte Ergänzung.

Ein solcher ließe sich am ehesten in der Form eines geologischen Leistungsverzeichnisses formulieren. Darin müßte umrissen werden, welche geologischen Informationen vom AG erwartet werden dürfen, bzw. welche Informationen für den Bieter zur Ausarbeitung seiner Kalkulation notwendig und nützlich sind.

Ein erster Schritt in dieser Richtung ist zumindest für den Bereich der Untertagebauarbeiten mit der ÖNORM 2203 unternommen worden. Dort sind in den Verfahrensbestimmungen die notwendigen geotechnischen Vorarbeiten für Ausschreibungen angeführt.

Diese Empfehlungen werden allerdings in die Praxis nur sehr zögernd übernommen.

Mehrmals wurde der Begriff „angemessene Vorerkundung" gebraucht, im vollen Bewußtsein dessen, daß es nicht leicht sein wird, eine sinnvolle Definition dieses Begriffes zu erarbeiten. Die Notwendigkeit weiterer Bemühungen in dieser Richtung zeichnet sich jedoch immer mehr ab.

Ganz abgesehen von gewissen unabdingbaren qualitativen Voraussetzungen werden die Kosten einer Vorerkundung sicherlich in einer bestimmten Relation zu den Gesamtkosten eines Projektes stehen müssen. Vielleicht wäre es ein Fortschritt, die rechtzeitige Bereitstellung der für diese angemessene Vorerkundung notwendigen finanziellen Mittel bei Großbauvorhaben der öffentlichen Hand von Gesetzes wegen zu garantieren.

Nicht selten wird auch die Dauer von zweckmäßigen Vorerkundungsprogrammen unterschätzt bzw. durch Termine begrenzt, die den fachlichen Notwendigkeiten nicht Rechnung tragen. Der Zeitfaktor sollte also im Reifungsprozeß von Ausschreibungsunterlagen viel stärker berücksichtigt werden.

Daran knüpfen sich nun Gedanken über die Verbindlichkeit der geologischen Information.

Offenbar aufgrund der häufigen negativen Erfahrung, daß gerade die geologischen Bestandteile von Ausschreibungsunterlagen am häufigsten angefochten werden, hat sich ein Trend eingebürgert, eben diese geologischen Informationen für unverbindlich zu erklären. Eine solche Praxis hat sich vor allem bei einigen Tunnelausschreibungen bemerkbar gemacht.

Diese Vorgangsweise mancher Bauherrn wurde von *Spaun* beim letzten (28.) Geomechanikkolloquium unter spontanen Beifall des Auditoriums kritisiert. Sie diskriminiert ja nicht nur die Arbeit des Baugeologen sondern läuft darauf hinaus, das gesamte Baugrundrisiko auf den Unternehmer abzuwälzen. Das steht nun sicherlich im Widerspruch zu den, in den Vorbemerkungen zur bereits zitierten Norm niedergelegten Empfehlungen.

Die Verbindlichkeit der geologischen Information sollte also prinzipiell außer Zweifel stehen! Es kann sich ja auch kein Statiker von seinen Berechnungen distanzieren.

In diesem Zusammenhang wird vielleicht auch der unlängst (BGBl. 1978) gesetzlich verankerte Berufsstatus des „Ingenieurkonsulenten für Technische Geologie" dem Berufsbild des Baugeologen eine neue Dimension verleihen. Er wird sich bereitfinden müssen, bei seiner Arbeit auch Berufsrisiko zu tragen. Wenn auch Aussagen geologischer Natur sehr schwer in Zahlen auszudrücken sind, so sollte es doch uns Geologen mit vorwiegend philosophischer Bildung jederzeit möglich sein, in unseren Formulierungen und Darstellungen die Grenzen zwischen Beobachtung und Interpretation nicht verschwimmen zu lassen. Dann wird es uns vielleicht nicht mehr so oft passieren — wenn auch nur im Scherz — auf die gleiche Stufe mit Hellsehern und Wahrsagern gestellt zu werden.

Aus der Baupraxis gewinnt man den Eindruck, daß den geologischen Ausschreibungsunterlagen nur allzuoft von Seiten der Bieter kein besonders großes Vertrauen entgegengebracht wird. Das äußert sich meist in viel zu optimistischen Kalkulationsansätzen für Baugrundprobleme. Dieser spekulative Zweckoptimismus hat sicherlich zu einem erheblichen Teil in der bisher vielfach zu lose und unverbindlich gehandhabten Form der geologischen Information seine Wurzeln.

Ein Bekenntnis des Auftraggebers zu den oft mühevoll erarbeiteten geologischen Unterlagen in Form einer Verbindlicherklärung und damit einer Aufnahme in den Bauvertrag würde die Bieter sicherlich eher dazu motivieren, sich mit diesen Unterlagen seriös zu befassen.

Wenn nun eine verbindliche geologische Information vorliegt, so sollte auch sichergestellt werden, daß diese vom Bieter auch verstanden wird und sinngemäß in seine Kalkulation Eingang findet. Manche der großen Baufirmen bedienen sich zu diesem Zweck schon eigener Hausgeologen.

Mögliche Fehlkalkulationen aufgrund mißverstandener geologischer Grundlagen sollten aber auch dem AG bei der Prüfung von Angeboten rechtzeitig erkennbar sein.

Diese Forderung wäre dann erfüllbar, wenn der Bieter verpflichtet wird, seine Kalkulation auch in diesem Teilgebiet transparent zu machen. Er ist es ja gewohnt, die Berechnung aller anderen Teilleistungen in Form der sogenannten „K-Blätter" detailliert auszuweisen.

Das würde im Gegensatz zu der vorhin kritisierten defensiven Praxis der Distanzierung von den eigenen Unterlagen, eine offensive Vorgangsweise des Ausschreibenden gegenüber dem Bieter bedeuten. Er fordert ihn auf, anhand der Detailkalkulation sein Verständnis der beschriebenen geologischen Verhältnisse unter Beweis zu stellen.

So manche Fehlinterpretation der Ausschreibung ließe sich dadurch rechtzeitig erkennen und korrigieren. Eine Früherkennung von Fehlkalkulationen wäre für beide Vertragspartner von Vorteil!

Ein weiteres Problem, ja vielleicht sogar die eigentliche Wurzel aller auftretenden Schwierigkeiten scheint darin zu liegen, daß die meisten Bauverträge auf der Voraussetzung eines relativ exakten Zutreffens der geologischen Prognosen beruhen. Wie wir alle wissen, ist das leider nicht immer so.

Schon bei geringen Abweichungen von den häufig zu eng gefaßten geologischen Erwartungen kann dann die Bindung an den Vertrag gesprengt werden — es kommt zu Nachforderungen, und häufig enden solche Fälle vor Schiedsgerichten.

Eine Denkmöglichkeit in diesem Zusammenhang besteht darin, die Auswirkungen geologischer Schwierigkeiten auf die Kalkulation in einem gewissen Maß schon in der Anbotsphase zu antizipieren. Es müßte möglich sein, im Vorhinein einen bestimmten Rahmen abzustecken, aus dessen Grenzen sich die Mehrkosten, angepaßt an verschiedene denkbare, vorher definierte geologische Verhältnisse, nicht enfernen dürfen.

Das liefe dann hinaus auf eine Minimum-Maximum-Kalkulation für die jeweils günstigste bzw. ungünstigste denkbare geologische Erwartung. Als Ausgangsbasis könnte immer noch die für die am wahrscheinlichsten gehaltenen geologischen Verhältnisse erstellte Kalkulation dienen.

Der praktische Sinn einer solchen Maßnahme wäre es, die Gültigkeit des Bauvertrages auf ein breiteres Spektrum geologischer Phänomene erweitert zu haben.

Trotz aller wünschenswerten Verfeinerungen der Vorerkundung, trotz aller Verbesserungen ihrer Auswertung und Präsentation werden sich Meinungsverschiedenheiten nicht ganz ausschließen lassen.

Deshalb ist es zu begrüßen, daß es sich — und auch hier wieder vorwiegend im Tunnelbau — einzubürgern beginnt, in solchen Fällen einen geologischen

Schiedsrichter zu bestellen. Es müßte Sache der Geologen sein, eine solche Schiedsrichterfunktion nicht nur nicht abzulehnen, sondern im Gegenteil, sie mit Bestimmtheit zu fordern und diese Funktion mit Umsicht auszufüllen.

Es liegt schließlich im ureigenen Interesse der Geologen, Probleme aus ihrer Materie nicht auf eine formaljuridische Rechtsebene verschleppen zu lassen, sondern sie auf einer zwischengeschalteten fachlichen Rechtsebene zu lösen!

Die ständige Anwesenheit eines Geologen als Schiedsrichter wäre bei Großtunnelbauten wünschenswert, wenn es darum geht, von Abschlag zu Abschlag die Gebirgsklassen festzulegen, sofern sie nach geologischen Kriterien definiert sind.

Die bisher durchwegs geübte Praxis, daß einer der beiden Vertragspartner den Geologen stellt, ist unbefriedigend.

Ein solcher Geologe kann oder sollte nämlich naturgemäß allenfalls die Funktion eines geologischen Beraters seines jeweiligen Auftrags- bzw. Dienstgebers erfüllen. Dieser honoriert ihn ja nicht zuletzt dafür, daß er den vorhandenen geologischen Ermessensspielraum zu seinen Gunsten auslegt und damit verknüpfte Interessen vertritt. Der Geologe kommt dadurch zwangsläufig in die Position eines Fachanwaltes — und das ist etwas durchaus Legitimes.

Bei Meinungsverschiedenheiten schickt dann jeder der Vertragspartner einen Geologen in den Tunnel. Bei dem oben beschriebenen Beispiel kam es gar so weit, daß sich schließlich nicht weniger als sieben Geologen auf Kosten der Firmen und des Bauherrn an der Tunnelbrust labten.

Sinnvoller wäre es, von vornherein eine neutrale geologische Betreuung zu installieren. Dies wäre möglicherweise damit erreichbar, indem sich Bauherr und AN einvernehmlich der Dienste eines erfahrenen Fachmannes vergewissern, und diesen auch zu gleichen Teilen honorieren.

Aufbauend auf Erfahrungen aus der Praxis wurde versucht zu zeigen, daß unser Dilemma darin besteht, daß man glaubt, in der Geologie die schwächste, flexibelste und am leichtesten angreifbare Stelle des Bauvertrages zu sehen.

Die Bieter stehen offenbar wegen der Konkurrenzsituation auf dem Bausektor unter dem Zwang, den Bauvertrag im Nachhinein angreifen zu müssen. Die Gründe dafür liegen vielleicht nicht zuletzt in der derzeit durchwegs geübten Vergabepraxis, die den Billigstbieter bevorzugt.

Solange sich diese Angriffe auf die Geologie richten, so lange müssen wir Geologen uns weiter bemühen, die geologische Information „standfester" zu gestalten. Das sollte jedoch keinesfalls zu einem Zurückstecken oder zu einer Defensive führen!

Als Möglichkeiten, die bestehende Situation zu verbessern, werden — rekapitulierend — folgende Anregungen gegeben:

1) Die Verankerung einer sogenannten „angemessenen Vorerkundung"

2) Die Verbindlichkeit der geologischen Information

3) Mehr Transparenz in der geologischen Kalkulation des Bieters

4) Die Anpassung von Bauverträgen an ein breiteres Spektrum geologischer Phänomene durch vorheriges Abstecken eines Kalkulationsrahmens

5) Das Wahrnehmen der Schiedsrichterfunktion durch Geologen

6) Eine neutrale baugeologische Betreuung bei Großbauvorhaben

Möge die eine oder andere dieser Anregungen in Zukunft aufgegriffen werden und es damit gelingen, die organisatorischen Randbedingungen für unser fachliches Wirken zu verbessern!

Literatur

Bundesgesetzblatt der Republik Österreich, Jhg. 1978; 143. Bundesgesetz, Änderung des Zivil-technikergesetzes (NR: GP XIV RV 763 AB 794 S. 85. BR: AB 1806 S 373).

Fürlinger, W.: Geologische Vorerkundung und baugeologische Erfahrungen — ein kritischer Vergleich am Beispiel des Mitterbergtunnels. Rock Mechanics, Suppl. 7, 3—11, Wien, New York: Springer 1978.

Horninger, G.: Riskenverteilung im Felsbau unter spezieller Berücksichtigung der Baugeologie. Rock Mechanics, Suppl. *10*, 187—196, Wien, New York: Springer 1978.

Pöchhacker, H.: Gebirgsklassifikation bei Groß-Straßentunneln — Kritik und Anregungen. PORR Nachr. Nr. 63, 54—59, PORR AG Wien (1975).

Spaun, G.: Tunnelbaugeologie und Risikoverteilung. Vortrag zum XXVIII. Geomechanik Kolloquium 1979.

Anschrift des Verfassers: Dr. *W. Fürlinger*, Baugeologische Beratung, Karlbauernweg 12/20, A-5020 Salzburg, Österreich.

Rock Mechanics, Suppl. 11, 45–58 (1981)

Rock Mechanics
Felsmechanik
Mécanique des Roches
© by Springer-Verlag 1981

Die erste Phase der geologischen und geotechnischen Erkundung für den "Crosstown" Stollen in San Francisco, Kalifornien

Von

K. W. John

Mit 6 Abbildungen

Zusammenfassung — Summary

Die erste Phase der geologischen und geotechnischen Erkundung für den "Crosstown" Stollen in San Francisco, Kalifornien. Der "Crosstown Transport" ist ein derzeit in Planung befindlicher ca. 10 km langer Stollen, der ein wichtiger Bestandteil des "Clean Water" Programmes sein wird, das dazu dienen wird, die sich aus dem auf dem Mischkonzept beruhenden Abwassersystem der Stadt San Francisco ergebende Verunreinigung der Bay zu minimalisieren.

Der Stollen wird geologische Formationen großer Komplexität durchfahren, für deren Erkundung beträchtlicher Aufwand getrieben wurde. Der Stollen, sowohl im Sand unter beträchtlichen Wasserdrücken als auch im wechselhaften Festgestein, Quarzit mit Zwischenlagen aus Tonstein und anderem wenig festem Gebirge, wird anpassungsfähige Bauverfahren erfordern, die von der derzeitigen US Tunnelbaupraxis zumindest in Teilaspekten abweichen werden müssen.

Abschließend wird der Stand der Ingenieurgeologie in Kalifornien kommeniert.

The First Phase of Geological and Geotechnical Exploration for the Crosstown Tunnel in San Francisco, California. The Crosstown Transport is an almost 10 km long tunnel presently in planning which will become an important part of the Clean Water Program of the City of San Francisco. The purpose of this project is to minimize the pollution of the Bay due to a sewer system in which waste water and rain runoff are carried in the same lines.

The tunnel is to penetrate geological formations of considerable complexity which were subject of a comprehensive exploration. The construction of the tunnel, both in sands under considerable waterhead and in rock of varying strength, quartzite with layers of shale and other softer rocks, will require flexible procedures which are likely to differ, at least in specific aspects, from present US usage.

Concluding brief comments are presented as to the present state of engineering geology in California.

Einleitung

In dieser Arbeit wird über den Stand der geologischen und geotechnischen Erkundung für den "Crosstown Transport" vom Oktober 1980 berichtet. Dieser "Transport" wird zum größten Teil ein Stollen sein und in ein paar Jahren ein ent-

scheidendes Teilstück des *Clean Water* Programmes der Stadt San Francisco darstellen, wenn die Politiker es wirklich wollen. Der Verfasser hatte im letzten
Winterhalbjahr die Gelegenheit, im Rahmen eines praxisorientierten Freisemesters mit der von ihm 1963 mitbegründeten Firma Geotechnical Consultants,
Inc. innerhalb der mit der Planung der Bayside Teilbereiche beauftragten Arge
Caldwell-Gonzalez-Kennedy-Tudor unter anderem bei den Vorarbeiten für den
vorgenannten Stollen mitzuarbeiten. Für eine solche Planungs- und Bauaufgabe
waren die Verhältnisse der Halbinsel der Stadt San Francisco nicht nur geologisch, seismologisch und geotechnisch außerordentlich interessant, sondern erforderten auch in bezug auf soziologische Verhältnisse, Umweltschutz und Anpassung an politisch und finanziell Machbares, ein großes Maß an Anpassungsfähigkeit.

Das Planungsvorhaben lief im September 1979 an, die erste Phase mit der
Festlegung der offensichtlich besten Alternativen der verschiedenen Komponenten des Projektes, einschließlich der Stollentrasse, wurde im Oktober 1980 mit
Vorlage des Entwurfes eines abschließenden geotechnischen Berichtes abgeschlossen. Die Erkundungsarbeiten für den baureifen Entwurf des gesamten Teilprojektes laufen allmählich an, es gibt immer noch bzw. immer wieder politische
Probleme, aber der eigentliche Entwurf aller Bauwerke dürfte im Frühjahr 1981
beginnen.

Das "Clean Water Program" der Stadt San Francisco

Das anfangs unter der Negativbezeichnung "Wastewater Program" laufende
Vorhaben ist ein gigantisches, nicht zuletzt durch die jüngsten Umweltschutzgesetze des Landes Kalifornien unumgänglich gewordenes Projekt, letzte Schätzungen ergeben Baukosten von ca. 2 Milliarden in heutigen US $, das vor allem die
San Francisco Bay vor allseits unzumutbaren Verunreinigungen durch die Stadt
San Francisco schützen soll.

Wie wohl die meisten Hafenstädte der Welt hat San Francisco ein Mischsystem zur Abführung von Abwasser und Regenwasser. Während der heftigen Regenfälle im Winterhalbjahr (maximal 600 mm Niederschläge) reichen die zwar
laufend erweiterten Kläranlagen nicht aus, das anfallende Mischwasservolumen
zu verarbeiten. Dann werden ca. 90 % der Abwässer, zwar kräftig verdünnt, aber
doch ungeklärt, vorwiegend in die Bay abgeleitet. Dieses unkontrollierte Abfließen tritt im Durchschnitt 82 mal pro Jahr auf, und diese Zahl muß nach der
neuesten Gesetzgebung des Staates Kalifornien auf weniger als 10 % reduziert
werden.

Das zur Diskussion stehende Sanierungsprogramm (Abb. 1), sieht für alle
praktischen Zwecke einen Ringsammler um die gesamte Halbinsel von San
Francisco vor, mit einer Gesamtlänge von um die 30 km, mit entsprechenden
Pumpstationen, Rückhaltebecken, zwei gewaltigen Kläranlagen im Südwesten
und Südosten des Stadtbereiches. Ein Teil der Ringsammler wird bergmännisch
erstellt, der größte Teil jedoch in offener Bauweise, was auch für die durchwegs
überdeckten Rückhaltebecken zutrifft.

Die beiden Kläranlagen werden durch den "Crosstown Transport" verbunden, durch den die Abwässer nach Westen gepumpt werden, um dann, wenn be

reits geklärt, unmittelbar über einen 6,5 km langen Ausfall in den Ozean abge-
führt zu werden oder erst noch in der Südwest-Kläranlage geklärt zu werden und
dann in den Pazifik zu fließen. Der Stollen wird eine Gesamtlänge von über
10 km haben, mit einem Durchmesser zwischen 3,60 m und 6,60 m; mit großer
Wahrscheinlichkeit wird er als Druckstollen konzipiert werden. Der Stollen un-
terfährt den südlichen Bereich des Stadtgebietes von San Francisco, außerhalb
der eigentlichen Innenstadt, die Oberfläche ist dort weitgehend mit Wohnhäu-
sern bebaut. Die Überlagerungshöhe beträgt von wenigen Metern bis zu einem
Maximum von 100 bis 250 m, je nach der auszuwählenden Trasse.

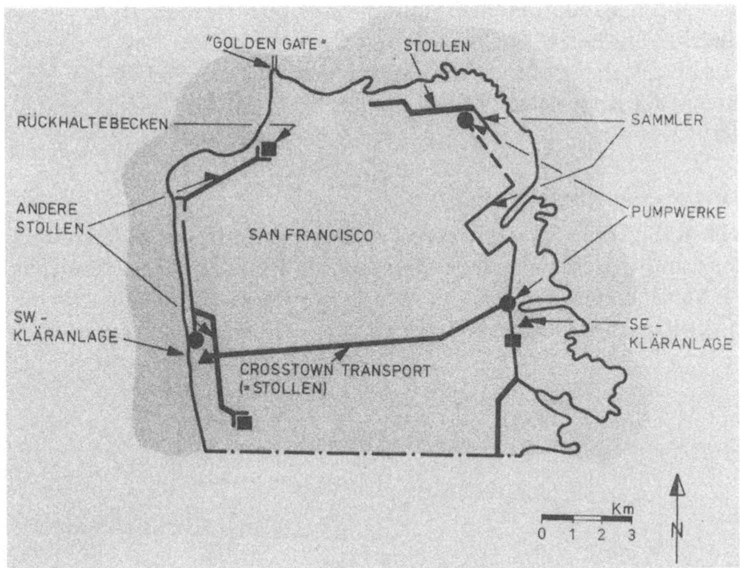

Abb. 1. "Clean Water Program" der Stadt San Francisco
Clean Water Program of the City of San Francisco

Hier einige kurze Kommentare zu den Randbedingungen, unter denen in der
Stadt San Francisco in den 80er Jahren gebaut und auch geplant werden muß:
— Die Lokalpolitik in San Francisco ist recht komplex bis zu kaum verständ-
lich in bestimmten Teilbereichen. Der "Super Sewer" ist wegen seiner gewaltigen
Kosten nicht unumstritten, die meisten Abstimmungsergebnisse in den verantwortlichen Gremien sind recht knapp für das Projekt. Auf der anderen Seite
zwingt die vorliegende Gesetzgebung zu Maßnahmen, bei sehr drastischen Kon-
ventionalstrafen bei Nichterfüllung der Auflagen. Obwohl der Bau weitgehend
durch Bund und Land finanziert wird, müssen die von der Stadt vor allem für
den Betrieb aufzubringenden Summen unmittelbar auf die Verbraucher abge-
wälzt werden, die dann in Volksbefragungen dieser zusätzlichen finanziellen Belastung zustimmen müssen, so verlangt es die Charter der Stadt San Francisco.
Im Frühjahr 1980 taten sie das mit einer Mehrheit von 60 %, im Herbst 1980
traten aber schon wieder neue politische und finanztechnische Probleme auf,
nicht zuletzt durch die Ablösung der Administration in Washington, mit der
zu erwartenden konservativen Haushaltsphilosophie.

— Die Umweltgesetze in Kalifornien sind außerordentlich streng, das Umweltbewußtsein des Durchschnittsbürgers ausgeprägt, was durch die Massenmedien
sehr stark gefördert wird. Oft ist allerdings eine Diskrepanz zu beobachten: der
einzelne Bürger mag für eine saubere San Francisco Bay sein, aber gleichzeitig
gegen eine Erkundungsbohrung vor seinem Haus oder gar einen Abwasserstollen
100 m darunter.

— Die Sozialgesetzgebung beeinflußt Bauarbeiten insoweit, als bei Finanzierung durch den Bund bzw. das Land die aktive Beteiligung von Minderheiten verbindlich gefordert wird, z. B. müssen Planungs- und Entwurfsarbeiten zu 25 %
der Auftragssumme durch Minderheitenfirmen durchgeführt werden, d. h.
Firmen die mehrheitlich im Besitz von Minderheiten sind, das sind Neger, Chinesen und, last but not least, die größte Minderheit in der gängigen Definition,
Frauen. Bei der Bauausführung selbst müssen derzeit 50 % der Belegschaft von
Minderheiten gestellt werden.

Regionale und örtliche geologische Verhältnisse

An dieser Stelle soll nur ein kurzer Überblick über die interessant-komplexen
geologischen und seismologischen Bedingungen des San Francisco Bay Bereiches
gegeben werden — hier haben sich Geologen und Seismologen seit Generationen
engagiert und ein geologisches Gesamtbild erarbeitet, das hier nur angedeutet
werden kann.

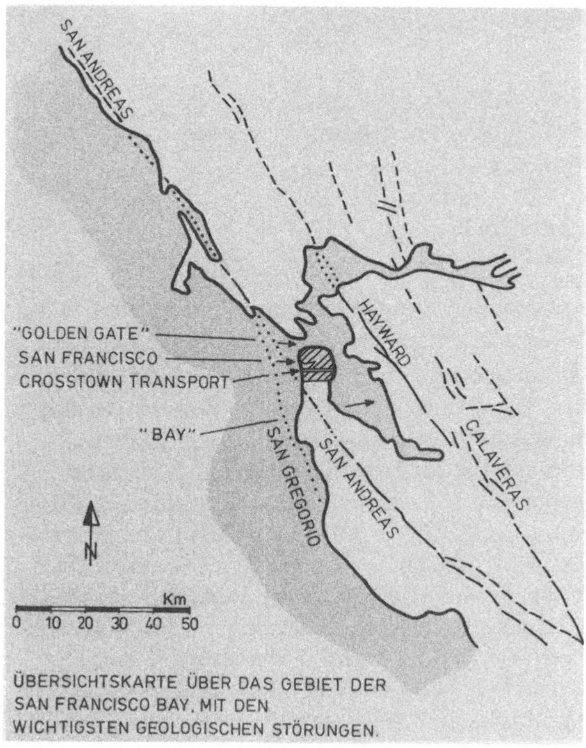

Abb. 2. Regionale Strukturgeologie der San Francisco Bay
Regional structural geology of the San Francisco Bay

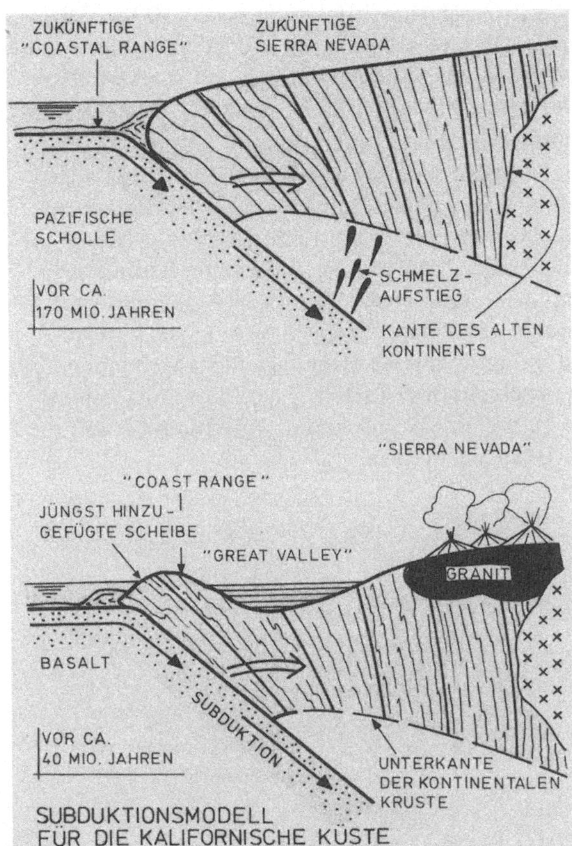

Abb. 3. Subduktionsmodell für die kalifornische Küste
Subduction model for the Californian Coast

Im regionalen Lageplan (Abb. 2), dominiert die durch die Geologie vorgegebene Topographie mit der Bay, die in Nord-Süd-Richtung eine Abmessung von 80 km und in Ost-West-Richtung von max. 16 km hat. Der Zusammenhang zwischen Topographie und den regional aktiven bzw. potentiell aktiven Störungen, wie der San Andreas Störung und der Hayward Störung, deren Horizontalverschiebungen die meisten der örtlichen Erdbeben verursachten, ist offensichtlich.

Die Geologie der Küstengebirge, zu denen auch die eigentliche San Francisco Halbinsel zählt, wird durch die Subduktion der pazifischen Scholle unter den Kontinent geprägt (Abb. 3). Sehr vereinfachend ausgedrückt besteht das Küstengebirge aus verfestigten, dann „abgeschabten" und verfalteten Marinesedimenten, den Franciscan und Great Valley Formationen.

Im Ost-West-Schnitt, quer durch die Halbinsel von San Francisco finden wir folgendes geologisches Gesteins- und Störungsinventar (geologische Kartenskizze, Abb. 4):

— Im Anschluß an die Bay, im Osten, der berühmt-berüchtigte Komplex der alten und jüngeren "San Francisco Bay Muds" unterschiedlicher Konsistenz, mit

heterogenen Sandzwischenlagen mit Gesamtmächtigkeiten bis zu 100 m. Dieser
Bereich ist durch die früher üblichen, heute weitgehend verpönten, riesigen Land-
gewinnungsprojekte wohl erkundet. In den weichen Schlammen jüngsten Alters
trifft man heute auf ca. 100 Jahre alte Schiffsskelette.

— Gegen Westen daran anschließend, durch eine kilometerbreite, aus zerscherten Serpentiniten bestehende, heute als inaktiv geltende Scherzone abge-
setzt, steht als Rückgrat der Halbinsel der Festgesteinkomplex der Franciscan
Formation und der Great Valley Abfolge (später Jura und Kreide) an, die mehr
oder weniger gleichzeitig aber bei unterschiedlichen geologischen Bedingungen
entstanden waren. Die vorliegenden, weitgehend qualitativen Beschreibungen
ließen eine mehr oder weniger unvorhersagbare Wechsellagerung aus unregel-
mäßig geklüfteten Grauwacken (Quarzit), mit Zwischenlagen aus weitgehend gefalteten und zerklüfteten Tonsteinschichten erwarten, dazu Intrusionsgesteine
und andere Einschaltungen, wie Hornstein, Grünschiefer, vorwiegend zusammen
mit Tonsteinschichten der Franciscan Formation.

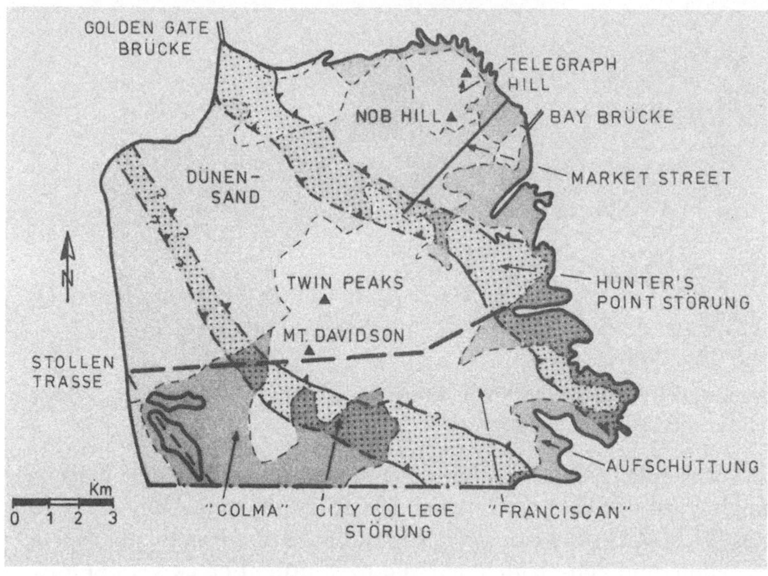

Abb. 4. Geologische Kartenskizze der Halbinsel von San Francisco
Geologic sketchmap of the San Francisco Peninsula

— In den Scherzonen war immer wieder mit der sogenannten Melange zu
rechnen, einem Gemisch aus Gesteinsbrocken verschiedensten Ursprungs, bis zu
Größen von 10 m³, eingebettet in einer zerscherten tonigen Matrix.

— Die City College Störungszone, die allgemein als inaktiv angesprochen
wird, streicht in etwa von Nordwesten nach Südosten. Aufgrund von Oberflächenaufschlüssen wurde ihre Mächtigkeit ursprünglich auf 2 km geschätzt.

— Gegen Westen ist das Festgestein überlagert durch
— relativ dichte, etwas bindige „Colma" Sande des frühen Quartärs und
— weiter gegen die Küste hin, durch jüngere Strand- und Dünensände.

— Geologische Hypothesen wiesen auf eine Störung, den San Bruno Fault,
im Bereich der Küste hin, die, parallel zur San Andreas Störung, im Quartär aktiv
gewesen sein könnte und daher als heute potentiell aktiv eingestuft werden muß.

— Der Grundwasserstand ist an den östlichen und westlichen Enden des
Querprofiles relativ nahe der natürlichen Oberfläche und befindet sich im Mittelteil dieses Profiles ca. 60 m unter der Oberfläche.

Von allem Anfang an bestand kaum ein Zweifel an dem anzutreffenden Ge-
birgsinventar, d. h. sowohl Gesteins- als auch Strukturinventar. Weitgehend offen
war jedoch die geometrische Verteilung im Schnitt, das Trennflächengefüge und
die jeweiligen geotechnischen Eigenschaften der Festgesteine, aber auch der
Sande in größerer Tiefe, größer als der Bereich der üblichen Baugrunderkundun-
gen.

Geotechnische Erkundung

Allgemein gesprochen wurde die bisherige Baugrunderkundung, bei Gesamtkosten einschließlich der Bohrarbeiten von fast 2 Millionen $ mit konventio-
nellen Geräten und Verfahren durchgeführt, wobei der Anteil an und der Beitrag
aus geophysikalischen Untersuchungen, sowohl in den Bohrungen als auch von
der Oberfläche aus, den derzeitigen Standard in Mitteleuropa weit übertreffen
dürfte.

In der ersten Phase der Bohrkampagne wurden im Lockergestein und in
Teilen der Felsüberlagerung Rotary-Bohrungen niedergebracht. In den für Planung und Entwurf des Stollens besonders interessanten Gebirgsbereichen wurde
durchwegs das Seilkernbohrverfahren angewendet. Versuche, einen Teil der Rotary-Bohrungen im Festgestein durch schnelleres, pneumatisches Schlagbohren
mit "down-the-hole"-Werkzeugen zu beschleunigen, scheiterten schließlich an
der Umweltfeindlichkeit der zur Verfügung stehenden Bohrgeräte.

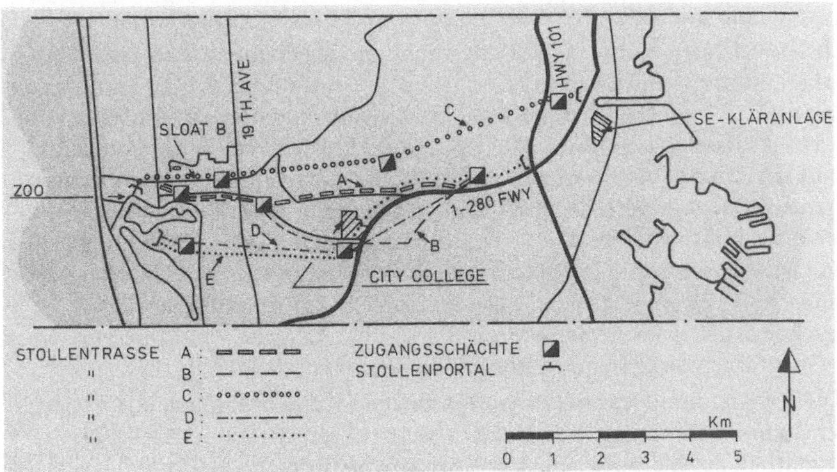

Abb. 5. Durch alternative Tunneltrassen gegebener Erkundungskorridor
Exploration corridor as defined by alternative tunnel routes

In der Planungsphase wurde ein Korridor von ca. 12 km² erkundet, der eine größte Breite von ca. 2 km hatte (Abb. 5). In diesem Korridor wurden fast 4 000 lfdm. Bohrungen niedergebracht, bei einer max. Bohrtiefe von über 200 m. Für die noch folgende Entwurfsphase wird letztlich nur noch eine Trasse abgebohrt, mit einigen örtlichen Varianten. Der Bohraufwand hierfür von ca. 3 700 lfdm. wird einen mittleren Bohrlochabstand entlang der Trasse um 300 m ergeben.

Bereits bei den Vorarbeiten, vor Beginn der eigentlichen Bohrarbeiten, zeigte sich eine offensichtliche Diskrepanz zwischen der ortsüblichen, recht pessimistischen Beurteilung der Qualität des Festgesteins der Franciscan Formation, vor allem des Tonsteins, die aus den fast durchweg relativ schlechten Bohrergebnissen, z. B. indiskutabel geringem Kerngewinn, abgeleitet wurde und der, wenn auch nicht gerade schroffen doch deutlich und auch abwechslungsreichen gegliederten Morphologie des südlichen Stadtbereiches, mit maximalen Höhen über NN von fast 300 m. Aus dieser Tatsache heraus wurden die Bohrarbeiten noch sorgfältiger überwacht als der sonst recht hohe Standard in Kalifornien erforderte.

Trotz des anfänglichen Handicaps, die Erkundungsarbeiten nur durch Minderheitenfirmen durchführen zu müssen, was schnell zu einer Herausforderung für alle Beteiligten wurde, wurde die Qualität der Bohrarbeiten sehr schnell über den ortsüblichen, etwas fragwürdigen Standard gesteigert. Kerngewinne nahe 100 % wurden in praktisch allen Gesteinsarten, sowohl in dem zerscherten Ton als auch in dem sehr harten Hornstein erreicht. Diese erfreuliche Verbesserung war möglich durch:

— Ganzzeitigen Einsatz von je einem relativ jungen Geologen bzw. einer Geologin der Planungsarge an jedem Bohrgerät zur Leitung und Überwachung der Bohrarbeiten und laufenden Aufnahme der Bohrkerne und deren Sicherung.

— Ständige zusätzliche Überwachung der Bohrarbeiten durch erfahrene Geotechniker, bei einem Mittel von zwei Besuchen pro Tag je Bohrgerät, woraus sich oft Bohrseminare und/oder Bohrdemonstrationen vor Ort entwickelten.

— Die Bohrfirmen waren als Subunternehmen der Planungs-Arbeitsgemeinschaft unter Vertrag, und zwar auf der Grundlage eines Regiepreises pro Stunde für Einsatz des kompletten Bohrgerätes mit der Bohrmannschaft. In der zukünftigen zweiten Phase soll ein Bonus für optimalen Kerngewinn zusätzlich an die Bohrmannschaft vergeben werden. Die sich hieraus ergebenden Verteuerungen des laufenden Bohrmeters wurden in Kauf genommen, besonders da sie sich im Rahmen des Zumutbaren hielten, d. h. Bohrkosten von 60 bis 180 $/m bei einer Stundenleistung von 2 m/h bis 60 cm/h und einem Stundensatz für Bohrgeräte und Mannschaft von max. 110 $/h. Der zusätzliche Informationsgewinn war so beeindruckend, daß dem Verfasser in Zukunft eine Vergabe von Bohrarbeiten auf der Grundlage von laufenden Bohrmetern schwerfallen dürfte.

— Die Verwendung des Seilkernverfahrens bei Kernentnahmen aus Tiefen von über 30 m beschleunigte den Bohrfortschritt beträchtlich und trug ganz außerordentlich zur Verbesserung des Kerngewinnes bei.

Für alle Verantwortlichen der Stadt San Francisco, der Planungs-Arbeitsgemeinschaft und auch für den Verfasser war es außerordentlich befriedigend, daß diese Erfolge mit Kleinunternehmen im Besitz von Vertretern der verschiedenen Minderheiten erzielt werden konnten, Firmen, die vorher nie eine Chance gehabt hatten, mit den etablierten Bohrfirmen zu konkurrieren.

Geologisches und geotechnisches Längsprofil

Anhand eines typischen Längsschnittes für eine der zahlreichen Trassenalternativen (Abb. 6), soll auf die Erkenntnisse aus dem bisherigen Bohrprogramm hingewiesen werden, die deutlich über dem vorliegenden, vorher skizzierten allgemeinen Wissensstand hinausgehen. In der genannten Abbildung ist oben der Kenntnisstand vor der hier diskutierten Erkundung wiedergegeben, darunter der einige Monate vor deren Abschluß. Ganz unten ist ein nicht überhöhtes Längsprofil angedeutet.

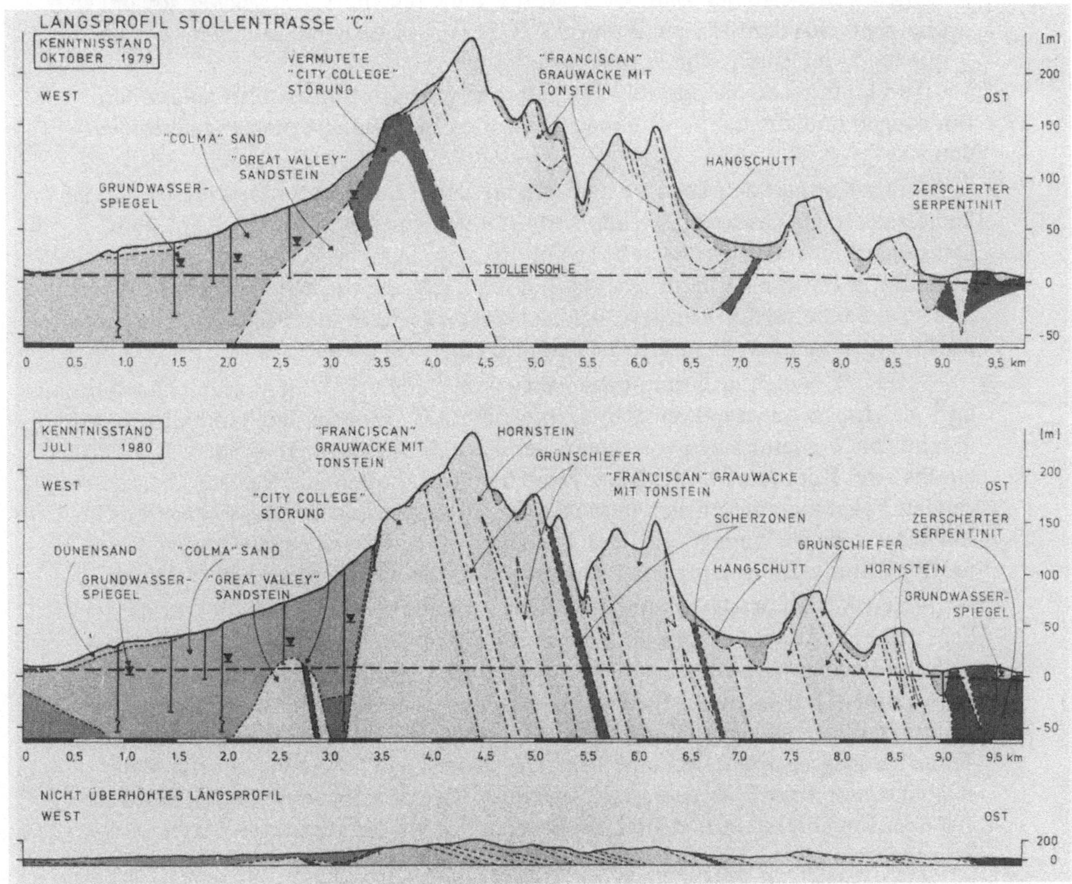

Abb. 6. Längsprofil entlang einer Stollentrasse
a) Kenntnisstand Oktober 1979
b) Kenntnisstand Juli 1980
c) Nicht überhöhtes Profil
Longitudinal section along one tunnel route
a) State of information October 1979
b) State of information July 1980
c) Undistorted section

— Die Abfolge Quarzit-Ton ist nicht ganz so ungeregelt und unvorhersehbar als vorher angenommen. Für diese Abfolge kann mit Mächtigkeiten von hunderten von Metern bei einem Maximum von 2 km gerechnet werden. Die Mächtigkeit der eingelagerten Tonsteinschichten dürfte max. 20 m sein, mit Mittelwerten vorwiegend im Meterbereich. Die Schichtung, wenn zu beobachten, fällt allgemein 30 Grad gegen Osten ein.

— Der City College Fault konnte in seiner ursprünglich angenommenen Mächtigkeit von 2 km keinesfalls bestätigt werden. Er dürfte mehr den Charakter einzelner Scherzonen vorwiegend im Tonstein haben, mit Mächtigkeiten von vielleicht einigen Zehnermetern.

— Der anstehende Tonstein und auch die Matrix der Melangevarianten in den verschiedenen Gesteinen sind, wenn weitgehend zerschert, ganz sicher sowohl
— drückend, aus dem Überlagerungsdruck heraus (squeezing) als auch
— quellend, bei Zutritt von Wasser (swelling).
Dies konnte sowohl aus dem Verhalten von bewußt unverrohrt gelassenen Bohrungen und aus Laborversuchen an Proben bzw. Bohrkernen abgeleitet werden.

— Der Kontakt zwischen Festgestein im Osten und den Sanden im Westen ist keinesfalls so gleichförmig wie alle vorliegenden Kartierergebnisse nahelegten. Der tatsächliche Kontakt besteht aus in die ursprüngliche Felsklippe erodierten, ungefähr in Ost-West-Richtung verlaufenden Canyons, die durch nachfolgend abgelagerte Sande verfüllt wurden. Solche Canyons sind in unverfüllter Form heute noch südlich von San Francisco zu beobachten.

— Da der derzeitige Grundwasserspiegel im Sand von Westen gegen Osten relativ gleichmäßig ansteigt, muß in den verfüllten Canyons in der Tunneltrasse mit maximalen Wasserdrücken von über 6 bar (0,6 MPa) gerechnet werden. Die sich ein bis zwei Kilometer weiter nach Westen erstreckenden, die Canyons begrenzenden Felsrippen bieten sich demnach für Tunneltrassen an, da ja besonders im Lockergestein die Wasserhöhe über Trasse möglichst gering gehalten werden sollte. Die Grundwasserqualität nimmt ganz eindeutig von Westen nach Osten ab.

— Seit Beginn der Erkundung wurde es, wie meist der Fall, auch hier deutlich, daß eine Erkundung durch Bohrungen allein, auch ergänzt durch geophysikalische Verfahren, nur bis zu einem bestimmten Umfange hin neue Erkenntnisse vermittelt. Aus dieser Erfahrung heraus wurde bereits in der Frühphase der Planungsarbeiten die Erstellung eines, oder gegebenenfalls auch mehrerer Schächte vorgeschlagen. Als eine besonders gute Lage für einen Schacht bietet sich eine verkehrsmäßig machbare Lage im Festgestein an, nahe dem Kontakt mit dem Lockergestein und auch im Bereich der vorher genannten City College Störung. Abb. 5 zeigt diese Lage westlich der 19th Avenue und nahe Sloat Boulevard. Dieser Schacht würde in etwa im westlichen Drittelspunkt der gesamten Tunneltrasse liegen. Ein solcher Schacht, der ca. 130 m tief sein müßte, würde folgenden Zwecken dienen:
— in Kombination mit Stollen und Bohrungen, der Erkundung des Festgesteins und der City College Störung, der Sande im Westen, des Kontaktes zwischen Locker- und Festgestein und der Grundwasserbedingungen in diesem für den Tunnelbau besonders schwierigen Bereich;

— als Ausgangspunkt für Versuchsausbrüche unter Verwendung unterschiedlicher Bauverfahren;

— zur Beobachtung der tatsächlichen Verhältnisse durch die Anbieter vor Angebotsabgabe;

— Zugang für zusätzliche Vortriebe sowohl in Locker- als auch Festgestein, deren Notwendigkeit aus dem vorgegebenen, recht knappen Bauzeitplan offensichtlich ist.

Trotz aller noch so überzeugender bautechnischer Vorteile konnten bisher die sozial- und umweltpolitischen Bedenken gegen die Erstellung eines solchen Vielzweckschachtes schon während der Erkundungsphase, also vor den eigentlichen Bauarbeiten, noch nicht ausgeräumt werden.

Konsequenzen für den Tunnelbau

Ohne Zweifel erscheint die amerikanische Tunnelbaupraxis, die immer noch von der Konzeption des Verbaues mit Stahlbögen und der 1946 von *Terzaghi* vorgeschlagenen Kombination von Gebirgsklassifikation und Belastungsdrücken, oder Ableitungen hiervon, beherrscht wird, aus europäischer Warte etwas rückständig. Die derzeit doch recht konservative Einstellung der Amerikaner in bezug auf Tunnelentwurf und Tunnelbau kann zumindest teilweise durch folgende Tatsachen erklärt werden:

— Wie weltweit üblich sind öffentliche Auftraggeber gesetzlich gezwungen, den Auftrag an den billigsten Bieter zu vergeben.

— Bauherrn und Ingenieurbüros tendieren zu vorwiegend konzeptionellem Tunnelentwurf, d. h. Tunnel von A nach B, mit einem geforderten Innendurchmesser. Dabei strebt man an, nicht selten unter dem Druck der Justitiare und Versicherungen, praktisch alles Risiko, auch zum Teil das des Baugrundes, auf den Unternehmer abzuwälzen.

— Der fast das gesamte Risiko tragende Unternehmer, der noch dazu billig oder zu billig angeboten hat, wird sich, und muß sich wohl, durch Nachforderungen absichern, um das Bauvorhaben für ihn erfolgreich abzuschließen. Verbesserte Vertragskonzeptionen werden derzeit in vielen Gremien diskutiert, aber nur begrenzt in der Tunnelbaupraxis realisiert.

— Tunnelbaufirmen haben nur in Ausnahmefällen eine eigene Entwurfsabteilung. Wenn überhaupt an Entwurfsfragen interessiert, dann bedienen sie sich meist der zahlreich vorhandenen Ingenieurbüros, mit mehr oder minder großer Qualifikation für den Tunnelbau.

— Da Mineure als Fachkräft nur in Ausnahmefällen örtlich verfügbar sind und zusätzliche Auflagen die Beschäftigung von Minderheiten fordern, werden unbedingt „narrensichere" Bauweisen gefordert.

— In bezug auf das Unfallrisiko beim Tunnelbau sind sich fast alle Beteiligten einschließlich der Gewerkschaftsvertreter einig, daß der übliche schwere Stahlverbau, ob geotechnisch erforderlich oder nicht, für die Mannschaft vor Ort immer noch die größte Sicherheit gewährleistet.

Aufgrund des derzeitigen Standes der Erkundungsarbeiten für den Crosstown Stollen sind erste spezifische Folgerungen für dieses Projekt möglich.

— Unabhängig von den angetroffenen geologischen und geotechnischen Verhältnissen wird die Frage, ob die Stollentrasse unter öffentlichem und/oder privatem Grund und Boden verlaufen soll, von außerordentlicher Bedeutung sein. Der Widerstand eines einzigen privaten Grundstückbesitzers könnte durch fast endlose Rechtsstreitigkeiten Bauverzögerungen in der Größenordnung eines Jahres ergeben.

— Mindestens 2,5 km des Stollens wird in leicht bindigem Sand, bei Überlagerungen bis über 100 m und Grundwasserdrücken von 6 bar (0,6 MPa) aufzufahren sein. Dies wird besonders aufwendige Sonderbauweisen erfordern, da Druckluft- und Spezialschildbauweisen unter diesen Bedingungen an ihre systembedingten Grenzen stoßen. Eine flächige Grundwasserabsenkung von der Oberfläche aus ist infolge der relativ dichten, wenn auch leichten Bebauung wohl durchführbar, aber politisch kaum realisierbar.

— Wegen der Möglichkeit von guter Vortriebsleistung bietet sich der Maschinenvortrieb an. In der anstehenden Wechsellagerung dürfte der Quarzit ohne größere Schwierigkeiten zu bewältigen sein, das Verhalten des Tonsteins, besonders der zerfalteten und zerrütteten Partien, als potentiell "squeezing and swelling ground", macht die entsprechende Entscheidung für einen Maschinenvortrieb sehr schwer. Als Ergebnis der Erkundung werden hierzu aber verbindliche Aussagen gefordert.

Abschließende Bemerkungen

Dieser Zwischenbericht über eine geologisch-geotechnische Erkundung für ein großes Stollenbauprojekt in Kalifornien soll durch folgende Bemerkungen abgeschlossen werden.

Bei der geotechnischen Erkundung, die ohne außerordentlichen Geräteaufwand durchgeführt wird, ist die professionelle Aufsicht intensiver als in Mitteleuropa allgemein üblich. Die Erfüllung der Forderungen nach umfassender und zuverlässiger Information über den Baugrund ist wichtiger als die Überlegung, die ursprünglich geplanten Bohrmeter auch wirklich niederzubringen. Nicht zuletzt durch strenge Auflagen aus der Sozial- und Umweltgesetzgebung werden entsprechende Erkundungen recht teuer.

Aufgrund der persönlichen Erfahrungen des Verfassers anläßlich des vorgestellten Projektes soll kurz zum Verhältnis Geologie : Ingenieurgeologie : geotechnischem Ingenieurwesen Stellung genommen werden.

— Die Vertieferrichtung „Geotechnischer Ingenieurbau" (geotechnical engineering) ist seit vielen Jahren in Kalifornien und auch in den ganzen USA in Theorie und Praxis außerordentlich gut angekommen. In diesem Ausbildungszweig wird weitgehend erfolgreich Verständnis für den Beitrag der Geologie und das Verstehen der Grundlagen der Geologie vermittelt. Dieser Erfolg kann aus der Tatsache erklärt werden, daß fast alle als Hochschullehrer tätigen Ingenieurgeologen heute in Bauingenieur- und Bergbauabteilungen beheimatet sind.

— Die meisten in der Baupraxis tätigen Geologen haben nach wie vor eine weitgehend konventionelle Ausbildung, oft allerdings mit einer ein- bis zweijährigen Vertiefung im Bauwesen oder Bergbauwesen. Den gesetzlichen Bestimmungen entsprechend können sie sich sowohl als Ingenieurgeologen als auch als Zivilingenieure registrieren lassen. Es erscheint, daß die verschiedenen Varianten der Mechanik auch nicht unbedingt die Stärke der amerikanischen Geologen darstellen, der Ausbildungsstand von jungen Geologen in Tektonik, Seismologie, angewandter Geophysik und, last but not least, Datenverarbeitung war zum Teil aber sehr beeindruckend.

— In der Tagespraxis des "Consulting" tendiert der Ingenieurgeologe zum Manager und auch Akquisiteur zu werden und verliert dabei sicher ein wenig das Gefühl und auch das Interesse an rein geologischen Fragestellungen, von welch entscheidender Bedeutung diese auch für Bauaufgaben sein mögen. Dieser Trend wird offensichtlich akzeptiert, solange ein solchermaßen administrativ eingespannter Geologe rechtzeitig einen geologisch aktiven Geologen einschaltet.

Zum Tunnelbau in den USA bieten sich zwei Schlußbemerkungen an:

— Die Notwendigkeit einer Weiterentwicklung des amerikanischen Tunnelbaus wird kaum bestritten, in kleinen Schritten innerhalb der gegebenen speziellen Randbedingungen wird sie in den nächsten Jahren auch stattfinden. Typische Verbesserungen wären z. B. wirklich gebirgsschonendes Lösen beim konventionellen Vortrieb oder endlich auch fachgemäßer, d. h. tragender Einbau des nun mal üblichen Stahlverbaus. Von Europa her vernehmbare Thesen wie „Spritzbeton über alles" werden nicht gerne gehört, sie kommen einer Aufforderung zu einer tunnelbautechnischen Revolution gleich, die weder von Bauherren, Ingenieurbüros noch ausführenden Unternehmen gewünscht wird — und wegen der besonderen Bedingungen in den USA sicher auch nicht sinnvoll wäre.

— In den letzten Jahren haben sich japanische Firmen sehr entschlossen im Tunnelbau an der US-Westküste engagiert, vor allem mit den bekannten japanischen Sonderbauweisen. Nicht ohne Zynismus werden die zum Teil raffiniert ausgedachten Schilder als "made by Toyota" bezeichnet, im Hinblick auf die Autoinvasion aus Japan. Der Verfasser ist überzeugt, daß nur Arbeitsgemeinschaften zwischen amerikanischen und europäischen Firmen, in Entwurf und Ausführung, eine vernünftige Weiterentwicklung des Tunnelbaus in den USA in Richtung auf europäische Konzepte ermöglichen würde, wenn auch innerhalb der weitgehend festliegenden besonderen Randbedingungen des dortigen Baumarktes. Noch so brilliante Vorträge auf internationalen und nationalen Kongressen reichen nicht aus, einen solchen Fortschritt der kleinen Schritte zu erzielen.

Literatur

Nachstehend werden sehr begrenzte und daher keineswegs vollständige Hinweise zur Literatur der beiden grundsätzlich in der vorliegenden Arbeit angesprochenen Problemkreise vorgelegt.

Zur Geologie von San Francisco

Lawson, A. C.: San Francisco Folio. U. S. Geological Survey Atlas Folio 193, 1914.

Bailey, E. H., Irwin, W. P., Jones, D. L.: Franciscan and Related Rocks and Their Significance in the Geology of Western California. California Division of Mines and Geology Bulletin *183* (1964).

Schlockter, J.: Geology of the San Francisco North Quadrangle, California. U. S. Geological Survey Professional Paper *782* (1974).

Bonilla, M. G.: Preliminary Geologic Map of the San Francisco South Quadrangle and Part of the Hunters Point Quadrangle, California. U. S. Geological Survey Miscellaneous Field Studies Map MF-311, 1971.

Wahrhaftig, C.: A Streetcar to Subduction and Other Plate Tectonic Trips by Public Transport in San Francisco. American Geophysical Union, 1979.

Zum Tunnelbau in Nordamerika

Terzaghi, K.: An Introduction to Tunnnel Geology, in Rock Tunnelling with Steel Supports, by *R. V. Proctor* and *T. L. White*. The Commercial Shearing and Stamping Co., Youngstown, Ohio, 1946.

Jacobs and Associates, Ground Support Prediction Model (RSR Concept), Technical Report No. 125, for U. S. Bureau of Mines, Washington, D. C., Contract No. Ho 2 200 75, 1974.

Golder Associates and McLaren Ltd., Tunnelling Technology, An Appraisal of the State of Art for Application to Transit Systems, The Ontario Ministry of Transportation and Communications, 1976.

Anschrift des Verfassers: Prof. Dr. Ing. *Klaus W. John,* Ruhr-Universität Bochum, Lehrstuhl Geologie III — Geotechnik, Universitätsstraße 150, D-4630 Bochum-Querenburg, Bundesrepublik Deutschland.

Rock Mechanics, Suppl. 11, 59–71 (1981)

Rock Mechanics
Felsmechanik
Mécanique des Roches
© by Springer-Verlag 1981

Verfahren zur Ermittlung der Gebirgsfestigkeit von Sedimentgesteinen

Von

G. Reik und **F.-J. Hesselmann**

Mit 11 Abbildungen

Zusammenfassung — Summary

Verfahren zur Ermittlung der Gebirgsfestigkeit von Sedimentgesteinen. Einer möglichst
zutreffenden Prognose des mechanischen Verhaltens des Gesamtsystems Bauwerk-Fels stehen
in der Felsmechanik immer noch große Schwierigkeiten entgegen. Diese liegen insbesondere
in der Ermittlung geeigneter Gebirgskennwerte. Neben dem Verformungsverhalten von geklüftetem Fels ist die Bestimmung der Gebirgsfestigkeit von entscheidender Bedeutung.

Idealerweise sollten die Felseigenschaften direkt mittels geeigneter in-situ-Versuche be-
stimmt werden. Zeit und Kosten erlauben es jedoch vielfach nicht, die erforderliche Zahl von
Versuchen an genügend großen Prüfkörpern durchzuführen. Deshalb müssen auch indirekte
Methoden zu Hilfe genommen werden.

Ergebnisse von Großversuchen zeigen, daß sich die Festigkeit von geklüfteten Medien mit
für die Praxis ausreichender Genauigkeit nach bekannten Methoden analytisch bestimmen
läßt, wenn Versagen durch Gleit- oder Bruchgleitvorgänge entlang vorgegebenen Trennflächen-
scharen eintritt. Für Spannungsverhältnisse, bei denen Gleitvorgänge auf den Kluft- bzw.
Schichtflächen eine untergeordnete Rolle spielen (z. B. bei schichtnormaler bzw. schichtparalleler Belastung), können abhängig vom Gesteinstyp erhebliche Diskrepanzen zwischen
den experimentell im Großversuch und den analytisch ermittelten Gebirgsfestigkeiten auftreten. In solchen Fällen lassen sich für die untersuchten Felsarten aus üblichen Gesteinsver-
suchen brauchbare Festigkeitsparameter ableiten, welche das mechanische Verhalten des Gebirgsverbandes charakterisieren.

Methods for the Determination of Rock Mass Strength of Sedimentary Rocks. Knowledge of the mechanical rock mass properties is a basic prerequisite for the prognosis of the
stability of structures in or on rock and for their safe and economic construction. Besides the
characteristics describing the deformation behaviour the rock mass strength under various
conditions of loading has to be known.

Ideally the parameters describing rock mass strength should be determined on samples of
sufficiently large size in-situ or in the laboratory. Time and the often limited budget seldom
allow appropriate tests to be carried out in sufficient number. The estimation of rock mass
strength is therefore a frequent task.

Results from compression tests indicate that for failure modes involving sliding along pre-
existing discontinuities strength can be predicted with sufficient accuracy from data obtained
from the strength and frictional properties of rock samples. For loading conditions leading to
failure governed by fracture through the intact rock the ratio between rock mass strength and

0080–3375/81/Suppl. 11/0059/$ 02.60

the strength of small unjointed rock specimens may very considerably depend on rock mass facies. Test results from large specimens of sedimentary rock indicate that both geometric factors of the discontinuity fabric and the strength properties of the rocks control rock mass strength.

Einleitung

Die moderne Felsbaumechanik, z. B. im Tunnel- und Kavernenbau, betrachtet das Gebirge als mittragendes Element. Um die sich aus dieser im letzten Jahrzehnt allmählich weltweit durchsetzenden, grundsätzlich neuen Betrachtungsweise ergebenden bautechnischen und wirtschaftlichen Vorteile voll ausschöpfen zu können, ist eine möglichst zutreffende Prognose des Verhaltens des Gesamtsystems Bauwerk-Fels erforderlich. Einer solchen Prognose des mechanischen Verhaltens stehen allerdings immer noch gravierende Schwierigkeiten entgegen. Diese liegen heute zum geringeren Teil bei den zur Verwendung kommenden Berechnungsverfahren, sondern bei den Materialkennwerten und den übrigen in den Berechnungen zu berücksichtigenden geologischen Daten.

Idealerweise sollten die Materialeigenschaften des Gebirges direkt mittels geeigneter in-situ-Versuche — oder bei kleinklüftigem Fels auch Laborversuchen — an Großproben bestimmt werden. Am besten geeignet hierzu erscheinen dreiachsige Druckversuche. Um tatsächlich repräsentative Volumenelemente zu testen, müßten dazu häufig sehr große Probekörper geprüft werden, was mit einem erheblichen technischen und finanziellen Aufwand verbunden ist. Aus diesem Grund ist zu untersuchen, ob die Festigkeit des Gebirgsverbandes auch mittels indirekter Methoden unter Verwendung von Gefüge- und Materialkennwerten mit für die Praxis ausreichender Genauigkeit bestimmt werden kann.

Kenntnisstand

Ergebnisse von systematischen Untersuchungen an Modellfels zeigen, je nach Seitendruck und Materialtyp, eine mehr oder weniger stark ausgeprägte Festigkeitsanisotropie des strukturierten Materials. In Abhängigkeit von der Gefügestellung lassen sich verschiedene Versagensmechanismen feststellen.

Für solche Gefügestellungen, bei denen das Versagen in erster Linie auf Gleitbzw. Bruchgleitvorgänge beruht, läßt sich die Festigkeit des geklüfteten Materials mit für die Praxis ausreichender Genauigkeit auf analytischem Wege oder mit numerischen Verfahren bestimmen (Abb. 1). Hierzu werden die Ergebnisse von Festigkeitsversuchen an Gesteinsproben und Reibungsversuchen an Trennflächen benötigt. Für Gefügestellungen, bei denen das Versagen durch Neubruch eintritt, z. B. bei bankrechter oder schichtparalleler Belastung, liegt die Festigkeit des Gefügeverbandes immer unter den auf analytische oder numerische Weise ermittelten Werten.

Versuche an verschiedenen geklüfteten Materialien ergaben, daß die Druckfestigkeit bei schichtnormaler Belastung mit zunehmender Probengröße asymptotisch bis zu einem konstanten Wert abnimmt (Abb. 2). Dies bedeutet, daß ab einer gewissen Probengröße die Bedingung der Quasi-Homogenität erfüllt ist und damit die im Versuch ermittelten Festigkeitseigenschaften auf das Gebirge übertragbar sind. Aus der Abbildung geht hervor, daß für die untersuchten, relativ engständig geklüfteten Materialien Versuche an Proben mit Durchmessern bzw. Kantenlängen von ca. 50 cm bis 1 m repräsentative Ergebnisse liefern. Versuche an zu kleinen Proben liefern zu hohe Festigkeitswerte. Die Ergebnisse liegen bei ihrer Verwendung in Berechnungen auf der unsicheren Seite. Bei zu großen Probeabmessungen bringen die Versuche keinen zusätzlichen Gewinn an Information, während sich der Versuchsaufwand wesentlich erhöht.

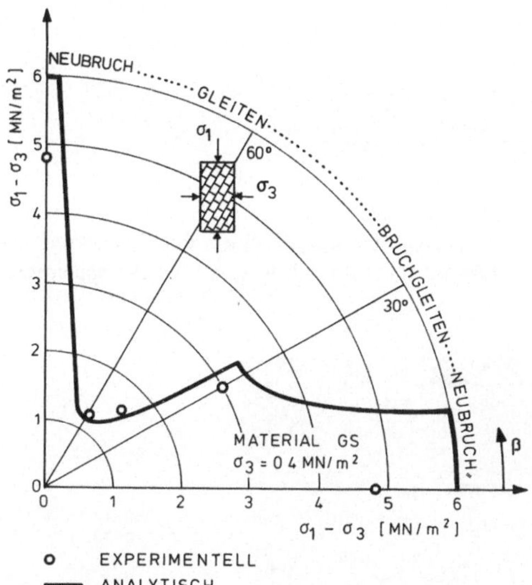

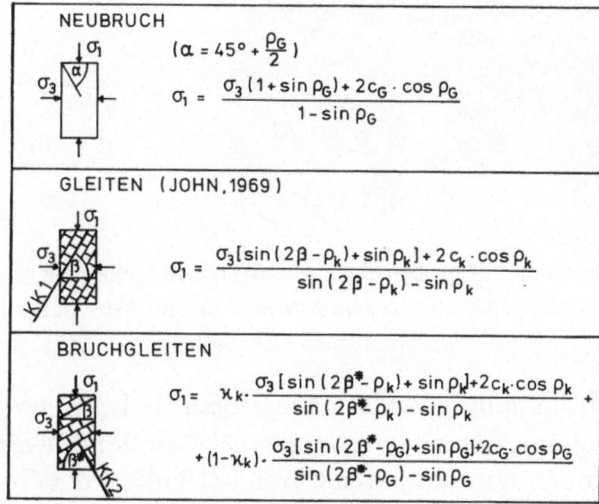

Abb. 1. Vergleich von experimentell und analytisch ermittelten Festigkeiten geklüfteter Körper (*Reik*, 1977), Kennwertangaben siehe Abb. 9
Comparison of experimentally and analytically derived strength of jointed rock (*Reik*, 1977), characteristic symbols see Fig. 9

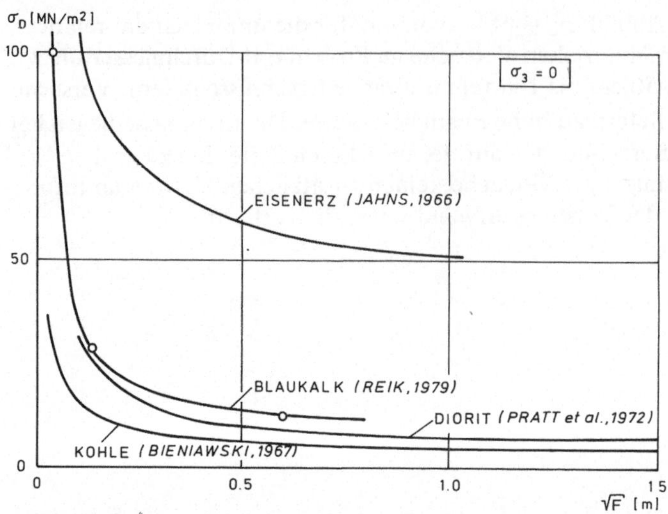

Abb. 2. Abhängigkeit der Materialfestigkeit σ_D von der Querschnittsfläche F der Prüfkörper
Relationship between rock (mass) compressive strength σ_D and loading area F of the specimen

Abb. 3. Bohreinrichtung für die Entnahme einer Felsgroßprobe (im Unteren Muschelkalk)
Drilling equipment for the extraction of a rock mass sample (limestone, Unterer Muschelkalk)

Laborversuche an ungestört entnommenen, geklüfteten großen Felsproben wurden erstmals im *Sonderforschungsbereich 77 „Felsmechanik"* an der Universität Karlsruhe durchgeführt. Die Proben wurden je nach Beschaffenheit des Gebirges (Klüftigkeit, Verwitterungsgrad, Härte des Gesteins etc.) durch Kernbohrungen bzw. durch Loch-an-Loch-Bohrungen gewonnen (Abb. 3). Die Festigkeitsprüfung der Felsproben, mit Abmessungen von ca. 60 auf 120 cm, erfolgte in einer Dreiachsialzelle, die Ausmaße des Prüfkörpers bis zu 1 m Durchmesser zuläßt (Abb. 4).

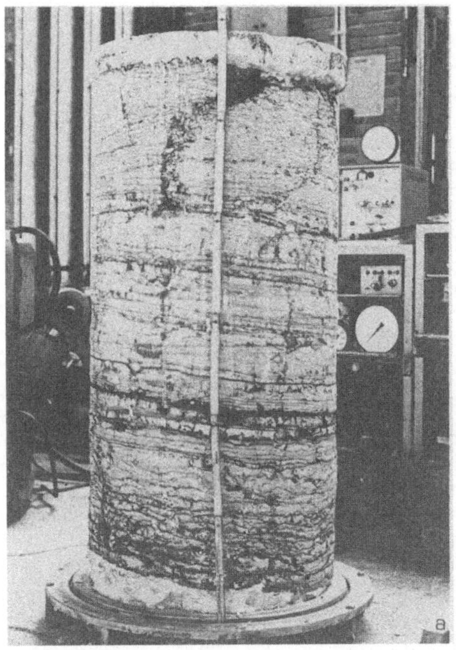

Abb. 4. Felsgroßprobe aus dem Unteren Muschelkalk, (Durchmesser 58 cm, Höhe 115 cm).
Versuchsstand für große Dreiachsialversuche mit Druckzelle
Rock mass sample of limestone (Unterer Muschelkalk), diameter 58 cm, height 115 cm. Experimental set-up for big triaxial tests with pressure cell

Ein Vergleich der an den Großproben ermittelten Festigkeiten mit den beim selben Manteldruck bestimmten Gesteinsfestigkeiten läßt erkennen, daß das Verhältnis von Gebirgs- zu Gesteinsfestigkeit für verschiedene Materialien recht unterschiedlich sein kann (Tabelle 1). So liegt die Verbandsfestigkeit für die untersuchten Bunten Mergel des Keuper — engständig geklüftete Ton-Schluffsteine — bei etwa 90 % der Gesteinsfestigkeit. Beim Opalinuston, der ähnlich strukturiert ist wie die Bunten Mergel, aber eine deutlich höhere Gesteinsfestigkeit hat, beträgt die Festigkeit der Großprobe nur noch etwa 40 %. Diese Abminderung wird noch stärker — bis auf ein Zehntel der Gesteinsfestigkeit — bei den geprüften mittelfesten bis festen Kalksteinen des unteren bzw. oberen Muschelkalks. Ein ähnlicher Trend bezüglich Verbands- zu Gesteinsfestigkeit ergab sich auch aus Versuchen an Modellfelskörpern. Besteht das beanspruchte Gebirge wechsellagernd aus festen und weniger festen Gesteinsschichten, so ergeben sich Unterschiede für schichtnormale bzw. schichtparallele Belastung.

Bei der systematischen Untersuchung an Felsmodellen hat sich gezeigt, daß bei schichtparalleler Belastung das Volumenverhältnis weniger fester zu fester Schichten die ausschlaggebende Rolle spielt. Die festen Lagen sind die Stützkörper des Verbandes. Die Festigkeit der hier getesteten Materialien nimmt linear zu mit der Volumenzunahme des festen Materials (Abb. 5). Bei schichtnormaler Hauptbelastung hängt die Festigkeit in erster Linie von den weichen, weniger festen Gesteinsschichten ab. Dies macht sich umso deutlicher bemerk-

Tab. 1. *Gesteins- und Verbandsfestigkeiten von Sedimentgestein und Modellmaterial*
Strength of small unjointed rock specimens and rock mass strength of sedimentary rock and
model material

	MATERIALTYP	SEITENDRUCK σ_3	GESTEINS-FESTIGKEIT σ_D [*]	FESTIGKEIT DER GROSS-PROBE σ_T	σ_T/σ_D
		[MN / m²]	[MN / m²]	[MN / m²]	[%]
SEDIMENTGESTEIN	BUNTE MERGEL [+] (U. KEUPER)	0.4	1.51	1.33	88
	OPALINUSTON [++] (BRAUNJURA)	0.5	5.5	2.3	42
	RÖT-TONSTEIN (O. BUNTSANDSTEIN)	0	3.6	1.15	32
	WELLENKALK (U. MUSCHELKALK)	0	39.4	4.3	11
	GELBKALK (U. MUSCHELKALK)	0	42.0	5.2	12
	BLAUKALK (O. MUSCHELKALK)	0	100.5	12.55	12
MODELLMATERIAL	GASBETON G 25	0.4	2.9	2.1	73
	GASBETON G 75	0.4	7.6	4.55	60
	KALKSANDSTEIN Kst 150	0.4	18.7	8.3	44
	MAUERZIEGEL Mz 150	0.4	22.2	8.4	38

[+]Wichter (1981)   [*]Mittelwert aus mehreren Versuchen
[++]Wichter (1978)

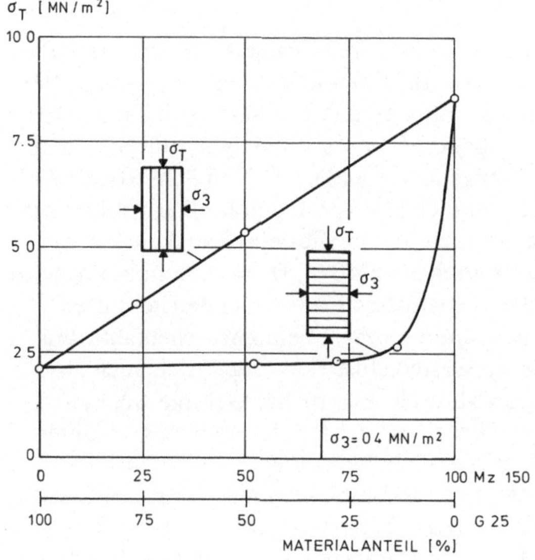

Abb. 5. Druckfestigkeit wechselgeschichteter Materialien (Mauerziegel Mz 150, Gasbeton
G 25) in Abhängigkeit von den Materialanteilen und der Belastungsrichtung (*Hesselmann*,
1979)
Compressive strength of alternating bedded materials (Mz 150, G 25) in relation to their
material portion respectively load orientation (*Hesselmann*, 1979)

bar, je mehr sich die Festigkeiten der einzelnen Materialien unterscheiden. Zum Beispiel nimmt die Festigkeit des geschichteten Prüfkörpers, der aus sehr weichen und festen Lagen besteht, erst bei über 80 % festem Materialanteil merklich zu gegenüber der Festigkeit der Großprobe aus ausschließlich weichem Material. Sind die Festigkeitsunterschiede der einzelnen Materialien, die in der Großprobe enthalten sind, nicht in diesem Maße gegeben, so steigt die Festigkeit schon bei geringerer Zunahme des festeren Materialanteils deutlich an.

Versuche an Felsproben, durchgeführt an Prüfkörpern aus dem Lias ϵ (*Schwäbische Alb bei Tübingen*), bestehend aus Wechsellagen von festem Kalkstein in Dezimeterstärke und weicherem, dünnblättrigem Tonmergelstein, bestätigen, daß bei schichtnormaler Hauptbelastung die wenig festen Lagen die Festigkeit der Gesamtprobe entscheidend prägen.

Ursachen der Festigkeitsminderung

Die Ergebnisse von Versuchen an Felsproben und Modellfelskörpern zeigen, daß die gegenüber dem Gestein geringere Festigkeit des Gefügeverbandes auf verschiedene Ursachen zurückzuführen ist.

Hierbei ist generell zu unterscheiden zwischen geometrischen Faktoren des Felsgefüges und solchen, die aus den mechanischen Eigenschaften des ungeklüfteten Materials resultieren.

Als geometrische Faktoren des Felsgefüges, die einen Einfluß auf das Festigkeitsverhalten erwarten lassen, sind Klüftigkeit, Kluftflächenanteil und Kluftöffnungsweite zu nennen. Ferner ist von Bedeutung, ob es entlang der Trennflächen bereits zu lateralen Verschiebungen gekommen ist. Von besonderer Wichtigkeit erweist sich dabei aufgrund von verschiedenen Untersuchungen die Ausbildung der normal zur Hauptbelastungsrichtung orientierten Trennflächen, insbesondere deren Paßgenauigkeit und Rauhigkeit.

In welchem Ausmaße geometrische Faktoren, wie Paßgenauigkeit und Rauhigkeit entlang der Trennfläche, zu Spannungskonzentrationen und dadurch bedingt zu progressiven Bruchvorgängen mit einer entsprechenden Herabsetzung der Verbandsfestigkeit führen, hängt in starkem Maße auch von den Materialeigenschaften der Gesteine ab. Dies verdeutlichen z. B. einachsige Druckversuche an Granitporphyr in Gegenüberstellung zum weicheren weniger festen Gasbeton G 75 (Abb. 6). Während eine ebene glatte Trennfläche normal zur Belastungsrichtung eine Festigkeitsminderung bei beiden Materialien zwischen 15 % und 25 % gegenüber Proben ohne Trennfläche bewirkte, ergab sich mit rauher Trennfläche beim festen Granitporphyr eine deutliche Festigkeitsminderung im Gegensatz zum weniger festen Material.

Es wurde versucht, Materialeigenschaften, die von Einfluß auf die Verbandsfestigkeit sind, durch Kennwerte aus Druck- bzw. Zugversuchen zu charakterisieren. Eine solche Kenngröße stellt der Sprödigkeitsindex I_B nach *Bishop* (1967) dar, der sich aus der Peak- und Restfestigkeit bei dem jeweiligen Seitendruck im weggesteuerten Druckversuch ermitteln läßt. Aus dem Diagramm der Abb. 7 ist zu entnehmen, daß sich bei den hier untersuchten Materialien mit fallendem I_B-Wert der Unterschied zwischen der Festigkeit der Großprobe und der Ge-

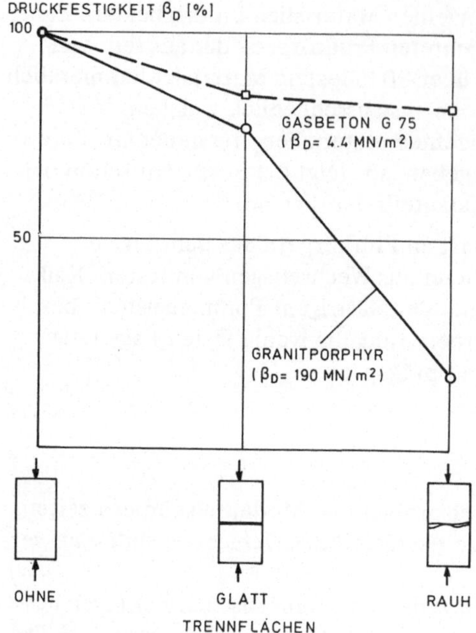

Abb. 6. Einfluß von Trennflächenbeschaffenheit und Materialtyp auf die Druckfestigkeit
Influence of joint plane character and material type on the compressive strength

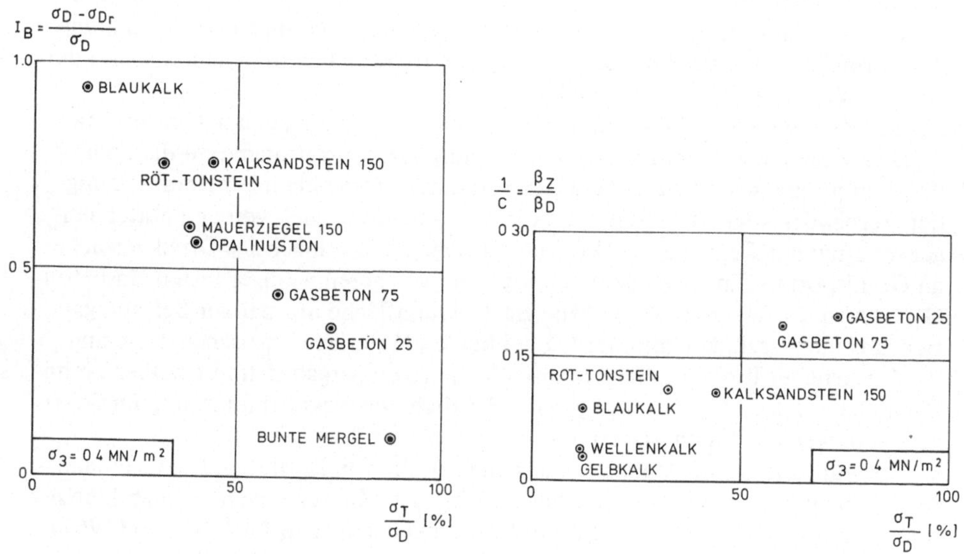

Abb. 7. Verhältnis der Festigkeiten von Großproben zur Gesteinsfestigkeit, dargestellt in Abhängigkeit vom Sprödigkeitsindex I_B bzw. der Sprödigkeitsziffer c
Ratio between rock mass strength and the strength of small unjointed rock specimens in relation to brittleness index I_B respectively brittleness number c

steinsfestigkeit verringert. Auch das Verhältnis von einachsiger Zug- zur Druckfestigkeit weist einen gewissen Zusammenhang mit der Festigkeit der Großprobe
auf (Abb. 7). Die Sprödigkeitsziffer c (*Müller*, 1963 Zitat *Leon*, 1933 und *Torre*,
1951) ist unabhängig vom Seitendruck und kann deshalb das Materialverhalten
hinsichtlich der Sprödigkeit für verschieden mögliche Spannungszustände, insbesondere im Bereich höherer Seitendrücke, nicht beschreiben. Im Gegensatz hierzu ergibt sich für den Sprödigkeitsindex I_B eine Abhängigkeit vom Seitendruck
(Abb. 8). Je nach Material ist eine mehr oder weniger schnelle Abnahme der
I_B-Werte mit zunehmendem Seitendruck zu verzeichnen.

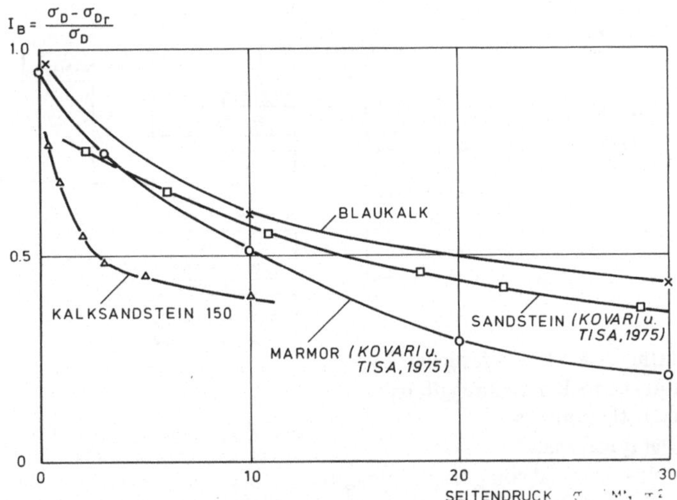

Abb. 8. Abhängigkeit des Sprödigkeitsindexes I_B vom Seitendruck σ_3
Relationship between brittleness index I_B and lateral pressure σ_3

Methoden zur Ermittlung der Gebirgsfestigkeiten

Aufgrund der vorliegenden Versuchsergebnisse empfiehlt sich für die Ermittlung der Gebirgsfestigkeit geklüfteter Sedimentgesteine eine differenzierte Vorgehensweise, die im einzelnen von den Eigenschaften des Materials und des Gefüges sowie auch vom Grad der Genauigkeit, mit dem die Festigkeitswerte zu bestimmen sind, abhängt (Abb. 9). Nach Herausarbeitung einer Modellvorstellung
des zu untersuchenden Fels, die in idealisierter Form Aussagen zur Ausbildung
des Gefüges, wie Raumlage der Trennflächen und Durchtrennungsgrad, beinhaltet, lassen sich für Gefügestellungen, bei denen Versagen durch Gleit- bzw.
Bruchgleitvorgänge eintritt, die Festigkeiten nach bekannten Verfahren analytisch oder numerisch mittels Finiter Elemente ermitteln. Außer den Raumdaten
des Gefüges sind neben den Gesteinsparametern hierzu auch Trennflächenkennwerte der einzelnen Kluftscharen erforderlich (Abb. 1).
Für Gefügestellungen, die Versagen durch Neubruch erwarten lassen, d. h. für
Sedimentgesteine z. B. bei bankrechter oder schichtparalleler Belastung, ist zu
unterscheiden zwischen Felsarten, die nahezu einheitlich aus einer Gesteinsart
bestehen und wechselgeschichtetem Fels.

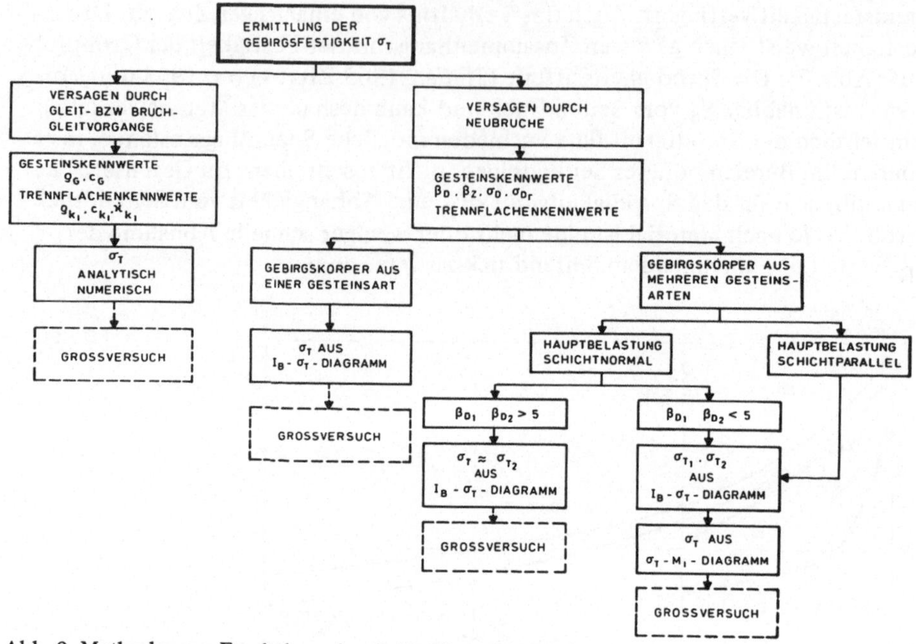

Abb. 9. Methoden zur Ermittlung der Gebirgsfestigkeit σ_T
Methods for the determination of rock mass strength σ_T.
Kennwertangaben — characteristic symbols
Gesteinskennwerte — material type values
β_D: einachsige Druckfestigkeit — uniaxial compressive strength
β_Z: einachsige Zugfestigkeit — uniaxial tensile strength
σ_D: dreiachsige Druckfestigkeit — triaxial compressive strength
σ_{Dr}: dreiachsige Druckrestfestigkeit — triaxial compressive residual strength
ρ_G: innerer Reibungswinkel — angle of internal friction
c_G: technische Kohäsion — technical cohesion
Trennflächenkennwerte — joint plane values
ρ_{ki}: Reibungswinkel — angle of joint-friction
c_{ki}: Kohäsion — joint-cohesion
κ_{ki}: Durchtrennungsgrad — degree of separation
I_B-σ_T-Diagramm: s. Abb. 10 — s. Fig. 10
σ_T-M_i-Diagramm: s. Abb. 11 — s. Fig. 11

Besteht der zu untersuchende Fels aus einer Gesteinsart, so werden zunächst Gesteinskennwerte aus Druck- und gegebenenfalls Zugversuchen benötigt. Aufgrund des bei dem jeweiligen Seitendruck ermittelten Sprödigkeitsindex läßt sich das zu erwartende Verhältnis der Festigkeit der Großprobe zur Gesteinsfestigkeit abschätzen (Abb. 10). Auffallend ist, daß die aus dem Diagramm zu entnehmenden Werte eine verhältnismäßig große Bandbreite aufweisen. Es ist anzunehmen, daß sich für Fels mit unterschiedlichen Gefügemerkmalen nach Vorliegen weiterer Versuche Bereiche abgrenzen lassen und damit eine genauere Bestimmung des Abminderungsfaktors möglich wird. Für den Fall, daß die ermittelten unteren Grenzwerte der Gebirgsfestigkeit eine ausreichende Sicherheit des Bauwerkes nicht gewährleisten oder daß sich aus einer höheren Festigkeit erhebliche Kosteneinsparungen ergeben würden, sollten die tatsächlichen Werte in Großversuchen bestimmt werden.

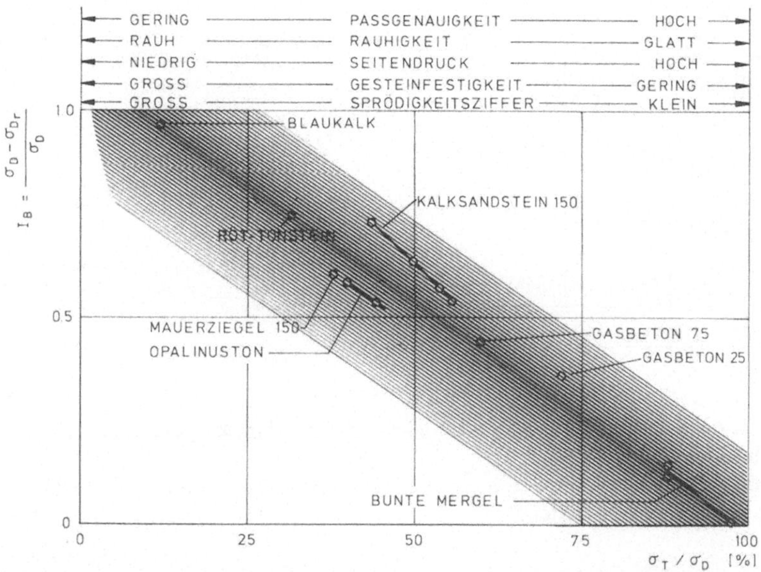

Abb. 10. Diagramm zur Ermittlung der Gebirgsfestigkeit σ_T für Gebirgskörper aus einer Gesteinsart über den Sprödigkeitsindex I_B
Diagram for determination of rock mass strength σ_T by the brittleness index I_B for rock mass samples of an one-component material

Bei Fels, der alternierend aus festen und weniger festen Gesteinen aufgebaut ist, ist für die Ermittlung der Gebirgsfestigkeit zu unterscheiden zwischen in etwa schichtnormaler und schichtparalleler Hauptbelastung. Bei schichtnormaler Hauptbelastung hängt die Vorgehensweise von den Festigkeitsunterschieden der auftretenden Gesteinsarten ab. Großversuche haben gezeigt, daß bei sehr großen Unterschieden der Gesteinsfestigkeiten das Verhalten fast ausschließlich von den wenig festen Schichten bestimmt wird. Die Abschätzung der Festigkeit erfolgt wie für Fels aus einer Gesteinsart.

Besteht der zu prüfende Fels aus Wechsellagen zweier Gesteinsarten geringerer Festigkeitsunterschiede, so wird zunächst die Verbandsfestigkeit für die beiden Materialien nach der beschriebenen Abschätzmethode festgelegt. Über ihre Materialanteile kann die Verbandsfestigkeit des zusammengesetzten Materials aus dem Diagramm der Abb. 11 unter Berücksichtigung des Verhältnisses der einachsigen Gesteinsfestigkeiten bestimmt werden.

Bei schichtparalleler Hauptbelastung ist die Vorgehensweise die gleiche. Nach Feststellung der Verbandsfestigkeiten der einzelnen Gesteinsarten läßt sich die Festigkeit über die Volumenanteile ermitteln. Sie steigt nach den vorliegenden Versuchsergebnissen linear mit der Zunahme des festen Materialanteils an. Auch

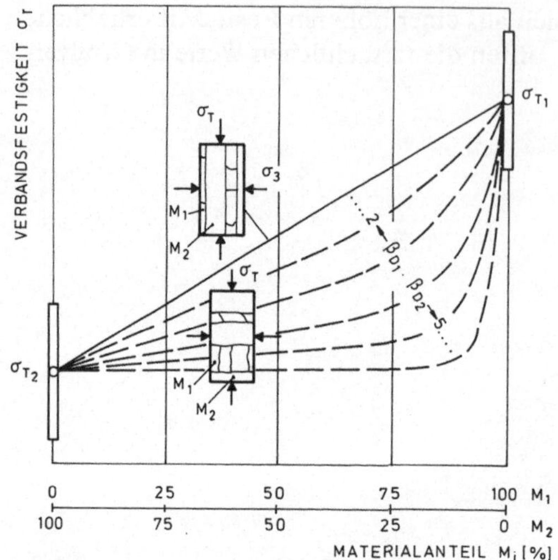

Abb. 11. Diagramm zur Ermittlung der Gebirgsfestigkeit σ_T für Gebirgskörper aus zwei Gesteinsarten über ihre Materialanteile M_i
Diagram for determination of rock mass strength σ_T by their material portion M_i for rock mass samples of a two-component material

bei den wechselgeschichteten Gebirgsarten sind Großversuche sinnvoll und notwendig, wenn deren Ergebnisse die Sicherheit des Bauwerks gewährleisten oder Einsparungen in der Bauausführung bringen.

Schlußbemerkungen

Aus Gesteins- und Gefügekennwerten abgeleitete Aussagen über das Festigkeitsverhalten des Gebirgsverbandes sind selbst für den hier behandelten Fall monoton zunehmenden Druckes immer noch mit relativ großen Unsicherheiten behaftet. Dies liegt nicht nur daran, daß Versuche zur direkten Ermittlung der Gebirgsfestigkeit an repräsentativen Prüfkörpern bislang nicht allzu häufig durchgeführt wurden, sondern daß zur vergleichenden Bewertung bei den veröffentlichten Ergebnissen von Großversuchen Angaben über die Gesteinseigenschaften und detaillierte Information über die Gefügemerkmale fehlen. Eine konsequente Erfassung und Katalogisierung entsprechender Werte mit Erläuterungen zur Versuchsdurchführung (Prüfeinrichtung) wäre ein wertvoller Schritt zur weiteren Erforschung des mechanischen Verhaltens des Gebirges.

Literatur

Bieniawski, Z. T.: The Effect of Specimen Size on Compressive Strength of Coal. Int. J. Rock Mech. Min-Sci. *5*, 325–335 (1968).
Bishop, A. W.: Progressive Failure – with Special Reference to the Mechanism Causing it. Proc. Geotech. Conf. Oslo, *2*, 142–150 (1967).

Hesselmann, F.-J.: Einfluß weicher Zwischenschichten auf das globale Materialverhalten von Fels. Jahresbericht 1978 des Sonderforschungsbereiches 77 „Felsmechanik" der Universität Karlsruhe, 103–119 (1979).

Jahns, H.: Measuring the Strength of Rock in Situ at an Increasing Scale. Proc. 1. ISRM Kongress Lissabon, *1*, 477–482 (1966).

John, K. W.: Festigkeit und Verformbarkeit von druckfesten, regelmäßig gefügten Diskontinuen. Veröff. Inst. f. Boden- und Felsmechanik, Universität Karlsruhe, Heft *37* (1969).

Kovari, K., Tisa, A.: Multiple Failure State and Strain Controlled Triaxial Tests. Rock Mechanics 7, 17–33 (1975).

Müller, L.: Der Felsbau, Bd. I. Stuttgart: Enke 1963.

Pratt, H. R., Black, A. D., Brown, W. S., Brace, W. F.: The Effect of Specimen Size on the Mechanical Properties of Unjointed Diorite. Int. J. Rock Mech. Min. Sci. *9*, 513–529 (1972).

Reik, G.: Methoden zur Ermittlung der Felsmasseneigenschaften geklüfteter Sedimentgesteine. Jahresbericht 1976 des Sonderforschungsbereiches 77 „Felsmechanik" der Universität Karlsruhe, 94–115 (1977).

Reik, G.: Ermittlung der Stabilität der Mittelwand im Doppelröhrentunnel. Proc. 4. ISRM Kongress, Montreux, *2*, 545–552 (1979).

Wichter, L.: Festigkeit und Verformbarkeit jurassischer Schiefertone. Jahresbericht 1977 des Sonderforschungsbereiches 77 „Felsmechanik" der Universität Karlsruhe, 53–72 (1978).

Wichter, L.: Festigkeitsuntersuchungen an Großbohrkernen von Keupermergel und Anwendung auf eine Böschungsrutschung. Veröff. Inst. f. Boden- und Felsmechanik, Universität Karlsruhe, Heft *84* (1981).

Anschrift der Verfasser: Dipl.-Geol. Ph. D. M. Sc. *Gerhard Reik*, Geologisches Institut Dipl.-Ing. *S. Niedermeyer*, D-8821 Westheim, Bundesrepublik Deutschland; Dipl.-Ing. *Franz-Josef Hesselmann*, Lehrstuhl für Felsmechanik, Universität Karlsruhe, Kaiserstraße 12, D-7500 Karlsruhe 1, Bundesrepublik Deutschland.

Rock Mechanics, Suppl. 11, 73–76 (1981)

Rock Mechanics
Felsmechanik
Mécanique des Roches
© by Springer-Verlag 1981

Geomechanische Modelluntersuchungen für die Gründung von Talsperren *

Von

O.-J. Rescher

Zusammenfassung — Summary

Geomechanische Modelluntersuchungen für die Gründung von Talsperren. Das Verhalten hoher bestehender Talsperren für Großspeicher, einige besondere Vorkommnisse bei der Nutzung derselben sowie einige Unfälle haben gezeigt, daß der Frage der Gründung von Talsperren besondere Bedeutung zukommt, da ein einwandfreies Zusammenwirken von Sperrenkörper und Gründungskörper für die potentiellen Lastfälle Voraussetzung für die Standsicherheit von Talsperren ist. Somit wird die Frage der Gründung von Talsperren bereits im Planungsstadium zu einem wesentlichen Bestandteil jeder ernsthaften Projektierung. Bei der Ausarbeitung von Alternativlösungen für den Talabschluß eines Speicherbeckens kann diese Frage sowie die Beurteilung des künftigen Verhaltens des Untergrundes der Sperre und des Speicherbeckens für die Dauer der vorgesehenen Nutzung die Wahl eines Sperrentyps maßgebend beeinflussen.

In diesem Sinne muß der Begriff „Gründung einer Talsperre" allerdings unter verschiedenen Aspekten verstanden werden und erfordert bei der Projektierung, während der Baudurchführung sowie auch für die Zeit der Nutzung des Speicherbeckens eine Reihe von Festlegungen und Maßnahmen, die die größte Aufmerksamkeit verdienen; es sind dies

— Formgebung der Aufstandsfläche sowohl im Bereich des Talbodens als an den Talflanken,
— Verbund des Sperrenkörpers in der Kontaktfläche mit dem Untergrund,
— Möglichkeiten der Anpassung des Sperrenkörpers und der Aufstandsfläche an die Besonderheiten des Untergrundes (im Projektstadium bereits bekannt oder unvorhergesehen),
— Maßnahmen betreffend die Durchlässigkeit des Sperrenkörpers und besonders jener des Gründungskörpers (Dichtungsmaßnahmen),
— Gestaltung und Maßnahmen im Nahbereich der Einbindung der Talsperren im Untergrund zur Verbesserung seiner Festigkeitseigenschaften und seines Formänderungsverhaltens.

Alle diese Fragen sind verbunden mit dem Verhalten des Gründungskörpers für eine größere Zahl von Lastwechseln, die sich während der Lebensdauer eines Speicherbeckens bei der Füllung und Entleerung ergeben (statische Beanspruchung). Besondere Probleme stellen sich außerdem noch dann, wenn das Speicherbecken in Erdbebenzonen liegt bzw. stärkere Bebenwirkungen zu berücksichtigen sind (dynamische Beanspruchung). Während wir für den Sperrenkörper mit Baustoffen arbeiten, deren Festigkeits- und Verformungseigenschaften

* Der Vortrag erscheint vollständig in „Rock Mechanics — Felsmechanik — Mécanique des Roches", Vol. 14/3, 1981.

0080–3375/81/Suppl. 11/0073/$ 01.00

wohlbekannt sind, ist dies für den Sperrenuntergrund, auch bei sorgfältig durchgeführten Voruntersuchungen und Aufschlußarbeiten während der Bauzeit, nicht der Fall und auch nicht zu erwarten.

Rechnerische und experimentelle Untersuchungen zur Erfassung des Verhaltens des Untergrundes für ein Speicherbecken werden unter diesen Voraussetzungen in den meisten Fällen mit Schwierigkeiten behaftet sein; diese nehmen mit der Höhe der Talsperre also auch mit der Größe des Speicherraumes zu.

Die meisten der erwähnten Fragen sind und waren des öfteren Gegenstand von einschlägigen nationalen und internationalen Symposien oder Kongressen.

Aufgrund der von der Natur bestimmten Gegebenheiten für den Speicherraum und im besonderen für den Sperrenort kann man für einen gegebenen Fall keine festgelegten Regeln oder Normen zur Auffindung der bestmöglichen Lösung erwarten, wiewohl gewisse Grundprinzipien angegeben werden können, die sich — trotz bestehender Auffassungsunterschiede der Talsperrenplaner — anhand ausgeführter Sperrenwerke erkennen lassen. Da diese Fragen mit der Sicherheit des Speichers verbunden sind, betreffen sie sowohl den Entscheidungsträger, Bauunternehmer, als auch den Bauherrn und Nutzer.

Die heute in der Talsperrenstatik üblichen Berechnungsmethoden, die das Untergrundverhalten in die Betrachtung miteinbeziehen, können keineswegs als vollbefriedigend angesehen werden. Über diese Tatsache kann auch der Einsatz von hochgezüchteten, für geomechanische Betrachtungen mehr oder weniger geeigneten Computerprogrammen beim Entwurf von Talsperren nicht hinwegtäuschen.

Anhand von Prinzipskizzen von Talsperren verschiedener Typen wird die Frage der Kraftübertragung vom Sperrenkörper in den Untergrund im Zusammenhang mit den damit verbundenen Problemen erläutert sowie auf die Grundzüge der bei der Planung von Sperren gebräuchlichen Berechnungsverfahren (mathematische Modelle) eingegangen. Der Aussagewert dieser Berechnungen im Hinblick auf die Beurteilung des Tragevermögens des Sperrenuntergrundes ist begrenzt und trägt — der Problemlösung inhärent — Zeichen einer ingenieurmäßig fundierten Abschätzung.

Auf die Gefahr von typischen Rißbildungen im Sperrenuntergrund und deren Auswirkungen auf Sperre und Untergrund bzw. auf die Standsicherheit des Bauwerkes wird hingewiesen. Bei Talsperren geringer Höhe und Speicherbecken kleinen Inhalts werden grundsätzlich vorhandene Unsicherheiten betreffend Lastannahme, Baustoffvariabilitäten und Untergrund sowie die Qualität des Rechenverfahrens und der Bauausführung keine entscheidende Rolle spielen. Bei hohen, weitgespannten Talsperren gewinnen diese Fragen wesentlich an Bedeutung und können maßgeblich die Ausführbarkeit eines Projektes beeinflussen, namentlich dann, wenn bei höherem Stau mit größeren Rißbildungen und Kluftbewegungen im Untergrund zu rechnen ist.

Ein weiteres wertvolles Hilfsmittel für die Problemlösung steht dem planenden Ingenieur mit der Anwendung geomechanischer Modelluntersuchungen zur Verfügung. Bei Untersuchungen dieser Art werden die Gefügestruktur (Groß- und Kleinklüfte) und Störungen im Felsuntergrund unter Berücksichtigung der Gefügeeigenschaften nachgebildet. Die Qualität der Ergebnisse derartiger Untersuchungen ist von den Anforderungen, dem Arbeitsaufwand und der angewandten Versuchstechnik abhängig. In vielen Fällen wird die Aussage nur qualitativen oder bestenfalls halb-quantitativen Charakter haben, jedoch in sehr anschaulicher Weise z.B. potentielle gefährliche Verformungsvorgänge aufzeigen. Hauptsächlich dadurch sind sie ein wertvolles Hilfsmittel für den Entwurf sowie für konstruktive und meßtechnische Entscheidungen. Je nach Aufgabenstellung werden derartige Versuche zwei- oder dreidimensional durchgeführt.

Anhand einiger Beispiele werden die Einsatz- und Aussagemöglichkeiten von geomechanischen Versuchen erläutert; auf Entwicklungsmöglichkeiten bei der Anwendung sowohl für die Grundlagenforschung als auch für die projektbezogene Forschung wird hingewiesen.

Abschließend wird festgestellt, daß die Bedeutung geomechanischer Untersuchungen in unserer Zeit des Computers nicht übersehen werden darf, da geeignete Berechnungsverfahren und adäquate Modelluntersuchungen als notwendige und gleichwertige, sich ergänzende Partner zu betrachten und heranzuziehen sind, um schwierige und verantwortungsvolle Entscheidungen bei der Errichtung von hohen Talsperren mit größtmöglicher Sicherheit treffen zu können; dies war grundsätzlich immer so, ist aber mit einer gewissen Euphorie der „allmächtigen" Computer mancherorts in Vergessenheit geraten. Die Komplexität der Problemlösung einerseits und die der Verantwortung für ein einwandfreies Verhalten von Talsperren andererseits lassen die Notwendigkeit der Heranziehung aller bewährten Hilfsmittel zur bestmöglichen Erfassung der vielfältigen Aspekte der Problemstellung erkennen, um damit den Spielraum der Unsicherheiten in der Beurteilung der Standsicherheit einer Talsperre weitgehend einzuengen.

Da gerade auf dem Gebiet der Geomechanik häufig Probleme auftreten, bei welchen auch wissenschaftlich einwandfreie Untersuchungen das künftige Bauwerksverhalten nur annähernd erfassen können, ist als weiteres Hilfsmittel der Projektierung sicher auch die Intuition des Planers nicht zu vergessen.

Foundation Problems of Large Dams — Geomechanical Model Tests. The behaviour of existing large dams for large reservoirs as well as some special occurrences during their use and some accidents have shown the great importance of foundation problems, for a perfect interaction between the dam body and the foundation body is a basic requirement for the safety of the dam. Foundation engineering must, therefore, be a fundamental part of any effective dam design. Together with the prospective behaviour of the underground rock at the dam site as well as of the whole reservoir for the time of use that question will have great influence on the selection of the dam type.

Foundation engineering must consider various aspects determining decisions and actions during the design, construction and use of the reservoir, such as
— form of the contact area at the valley bottom and the abutments,
— bond of the dam in the contact area with the bedrock,
— possible designs of the dam body and the contact area in agreement with particular underground conditions,
— permeability and seepage of the dam body and especially of the foundation body (grouting operations),
— improvement of the strength and the deformation behaviour of the bedrock in the vicinity of the abutments of the dam.

All these questions are connected with the behaviour of the foundation body during a number of load cycles resulting from the changes of the storage level (static loads). The problem increases when the reservoir is situated in earthquake regions (dynamic loads). While there is a well defined strength- and deformation-behaviour of the dam material, the situation is different for the bedrock even despite of conscientious geological and geophysical investigations during the time of construction.

Mathematical and experimental investigations of the bedrock behaviour involve problems which increase with the increasing of the dam and storage volume.

Most questions have been repeatedly discussed on national and international Symposia and Congresses.

There cannot be provided any general regulations or rules for the best dam design owing to the individual situation of each dam location, but some general principles can be given resulting from observations made at any existing dams — despite of differing points of view held by several planning engineers. These questions — since concerning the safety of the reservoir — are important for the contractor, the owner, and the user as well.

The methods of calculation used in dam statics at the present time are not sufficient, in spite of some complicated computer programs available, which are more or less appropriate for geomechanic problems.

On principle sketches of different dam types the transmission of forces from the dam to the underground will be shown. Next the usual methods of calculation (mathematical models) will be discussed shortly. The results concerning the bearing capacity of the bedrock have to be used with caution and need an interpretation by an experienced engineer.

The danger of typical cracking in the underground and its influence on the safety and stability of the dam and the underground body will be shown. Some uncertainties concerning the loads, the material characteristics and the underground condition, which are always present, as well as the quality of the calculation process have little influence on the safety of small dams and small reservoirs. Their influence, however, increases rapidly with increasing dimensions of the dam and may limit the practicability of some projects, especially if greater cracking and even joint displacements are to be expected at a high storage level.

The planning engineer may furthermore use results of geomechanical model tests as a help for his decisions, where the structure of the rock (major and minor joints) and faults are imitated. The accuracy of the results depends on the amount of work and the test technique. In many cases the results will have qualitative or best semiquantitative character, but they may show in an obvious way the regions where dangerous deformations might occur. It is mainly for that reason that they are useful for the designer. Such tests may be carried out on two- or three-dimensional problems. The practical use of such geomechanical model tests is shown by some examples and the conclusions are discussed as well as possible improvements of the test techniques for basic and project research.

Finally it is pointed out that today computer calculations and model tests should be treated as two specialized, yet equal "partners" which complement one another. They both should be used for complex decisions in connexion with the design of large dams to guarantee an optimum of safety. In the past the problems were treated in that way, but nowadays too often everything is done only with the aid of the "omnipotent" computer. The complexity of the problems on the one hand and the responsibility for the safety of the dam on the other hand require the use of all possible means to reduce the uncertainties in connexion with the safety of the dam.

Especially in the field of geomechanics the results of scientific investigations can only give an idea of the behaviour of the real construction. Therefore intuition and feeling for the optimum decision is of great importance for a good design.

Anschrift des Verfassers: o. Univ.-Prof. Dipl.-Ing. Dr. techn. *Othmar-J. Rescher,* Institut für Konstruktiven Wasserbau, Technische Universität Wien, Karlsplatz 13, A-1040 Wien, Österreich.

Rock Mechanics, Suppl. 11, 77–88 (1981)

Rock Mechanics
Felsmechanik
Mécanique des Roches
© by Springer-Verlag 1981

New Aspects of Geomechanical Assessment During the Construction of the Jiroft Arch Dam (Iran)

By

Wolfgang Demmer

With 9 figures

Summary – Zusammenfassung

New Aspects of Geomechanical Assessment During the Construction of the Jiroft Arch Dam (Iran). Thorough investigation of site geology is one of the main conditions of subsequent dam safety. Whereas rock mechanics is the main element of the geotechnical studies in the majority of embankment dams, the emphasis tends to be placed on rock mechanics in concrete dams. As the construction of arch dams normally involves most complex structural measures affecting the valley sides, preliminary investigations should make special allowance not only for the final state of the dam, but also for the construction operations. In many cases, however, this principle is not adequately observed.

Using the example of the 130 metres high Jiroft arch dam in Iran, the author points out potential problems facing contractors where the tender documents fail to indicate the geological details needed to allow safe and speedy construction operations. Substantial subsequent modifications in planning and design may then result.

Neue Aspekte bei der geomechanischen Beurteilung der Bogenstaumauer Jiroft (Iran) im Zuge der Bauausführung. Im November 1975 wurden die Bauarbeiten der 133 m hohen Bogenstaumauer Jiroft an die Arbeitsgemeinschaft LOZAN (Iran) – PORR (Österreich) – LOSINGER (Schweiz) vergeben. Der Ausschreibung lag ein Detailprojekt des Büros Atras, Scet-Coop, Stucky zugrunde, das auf geologische Detailuntersuchungen aufbaute, die im Jahre 1970 unter der Leitung von Prof. Barbier begannen. Die ersten Projektstudien einer italienischen Studiengesellschaft reichen allerdings schon auf das Jahr 1959 zurück.

Die Sperrenstelle liegt im Süden Irans in den Ausläufern des Zagrosgebirges nahe dem Golf von Bandar Abbas. Die Sperre nützt einen etwa 150 m tiefen und engen Schluchtdurchbruch des Flusses Halil Rud durch eine Kalktafel. Die Kalktafel wird von dichten Mergelschiefern unterlagert, in welchen auch größtenteils das Staubecken liegt.

Im Zuge der näheren Baustellenerkundung wurden übliche Untersuchungsmethoden angewandt. Rotationskernbohrungen und mehrere Erkundungsstollen in den Einbindungsflanken verschafften auch Einblicke in tiefere Felszonen. Bescheidene felsmechanische in-situ-Tests mit Stempeldruckversuchen wurden in den Stollen ausgeführt.

Obwohl im Zuge der Voruntersuchungen einzelne, dm-weit offene oder nachträglich mit lehmigem Schutt verfüllte Riesenklüfte entdeckt wurden, sah man von der Projektierungsseite weder hinsichtlich der Abdichtung noch hinsichtlich der sicheren Einleitung der Kämpferkräfte in den Fels ernste Hinderungsgründe, die Sperre an der gewählten Stelle zu errichten. Die markanteste offene Kluft, welche an der linken Sperrenflanke entdeckt wurde, sollte zwar mit einem aufwendigen und technisch komplizierten Verfahren mit Beton verschlossen und gedichtet werden, in bezug auf eine zusätzliche Sicherung der Einbindungsflanken waren aber keinerlei Maßnahmen vorgesehen.

Die zur Verfügung gestellten geologischen Unterlagen ließen zunächst auch für die Baustellenerschließung und die nötigen Installationsarbeiten keine nennenswerten Erschwernisse erkennen. Sie traten aber bald an mehreren Stellen so massiv auf, daß die ausführende Firmengruppe eigene Geologen zu ihrer Beratung heranziehen ließ. Erst im Zuge dieser, mit dem Bau bereits parallel laufenden Studien wurden von der Ausführungsseite derart schwerwiegende geologische Mängel erkannt, die nicht nur bei der Baustelleneinrichtung (Kabelkrangegenfahrbahn in Rutschmasse) und Bauabwicklung (Sperrenaushub nur im Schutze massiver Sicherungen möglich) folgenschwere Auswirkungen hatten, sondern auch die Projektierung zu Änderungen zwangen, die wesentlich über das Maß örtlicher Anpassungen hinausreichten. So mußte beispielsweise die Abdichtungsfrage völlig neu behandelt werden, ohne bis jetzt zu einem allseits befriedigenden Ergebnis zu gelangen, und der Sperrenaushub erfuhr in der bis zur Baueinstellung fertiggestellten, oberen Hälfte bereits die zweite Vertiefung. Damit wurden bis jetzt die Aushubkubaturen um etwa 50 % überschritten und die Betonkubaturen der Sperre um rund 20 %.

Unausbleiblich wären zusätzliche Sondermaßnahmen an der Sperrenluftseite gewesen, die vor allem die einwandfreie Entlastung der Einbindungsflanken gewährleisten sollten.

Beachtliche felsmechanische Probleme haben sich auch beim projektmäßig vorgesehenen Steinbruch abgezeichnet, die ebenfalls erst im Zuge der Bauausführung erkannt wurden und zu einem Ausweichen auf ein anderes Abbaugebiet führten. Die bis dahin fast fertiggestellten Installationen wurden damit noch vor ihrem Einsatz nutzlos.

Der Bericht zeigt anhand einiger Details auf, daß in diesem konkreten Fall erst durch die Aktivitäten der ausführenden Firmen, die glücklicherweise genügend erfahren waren, jene Projektanpassungen eingeleitet wurden, die auch später den sicheren Bestand der Sperre garantieren. Der Aufsatz wird aber auch darauf verweisen, daß bei den geologischen Voruntersuchungen auch der Ausführbarkeit eines Projektes ein erhöhtes Augenmerk zu schenken ist. Das erfordert vom Geologen die Kenntnis des grundsätzlichen Bauablaufes und die enge Zusammenarbeit mit dem projektierenden Ingenieur in allen Projektierungsstadien.

1. Introduction

This report will discuss the technical difficulties that arose during the construction of the 133-metre high Jiroft arch dam in Iran. The author departs from the usual practice of looking at the problems from the designer's point of view, by presenting them as seen by the contractors. Such a separation of positions in judging projects may seem superfluous in a country possessing a long tradition in dam construction, which extends from planning and design to the completion of the structure. It is not so, however, where the owner or client must rely on a foreign consultant for design and construction supervision and where construction is in the hands of other foreign groups of contractors. This is no exceptional case. In fact, there is reason to assume that at present — at least in the Western World — the majority of the large dams are built under such circumstances.

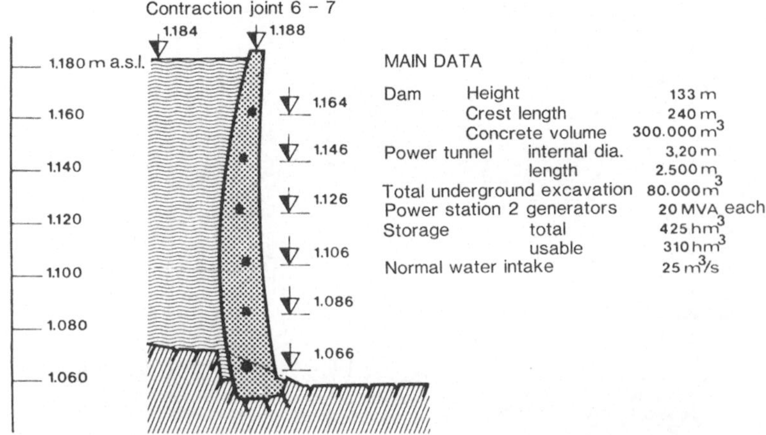

Fig. 1. Elevation of dam
Sperre, Schnitt

In the case of the Jiroft dam project, the competences were distributed as follows:

Owner: Government of Iran

Dam Designer: STUCKY Consulting Engineers (Switzerland), with Prof. *Barbier* (France) as geological consultant

Contractors: LOZAN (Iran) − PORR (Austria) − LOSINGER (Switzerland), with Prof. *Horninger,* the author and his assistant, Dr. *Nowy*, as geological consultants.

2. Location of the project area and geology

The village of Jiroft, or Sabzevaran, after which the dam is named, is situated in the South of Iran. Bandar Abbas, a major port at the entrance to the Persian Gulf, is situated at an air-line distance of some 230 kilometres.

In terms of regional geology, the project area lies on the north-eastern fringe of the Alpine-Himalayan fold mountain system, the Zargos mountains more than 4 000 metres in altitude. Towards the interior of the country follows a large plateau of Variscan Age. The zone separating these two major geological units is morphologically marked by a south-east trending depression about 1 000 kilometres long, which is interrupted only near Jiroft, by mountain chains striking across. This special feature, that is to say, the presence in the project area of structures running across the regional strike can be related to a large flexure in the earth's crust. This tectonic feature is not only supposed to have aided in the formation of the Gulf of Bandar Abbas, but also seems to be preferred by the epicentres of the major earthquakes. Shown as dots on seismotectonic maps, these tend to cluster along a line, which extends right into the project area. Therefore, earthquake effects had to be a constant concern in the geotechnical assessment of the project area. However, the documents made available to the contractors seemed to suggest that no great importance had been attached to this aspect.

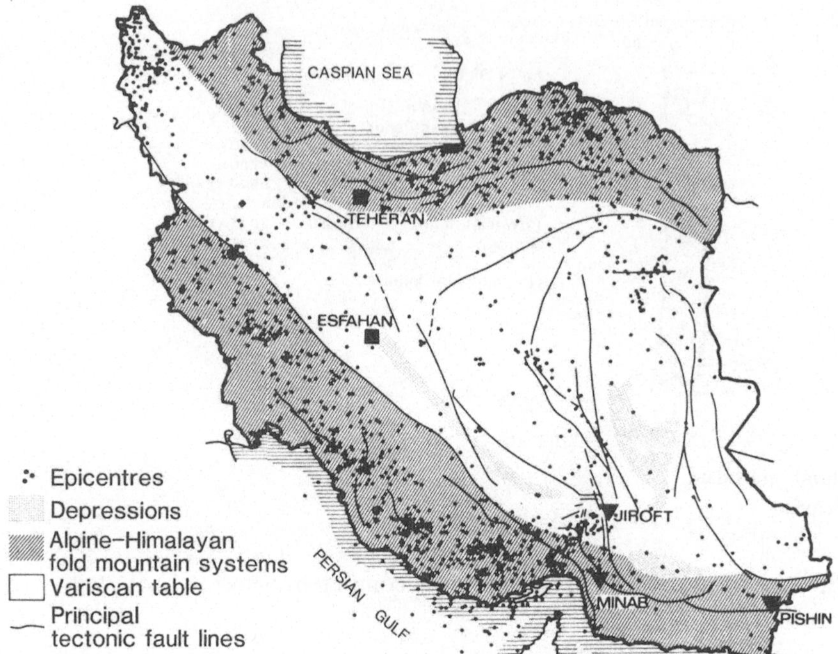

Fig. 2. Seismotectonic map (after seismotectonic map of Iran 1 : 2 500 000)
Seismotektonische Karte (nach der seismotektonischen Karte von Iran 1: 2 500 000)

3. The geological conditions in the project area proper

The geological make-up of the project area is characterized by an Oligocene limestone plateau some 150 to 200 metres in thickness. This formation is approximately circular in shape with an average diameter of about 14 kilometres. The position of the tick-bedded limestones is generally horizontal, with only the rim of the plateau being turned upwards to form a bowl. It is due to this that the underlying shaly sandstones and slaty marls of Eocene Age emerge near the rim.

The main river draining this area is the Halil Rud. Its flow is small during the dry summer months and rises to extreme floods in winter. The design flood – corresponding to a flood of 1 000-year frequency – is 7,600 m³/s.

The Halil Rud first flows in an eastern direction, following the northern rim of the limestone plateau, where it has carved a wide basin into the soft marl slate. This was envisaged to be used for water storage.

Then, however, without any visible geological reason, the river turns south and flows through a narrow gorge it has cut into the limestone plateau, thus providing a suitable morphology for the construction of an arch dam.

The Jiroft multi-purpose project, which is intended to serve for irrigation in the first place, and for power generation only in the second place, comprises a reservoir with a storage of 425 million cubic metres in the impervious marl slates, a 133-metre high arch dam in a narrow gorge formed of bedded limestones and, in the same geological formation, the 2,434-metre long power tunnel, the surge tank and the greater part of the vertical pressure shaft.

The lowest part of the pressure shaft, followed by the lower penstock tunnel and the power house, however, had to be located in the underlying marl slates.

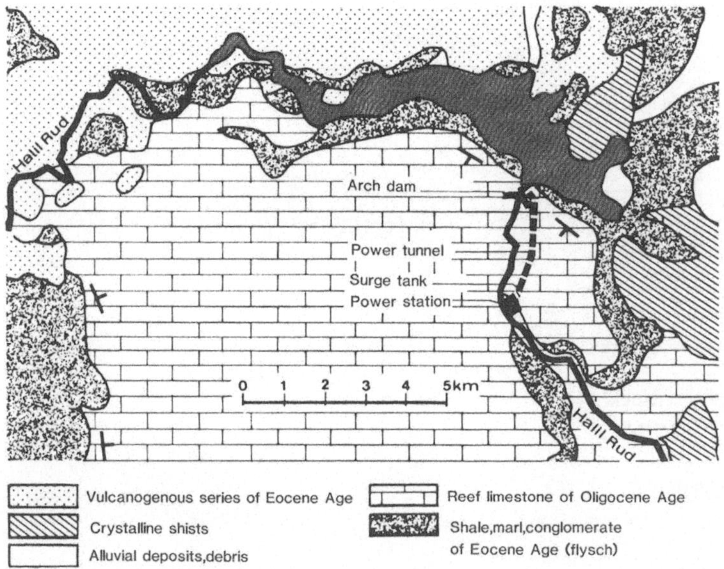

Fig. 3. Part of the geological map of Iran, 1 : 100 000, sheet "Esfandageh"
Ausschnitt aus der geologischen Karte von Iran, 1 : 100 000, Kartenblatt „Esfandageh"

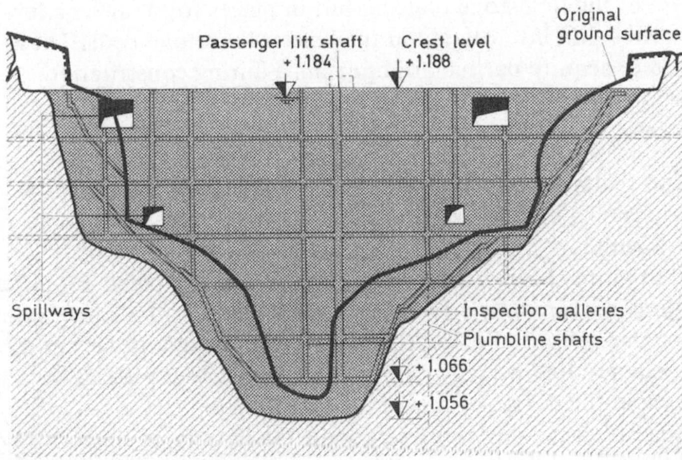

Fig. 4. Up-stream view of dam
Sperre, Ansicht Wasserseite

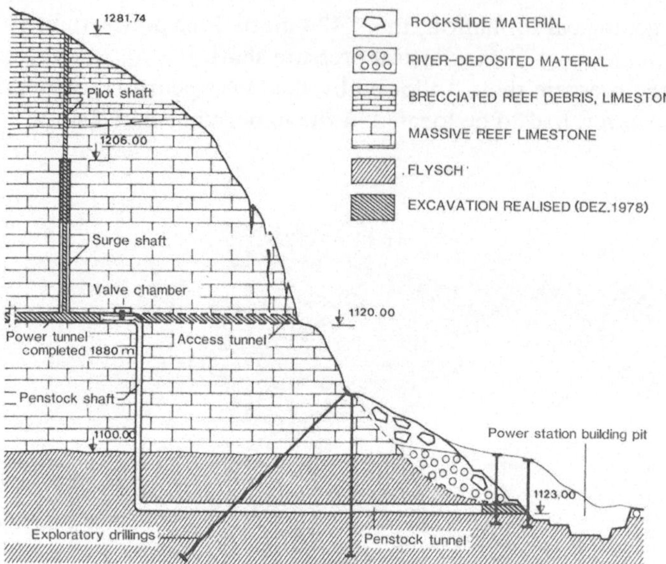

Fig. 5. Section through penstock
Schnitt durch den Kraftabstieg

4. Morphology

As to the landforms, part of the reservoir site is a fertile stream oasis, whereas the steep canyon-like gorge is barren and desolate.

Steps in the morphology of the area clearly indicate alternations of harder limestone beds with softer marly limestone layers. The latter are primarily present in the upper strata of the limestone plateau, but in places form layers a few centimetres to decimetres thin intercalated in the harder limestone beds. These marly limestones were to acquire particular importance during construction.

5. Geological structures

So far as joints and faults are concerned, at least at first sight there seemed to be no systems of divisional planes other than the bedding joints. The gorge, too, does not follow a fault.

However, looked at more closely, the two abutment slopes showed a number of large, steeply dipping joints mainly striking at a small angle to the gorge walls. Their presence, although established to depths of between 20 and 30 metres by various exploratory galleries, had evidently not been allowed for, with all the resulting consequences, in the design of the dam excavation.

The tender documents gave a description of some detail only of the so-called "cassure", an open joint several decimetres wide and subsequently filled with loam, in the left abutment; and even there, the designer had been more concerned with the problem of imperviousness than with that of slope stability.

This led the contractors at first to envisage a dam excavation that would not involve any unusual difficulties, an assumption which was indirectly even supported by the fact that the consultants did not plan to engage a site geologist during the excavation operations.

6. The dam and its foundation

The dam is a thin double-curvature arch structure with a concrete volume of approximately 300 000 cubic metres. A special feature is the integration of the spillways into the dam body on both sides of the structure. This called for huge excavations in the up stream rock flanks, apart from the dam excavation, especially on the left-hand abutment.

According to the tender documents, the dam excavation proper comprised the excavation of a rock thickness of 10 to 15 metres, which was later to increase substantially, particularly on the right-hand abutment.

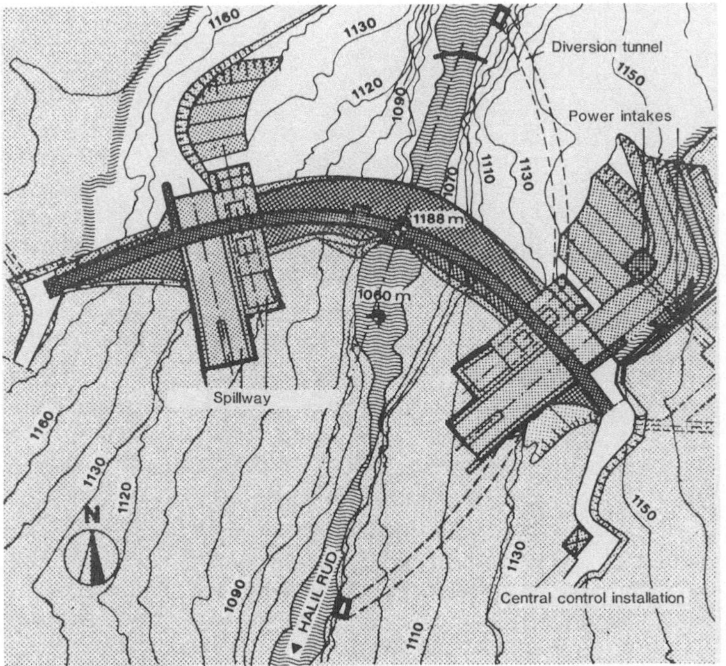

Fig. 6. Location plan of dam
Sperre, Lageplan

7. New geological information obtained in the course of construction and the resulting consequences in respect of the project

In order to gain a first point of attack on the right-hand slope, it was necessary to drive a 484-metre long road tunnel through the turned-up rim at the entrance to the gorge. During tunnelling, the contractor was confronted with absolutely unexpected driving difficulties caused by open joints reaching as much

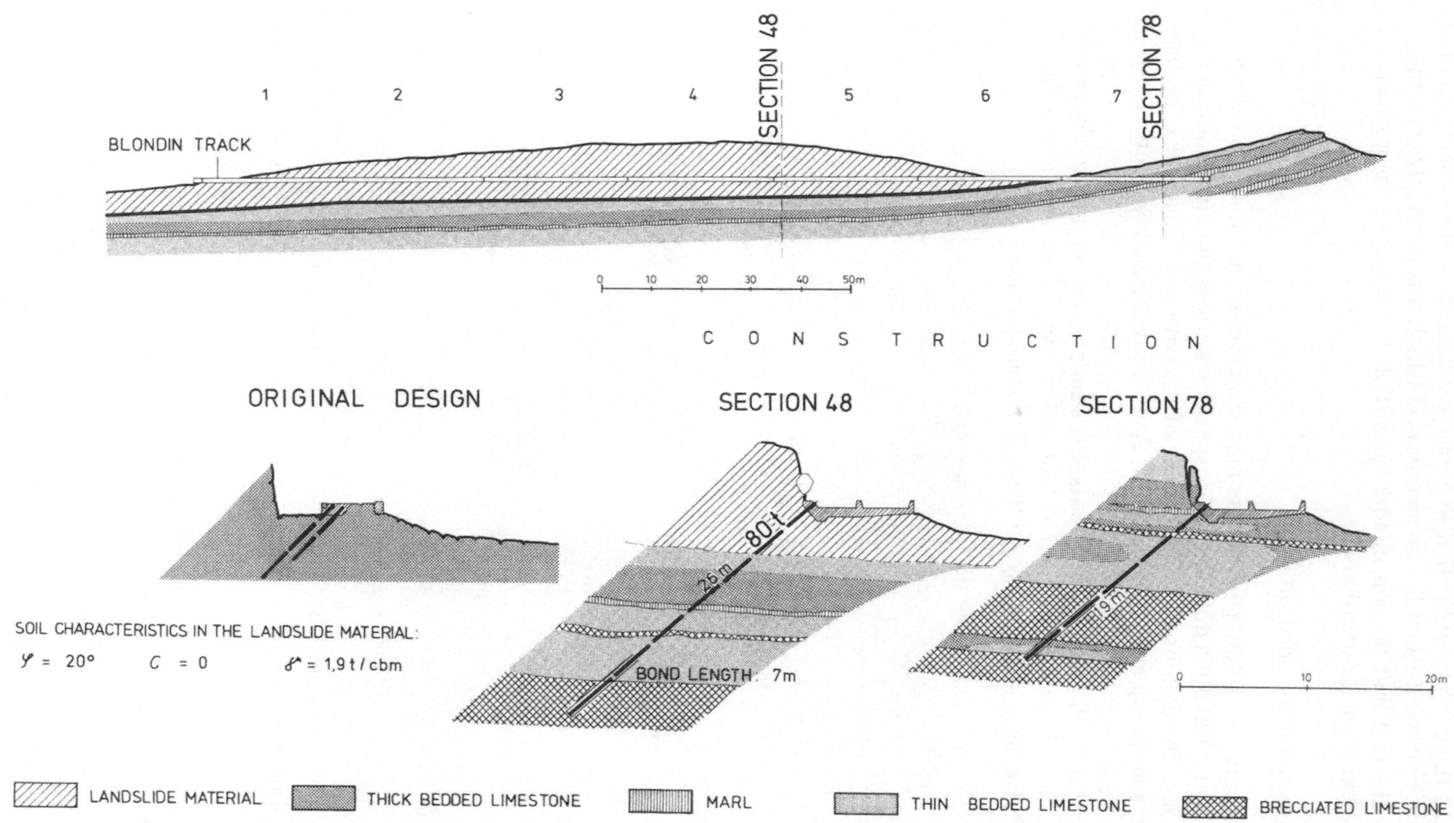

Fig. 7. Blondin track, geological sections
Kabelkranfahrbahn, geologische Schnitte

as half a metre in width in places. These problems turned out to be severe
enough for the contractor to justify the consultation of geologists of their own
in order to ensure a safe and economical performance of this job as well as of
the rest of the contract works.

The first site inspection by Prof. *Horninger* and the author already gave the
following results:

- The dam excavation involved growing risks along with increasing depth
  due to steep joints that were being undercut by the excavation, and this
  not only on the left flank, where the presence of steep joints had been described, but also on the right abutment. Only preventive rock anchoring
  carried out in time and/or substantially increased rock excavation were
  able to ensure greater stability.
- The blondin track on the right-hand slope was located in landslide material, which was not even mentioned in the tender documents. Therefore,
  this track had to be completely relocated at the last minute and equipped
  with prestressed anchors more than 20 metres long.
- Furthermore, the quarry for the concrete aggregate was planned to be
  located on the left slope at a site of similar geology as that on the right
  slope where a major landslide had once taken place.
  In addition, marl intercalations present at this site, too, would constitute
  a risk to the stability of the quarry faces.

Although the above problems were mainly within the competence of the
contractors, they also gave rise to conclusions relating to the fundamental design, i.e.

- The severe jointing, which proved to extend to much greater depth than
  had obviously been assumed at first, might substantially increase the grouting requirements.
- For the same reason, the depth to which the dam body should extend into
  the foundation and abutments should be reconsidered.
- And the problem of concrete aggregate had to be re-examined not only
  with a view to the stability of the quarry, but also for quality because of
  the presence of brecciated and marly limestone.

Therefore, in the case of the Jiroft dam, an important impetus came from
the contractors for an optimal adjustment of the detailed design in the light of
the site geology.

Thus, in view of the risk of rock falls which we assumed to be present we
adopted a covered powerhouse location and modified the power-tunnel align-
ment for geological reasons.

The main modifications, however, were those of the dam excavation. Thus,
on the right-hand abutment, which had originally been thought favourable, the
severely reduced structural strength of the rock mass called for an excavation to
he carried out in two phases and twice as deep as originally specified in the tender documents.

The above works did at least not require any additional site equipment. But
on the opposite, or left, abutment, part of the extra excavation and supporting

86   W. Demmer:

measures finally required by the consultants were located outside the range of
the blondin.

In a horizontal section taken through the lower power intake tunnel, which
level also passes through another two galleries, thus conveying a reliable threedimensional idea of the attitude of the major structures, the geologists were able
to prove the large steep joints to extend practically to the respective terminal
points of the various tunnels. Correct design of the excavation depth and shape
was, therefore, extremely difficult.

On the other hand, however, if consistent allowance had been made already
at the design stage for all the structural details disclosed by the exploratory galleries, it would have been possible to avoid much of the subsequent rock excavation required by the consultants, with all the consequences in respect of construction schedule and costs.

The subsequent rock excavation as provided by the new excavation drawing
of autumn 1978, which was not carried out, would have required the excavation
to be started again from above and this would have implied the loss of several
site installations, e.g. the bucket platform, the concrete quays as well as the approach road.

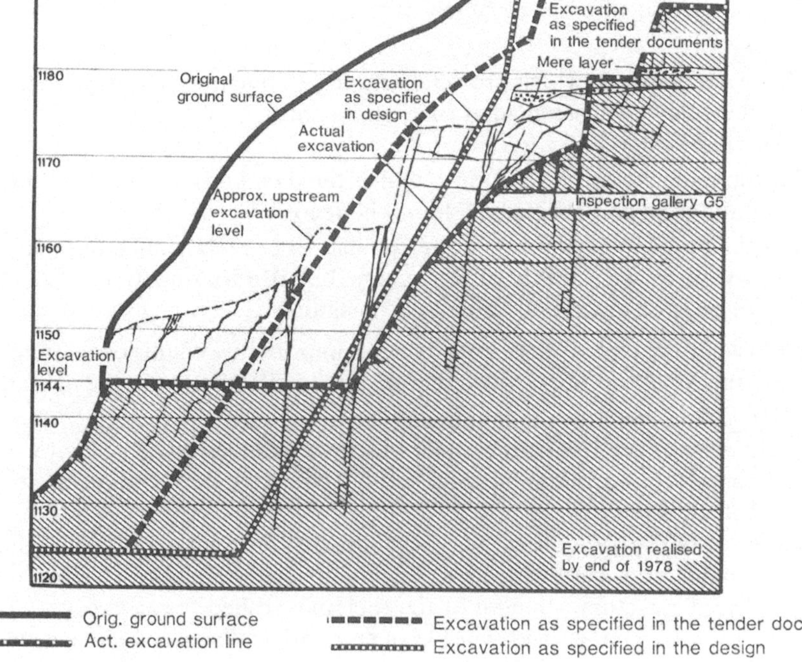

Fig. 8. Right-hand abutment
Rechte Sperrenflanke

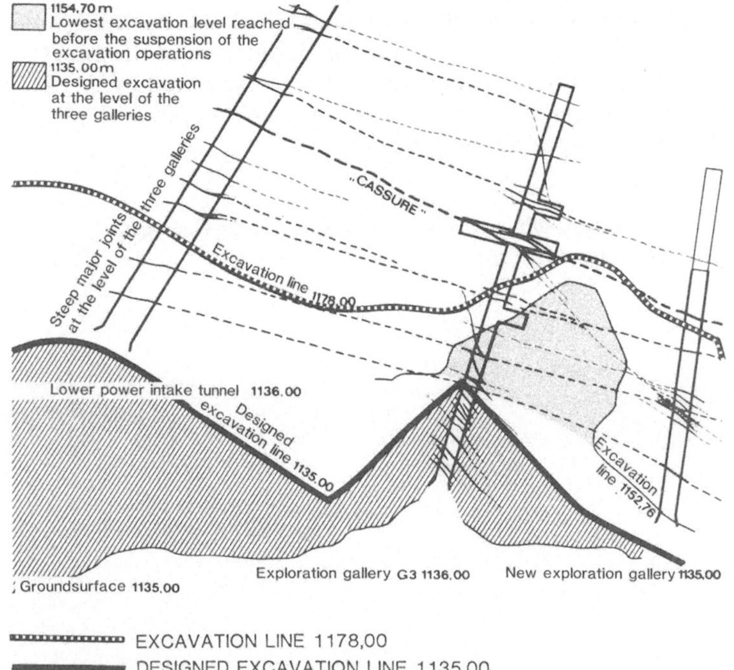

Fig. 9. Horizontal section through left abutment
Linke Sperrenflanke, Horizontalschnitt

The construction stage reached by the time work was suspended because of the well-known political events allowed estimation of the main modifications necessary, which will be summarized below:

1. Excavation volume exceeded by about 50 percent.
2. Grouting requirements exceeded by an estimated 100 percent.
3. Relocation of the quarry with all the consequences involved.

8. Conclusions

All this may result where a client — in this case, the Ministry of Energy of Iran — fails to have all the geological investigations required by the consultant carried out in time — a fact repeatedly regretted by the designer, and where no funds are made available for a permanent site geologist.

This report should be a warning example for all those responsible for similar jobs and demonstrate what consequences may result, especially abroad, from a design that did not allow for all the relevant geological details and moreover cannot rely on a constant adjustment to new exploration results. It has been the purpose of this report to show what substantial design modifications were possible and necessary in the light of geological information obtained in the field already at the time the construction operations were suspended.

These modifications were for the most part based on rock mechanics aspects, with the impetus mainly coming from the contractors in the case of the Jiroft arch dam. This example thus also shows the great advantages offered by an experienced group of contractors, not only with a view to good workmanship in construction, but also in respect of design problems.

Address of the author: Dr. *Wolfgang Demmer*, Consultant in Engineering Geology, Hovengasse 6, A-2100 Korneuburg, Austria.

Rock Mechanics
Felsmechanik
Mécanique des Roches
© by Springer-Verlag 1981

Baugrubensicherung für ein großes Trockendock im Flysch des Triester Hafens

Von

Peter Egger

Mit 9 Abbildungen

Zusammenfassung — Summary

Baugrubensicherung für ein großes Trockendock im Flysch des Triester Hafens. In Triest entsteht zur Zeit ein Trockendock für Schiffe bis zu 140 000 t, dessen Baugrubensicherung besondere Schwierigkeiten bereitete. Das anstehende Gebirge ist ein oberflächlich stark verwitterter Flysch (Crostello), der von Klei überlagert wird.

Das Dock ist als ein starrer Trog ausgebildet, zu dessen Auftriebssicherung 600-t-Pfähle dienen. Zur Sicherung der gesamten Baugrube war ein Spundwand-Fangedamm vorgesehen, der jedoch bei Erreichen größerer Wassertiefen abrutschte. Als Ersatzlösung wurde eine einfach abgestützte Caissonwand entworfen.

Zusätzliche Bohrungen trafen unter der Kiesschüttung des landseitigen Fangedamms Klei an, und Feldversuche bestätigten die befürchtete geringe Festigkeit des Crostello.

Folglich mußte die gesamte Baugrubenumschließung neu überdacht werden. Statische und wirtschaftliche Untersuchungen führten zu folgender Lösung:

— Seeseite: Unterwasserherstellung der Sohlplatte und eines Teils der Mauern,

— Landseite: Verstärkung des Fangedamms durch Anker und Scherpfähle, Abdichten des Crostello durch Injektion.

Die Bauarbeiten waren durch viele Unterwasserarbeiten, wie die Kontrolle der Pfahlköpfe in 16 m Tiefe, erschwert; auch die Ankerbohrungen stießen stellenweise auf Hindernisse. Dennoch gingen die Arbeiten planmäßig voran, und im März 1980 konnte die Baugrube trockengelegt werden. Zahlreiche Meßeinrichtungen erlaubten, das Verhalten der Baugrubenumschließung zu überwachen und die Wirksamkeit der getroffenen Maßnahmen nachzuweisen. Die gesamte Sickerwassermenge betrug nur 10 l/s.

Cofferdams for a Large Dry Dock Situated in Flysch Deposits at the Harbour of Trieste. A dry dock for vessels up to 140 000 DWT is under construction in Trieste. Its cofferdams caused particular difficulties. The bedrock is a superficially heavily weathered Flysch, overlain by mud. The dock structure is a stiff box, retained by 600-t-piles against uplift pressures. It was intended to surround the whole site by a sheetpile cofferdam, but the fill slided away when the water depth increased. Thus, a caisson wall with one layer of struts was designed as an alternative.

Additional boreholes encountered mud beneath the gravel fill of the landward cofferdam, and in-situ tests confirmed the apprehended poor rock quality. Hence, the retaining structure had to be completely reviewed.

Static and economic considerations led to the following solution:
— Seaward part: execution of the bottom slab and part of the walls under water,
— Landward part: reinforcement of the cofferdam by anchors and shear piles, impermeabilization grouting of the weathered Flysch.

The construction works were rendered difficult by many underwater works, such as the check of the pile tops at 16 m depth; also, anchoring encountered local obstacles. Nevertheless, works went ahead quickly, and in March 1980 the pit was dewatered. A comprehensive measuring system permitted to monitor the cofferdams and to confirm the efficiency of the stabilizing works. The rate of seepage water was as low as 10 l/s for the whole pit.

1. Einleitung

Im Triester Hafen entsteht derzeit das fünfte und größte Trockendock des Arsenale Triestino S. Marco; mit den beachtlichen Abmessungen von 280 m Länge, 56 m Breite und 11 m Tiefe ist dieses Bauwerk für Schiffe bis zu 140 000 t Wasserverdrängung ausgelegt.

Der vorliegende Aufsatz beschäftigt sich mit den geomechanischen Aspekten bei der Planung und Herstellung der Baugrube, die — wie sich herausstellen sollte — für die Wahl des Umschließungsbauwerks entscheidende Bedeutung erlangten.

2. Örtliche Gegebenheiten

Die Anlagen des Arsenale Triestino S. Marco liegen in einer nach Süden geöffneten kleinen Bucht, nahe dem Vallone di Muggia, zwischen Industrie- und Handelshafen am Fuße des Kastellbergs.

Das etwa drei Meter über den mittleren Meeresspiegel aufgeschüttete Werksgelände wird gegen die See durch eine 17 m hohe Kaimauer begrenzt (Abb. 1). Sie ist auf dem anstehenden Fels gegründet, einem in den obersten Metern sehr stark verwitterten Flysch, der örtlich als Crostello bezeichnet wird. Die Oberfläche dieses Crostello fällt flach gegen SW ein und liegt im Bereich des neuen Bauwerks zwischen 8 und 24 m unter dem Meer.

Aus nahegelegenen Oberflächenaufschlüssen und älteren Bohrungen war der Flysch als eine Abfolge von Sandstein- und Mergelbänken bekannt, deren Dicke zwischen wenigen Millimetern und einigen Dezimetern schwankt. Der Sandstein weist gewöhnlich zwei Kluftscharen auf, deren Abstände sich in der Größenordnung der Schichtdicke bewegen und die zusammen mit den Bankungsflächen etwa quaderförmige Kluftkörper bestimmen. Während im gesunden Flysch sowohl der Sandstein als auch der Mergel beachtliche Festigkeit zeigen, sind die Mergelbänke im Crostello stark bis völlig zu tonigem Schluff verwittert; Braunfärbung des Crostello deutet auf Wasserzirkulation hin. Streichen und Einfallen der Schichten wechseln in den vorhandenen Oberflächenaufschlüssen selbst über kurze Entfernungen stark.

Das anstehende Gebirge ist von Klei überlagert, der im Bereich des Werksgeländes bis etwa zur Höhe des mittleren Meeresspiegels reicht; vor der Kaimauer ist er bis 5 m Tiefe ausgebaggert und fällt dann leicht gegen die See hin bis etwa auf Kote —13 m am Südende des Trockendocks ab.

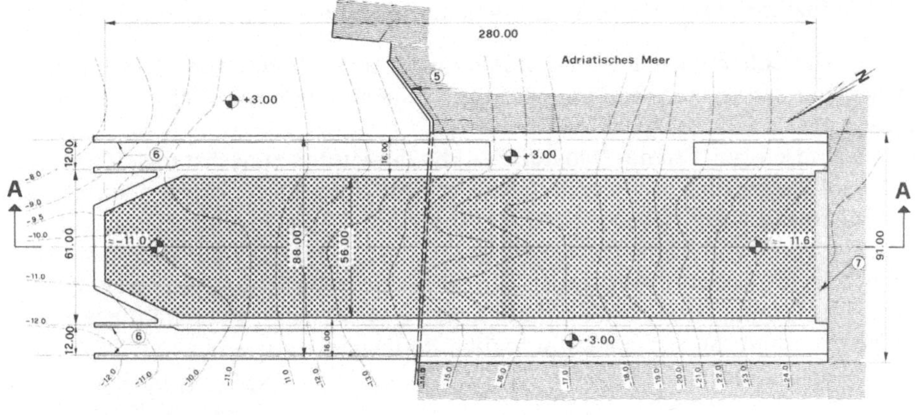

SCHNITT A-A

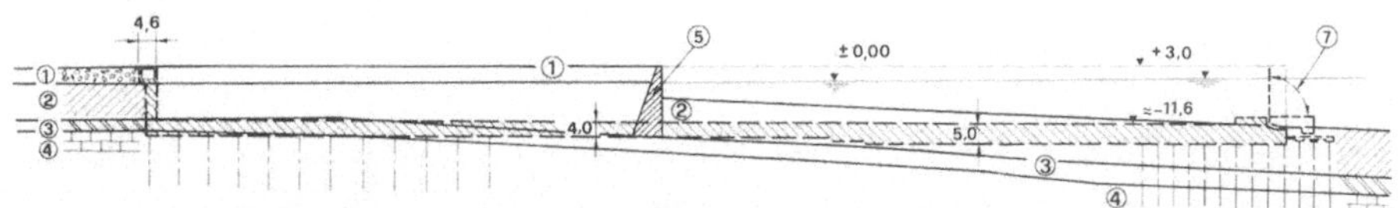

Abb. 1. Grundriß und Längsschnitt des Trockendocks
1 Auffüllung; 2 Klei; 3 Crostello; 4 Flysch; 5 Kaimauer; 6 Kranbahn; 7 Klapptor;
Niveaulinien = Oberfläche Crostello
Layout and longitudinal section of the dry dock
1 Fill; 2 Mud; 3 Crostello; 4 Flysch; 5 Quay wall; 6 Crane rails; 7 Flap gate;
Level lines = Surface Crostello

   Aus betrieblichen Gründen mußte das neue Becken je etwa zur Hälfte land-
bzw. seeseitig der bestehenden Kaimauer angelegt werden, was die Baugrubenumschließung und die Gründung des Trockendocks wesentlich erschwerte: Zum
Beispiel liegt die Baugrubensohle im landseitigen Teil im Fels, während seeseits
Klei ansteht.

3. Bauwerk

   Das neue Trockendock wurde deshalb als ein starrer, dreiseitig geschlossener
und gegen das Landende abgeschrägter Stahlbetontrog mit einem stählernen
Klapptor ausgebildet. Die Sohlplatte ist bis zu 5 m, die Umfassungsmauer 3,10 m
dick. Zur Auftriebssicherung sowie zur Aufnahme lokaler Druckkräfte sind in
einem Raster von 8 m x 7,5 m vorgespannte Pfähle mit 1,50 m Schaftdurch-
messer und einer Fußverbreiterung auf 2,70 m angeordnet. Zwei weitere, außerhalb der Beckenlängsseiten verlaufende Pfahlreihen nehmen je eine Kranbahn-
schiene auf.

4. Ursprüngliches Projekt der Baugrubenumschließung

Zur Umschließung der gesamten Baugrube war ein Spundwand-Fangedamm
vorgesehen, der im land- und im seeseitigen Bereich unterschiedlich hergestellt
werden mußte.

Im landseitigen Teil der Baugrube (Abb. 2a) wurden zunächst die Ufermauer
und die Aufschüttung abgetragen, dann der Klei unter Wasser bis zum anstehenden Fels ausgebaggert; eine erste Anschüttung mit sandigem Kies erlaubte das
Rammen der Spundwände (zwei Reihen Larssen 22) bis etwa 30 cm in den Crostello, und schließlich wurde die Schüttung bis zur endgültigen Höhe weiterge-
führt: Das Planum wurde etwa auf die Kote +2 m gebracht, während die wasserseitige Vorschüttung mit einer 3 m breiten Berme auf Kote −3 m endete.

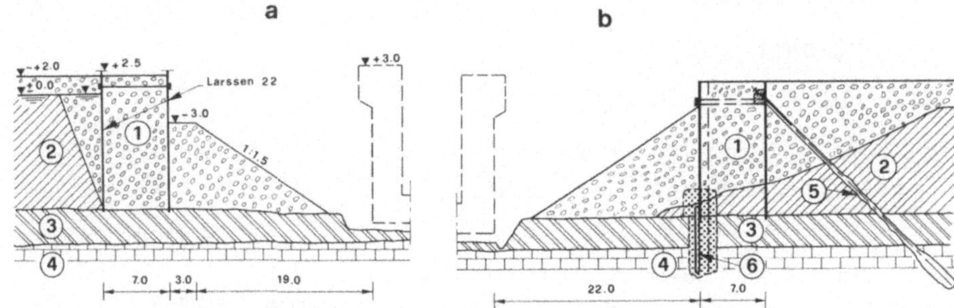

Abb. 2. Landseitiger Fangedamm
a) ursprünglicher Querschnitt
b) ausgeführt
1 Auffüllung; 2 Klei; 3 Crostello; 4 Flysch; 5 Vorspannanker; 6 Scherpfähle und Verpressung
Landward cofferdam
a) Original section
b) executed
1 Fill; 2 Mud; 3 Crostello; 4 Flysch; 5 Prestressed anchors; 6 Shear piles and grouting

Gleichzeitig mit diesen Arbeiten wurden die auf 6 MN Nutzlast ausgelegten
Zugpfähle in der Sohle hergestellt. Die im Klei mit einer Betonhülse verrohrten
Bohrungen wurden durch den Crostello hindurch bis mindestens vier Meter in
den gesunden Flysch abgeteuft und am Fuß mit einer Wirth-Rotary-Einrichtung
kegelförmig aufgeweitet; in die so vorbereiteten Bohrlöcher wurden Spannbeton-
Fertigpfähle eingesetzt und im Contractor-Verfahren bis zur Höhe der Sohlplat-
ten-Unterkante vermörtelt.

Zur Verlängerung des Fangedamms ins Meer hinaus wurde der Kies lagen-
weise von Kähnen aus abgeklappt und in der Dammachse eine einfache Spundwand gerammt. Mit zunehmender Wassertiefe zeigte die Schüttung Zeichen von
Instabilität und sackte schließlich völlig ab; vermutlich trat Grundbruch im nicht
völlig verdrängten Klei ein. Da diesen Rutschungen nicht Einhalt geboten werden
konnte, mußte für die seeseitige Baugrubenumschließung eine neue Lösung gefunden werden. Die Wahl des damit beauftragten Projektanten, der INCO S.p.A.,
Mailand, fiel auf eine in den Fels eingebundene, einfach abgestützte Caissonwand
(Abb. 3a) an den beiden Längsseiten sowie eine Rohrwand an der Stirnseite. Die

Höhenlage der zum Teil über 73 m langen Steifen war der jeweiligen Caisson-
länge angepaßt, sie mußte jedoch oberhalb der künftigen Sohlplatte gehalten
werden, die im Trockenen betoniert werden sollte. Diese Lösung setzte voraus,
daß ein beträchtlicher Teil der beim Trockenlegen des Beckens auftretenden
horizontalen Wasserdrücke am Fuße der Caissons in den Crostello eingeleitet
werden könne und daß dieser in der Lage sei, örtlich sehr hohen hydraulischen
Gradienten unbeschadet zu widerstehen.

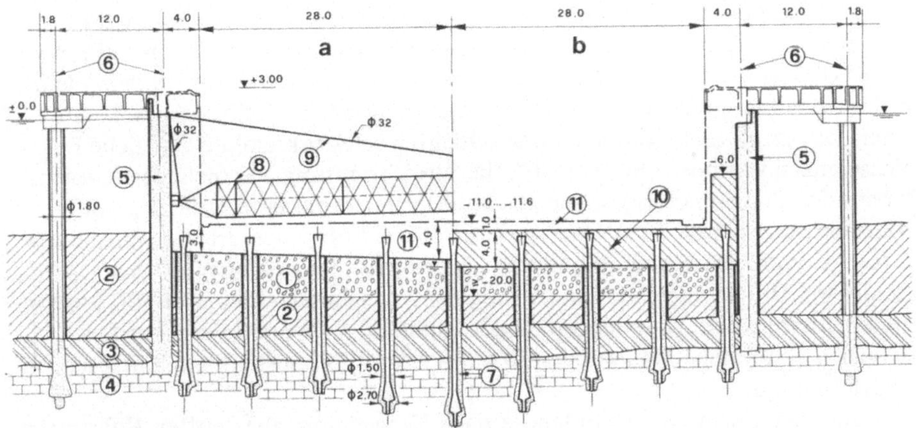

Abb. 3. Caissonwand
a) Ursprünglicher Querschnitt
b) ausgeführt
1 Kies; 2 Klei; 3 Crostello, 4 Flysch; 5 Caissons; 6 Kranbahn; 7 Zugpfähle; 8 Steife; 9 Wind-
verband; 10 Unterwasser-Sohlplatte; 11 Gewöhnlicher Beton
Caisson wall
a) Original section
b) executed
1 Gravel; 2 Mud; 3 Crostello; 4 Flysch; 5 Caissons; 6 Crane rails; 7 Tension piles; 8 Strut;
9 Wind bracing; 10 Underwater concrete slab; 11 Ordinary concrete

5. Neue geotechnische Aufschlüsse und Untersuchungen

Die bei der Dammschüttung beobachteten Schwierigkeiten und mittlerweile
aufgetauchte Zweifel an der Festigkeit des Crostello bewogen den Bauherrn
und die mit der Fortsetzung der Arbeiten betraute Firma Ing. RECCHI S.p.A.,
Turin, ein ergänzendes geotechnisches Aufschluß- und Versuchsprogramm durchzuführen. Im Benehmen mit dem nun hinzugezogenen geotechnischen Berater,
dem Ingenieurbüro L. MÜLLER-A. HERETH, Bayreuth, wurde dieses Programm
detailliert ausgearbeitet und den Firmen RODIO S.p.A., Casalmaiocco, und
INTERFELS, Bentheim, zur Ausführung übertragen. Es umfaßte im wesentlichen folgende Arbeiten:

a) Bohrungen und Versuche im Bohrloch

Die neuen Aufschlußbohrungen sollten in erster Linie zu einer besseren Kenntnis des Crostello führen, dessen geotechnische Eigenschaften für die Baugrubenumschließung eine hervorragende Rolle spielen. Zu diesem Zweck wurden etwa 70 großteils gekernte Bohrungen abgeteuft, die neben der Probengewinnung auch zur Durchführung von Bohrlochversuchen dienten. Dabei handelt es sich um Pressiometerversuche im Crostello und im Flysch, sowie um Wasserabpreßversuche in der Sohlfuge der Caissons und im Crostello.

Auf Grund der Kernansprache und der Pressiometerversuche wurde die Mächtigkeit des Crostello zwischen 2,5 m und 5 m schwankend festgestellt, wobei der Übergang zum gesunden Flysch stellenweise unscharf war. In dem kleinstückig zerteilten und stark verwitterten Gebirge war die Gefügeansprache unsicher: Das vermutliche Einfallen der Schichten schwankte ohne deutliche Bereichsgrenzen von horizontal bis 80°, die Streichrichtung war nicht festzulegen. Der aus den Pressiometerversuchen ermittelte Verformungsmodul stieg von größenordnungsmäßig 70 MN/m² im Crostello auf etwa den drei- bis fünffachen Wert im Flysch. Die Wasserabpreßversuche zeigten meist ab etwa 0,1 bis 0,2 MN/m² Druck einen starken Anstieg der Aufnahmen, die bis zu 100 Lugeon-Einheiten erreichten. Dies deutete in der Aufstandsfuge der Caissons auf ein Ausspülen von weichen Materialien bzw. im Crostello selbst auf ein Aufsprengen von Klüften hin.

Außerdem brachten die am landseitigen Fangedamm abgeteuften Bohrungen durchwegs zwischen den beiden Spundwänden Klei zutage, der sich noch einige Meter unter die wasserseitige Vorschüttung erstreckte.

b) Laboruntersuchungen

An einer Reihe von ungestörten Proben aus dem Klei wurden im Labor Identifikations- und geomechanische Untersuchungen angestellt, um die Herstellungsmöglichkeiten der seeseitigen Sohlplatte sowie die Standsicherheit des landseitigen Fangedamms besser beurteilen zu können.

Vom Kornaufbau und der Plastizität her wurde der Klei als ein mittelplastischer, tonig-sandiger Schluff mit lokalen Kieseinlagerungen bestimmt, seine Konsistenz war in den obersten Metern breiig und stieg im tiefsten Bereich bis „wenig steif" an. Dem entsprachen durch Vane-Tests ermittelte Scherfestigkeiten von 0,01 bis 0,04 MN/m². CU-Dreiaxialversuche lieferten einen Reibungswinkel von ϕ_{CU} = 14 bis 15° und eine Kohäsion von c_{CU} = 0,015 bis 0,04 MN/m². Der Verformungsmodul lag für Drücke bis zu 0,1 MN/m² in der Größenordnung von 2 MN/m².

c) Großmaßstäbliche Feldversuche

Während die Wasserdurchlässigkeit und die Verformbarkeit des Crostello im Bohrloch untersucht werden konnten, mußten zur Ermittlung der Festigkeitsparameter angesichts von Schichtdicken bis zu 10 cm großmaßstäbliche Feldversuche angestellt werden; es wurden Scherversuche an Prüfkörpern von 70 cm Kantenlänge gewählt.

Zur Durchführung der Versuche wurde im westlichen Teil des landseitigen Fangedamms durch Kies und Klei hindurch ein umspundeter Schacht bis zum

Fels abgeteuft. Starker Wasserzudrang durch die Schlösser der Spundwand (etwa 40 l/s) und ein Grundbruch im Crostello erforderten die Herstellung eines Verpreßschleiers rund um den Schacht; dieser erwies sich als gut wirksam und ermöglichte das einwandfreie Herausarbeiten von acht Prüfkörpern in drei Ebenen. Die obersten Prüfkörper lagen im Crostello, die mittleren in einer Übergangszone und die tiefsten im Flysch. Der großflächige Aufschluß bot außerdem die Möglichkeit, die Fallrichtung der Schichten eindeutig zu 250°/65° bis 75° zu bestimmen; das Trennflächengefüge umfaßte weiterhin zwei Kluftscharen (95°/20° und 340°/65° bis 85°), die nur im Sandstein deutlich ausgeprägt waren.

Die Scherversuche wurden teils normal zur Achse des Fangedamms, teils parallel zum Schichtstreichen durchgeführt; wegen der völlig zerbrochenen Struktur des Gebirges zeigte die Festigkeit keine erkennbare Richtungsabhängigkeit. Sie erreichte nach kurzem Scherweg gut reproduzierbare Restwerte, die die Befürchtungen nur allzu deutlich bestätigten:

$$\text{Crostello:} \quad \phi = 18{,}5°; \quad c_r = 0{,}057 \text{ MN/m}^2$$

$$\text{Flysch} \quad : \phi = 28{,}4°; \quad c_r = 0{,}080 \text{ MN/m}^2$$

Die Spitzenwerte der Kohäsion streuten sowohl für den Crostello ($c_p = 0{,}08$ bis $0{,}16$ MN/m^2) als auch den Flysch ($c_p = 0{,}2$ bis $0{,}5$ MN/m^2) stärker.

6. Endgültiges Projekt der Baugrubenumschließung

Die Ergebnisse der neuen Bohr- und Untersuchungskampagne ließen sich drastisch wie folgt zusammenfassen: Im seeseitigen Teil der Baugrubenumschließung sollte die Caissonwand hohe Auflagerdrücke in ein Gebirge einleiten, das nur minimale Festigkeit aufwies, und die Kiesschüttung des landseitigen Fangedamms ruhte auf Klei. Das bedeutete, daß das gesamte Projekt der Baugrubenumschließung kritisch überprüft werden mußte (Abb. 4).

a) Seeseitiger Fangedamm

Zur Gewährleistung der Standsicherheit der Caissonwand mußte eine Lösung gefunden werden, die sowohl die Einbindung in den Crostello entlastete als auch die hohen hydraulischen Gradienten im Bereich der Aufstandsfläche vermied. Diese Forderungen sowie Sicherheits- und Termingründe führten zum Entschluß, die Sohlplatte und einen Teil der aufgehenden Mauern unter Wasser herzustellen (Abb. 3b). Auf diese Weise erhielten die Caissons eine hochwirksame Abstützung, die das Auflager im Fels fast völlig entlastete und zudem die extrem langen Stahlsteifen entbehrlich machte. Um die Setzungen der Sohlplatte während des Betonierens gering zu halten, mußte der Klei bis etwa zur Kote −20 m ausgekoffert werden, was auch für das ursprüngliche Projekt galt. Eine Erschwernis bestand nun darin, daß die Zugpfähle unter Wasser mit der Sohlplatte verbunden werden mußten, wofür eine spezielle gewellte Stahlbetonhülse entworfen wurde (Abb. 5).

Da die Bohrungen gezeigt hatten, daß die Felsoberfläche stärker anstieg als ursprünglich vermutet, wurde beschlossen, die Dicke der Sohlplatte gegen die Landseite hin stufenweise von 5 m auf 4 m zu verringern und das fehlende Gewicht durch Vertikalanker, die unter Wasser hergestellt und gespannt werden

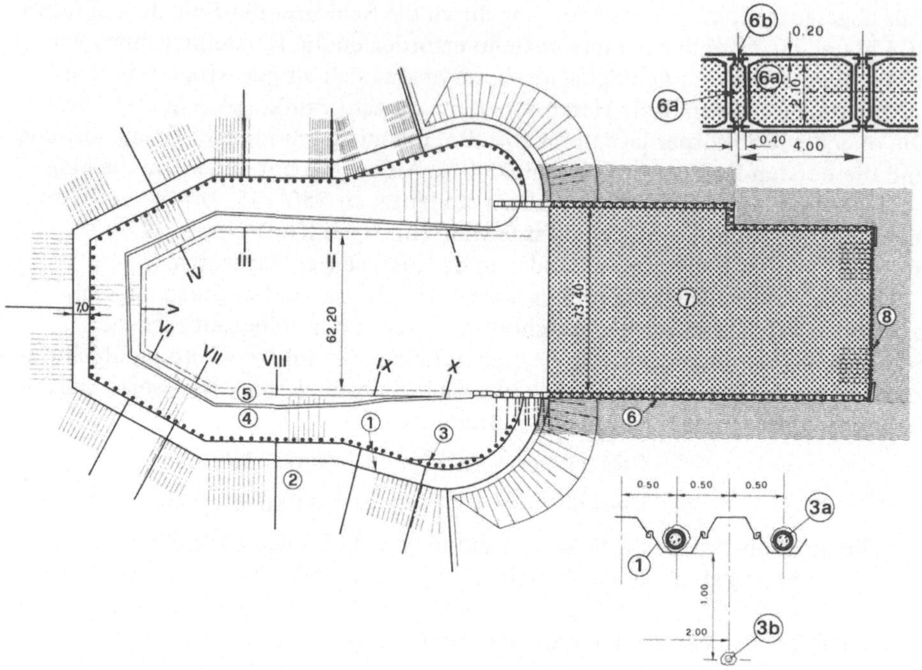

Abb. 4. Schematischer Grundriß der Baugrubenumschließung
1 Doppelte Spundwand; 2 Vorspannanker; 3 Scherpfähle und Verpressung; 4 Kiesschüttung;
5 Felsböschung; 6 Caissonwand a) Füllbeton, b) Spundbohle; 7 Unterwasser-Sohlplatte;
8 Rohrwand; I....X Meßquerschnitte
Schematic layout of the cofferdams
1 Double sheetpile wall; 2 Prestressed anchors; 3 Shear piles and grouting; 4 Gravel fill;
5 Rock slope; 6 Caisson wall a) Filling concrete, b) Sheet pile; 7 Underwater concrete slab;
8 Steel tube wall; I....X Monitoring sections

mußten, zu ersetzen. Außerdem wurde die Sohlplatte gegenüber dem früheren
Projekt um 22 m verkürzt, um Unterwasser-Felsaushub zu vermeiden, der wegen
der Rücksicht auf die bereits vorhandenen Zugpfähle recht langwierig gewesen
wäre. Die fehlende Stützung der ersten sechs Caissons durch die Sohlplatte wurde durch eine Anzahl von geneigten Ankern ersetzt.

Die an der Seefront im früheren Projekt vorgesehene Rohrwand (Durchmesser = 1,42 m) wurde beibehalten: Sie stützt sich gegen die Sohlplatte und
eine Lage geneigter Stahlstreben ab, die nach Herstellung der Sohlplatte unter
Wasser montiert werden mußten.

b) Landseitiger Fangedamm

Für den landseitigen Fangedamm wurden neue statische Untersuchungen
durchgeführt, die den unter der Kiesschüttung angetroffenen Klei berücksichtig-
ten. Wie befürchtet, wiesen diese Berechnungen eine völlig ungenügende Standsicherheit aus und deckten die Notwendigkeit auf, den Fangedamm sowohl am
Kopf als auch am Fuß zu stützen. Für eine mittlere Lage der Felsoberfläche betrugen die statisch erforderlichen Stützkräfte je etwa 0,30 MN/lfm.

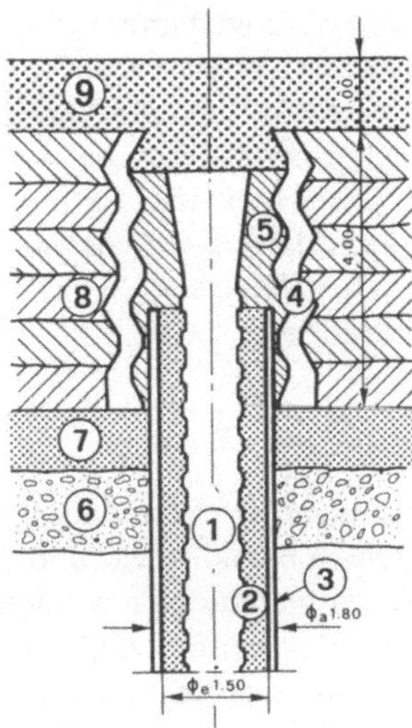

Abb. 5. Pfahlkopf
1 Vorspannpfahl; 2 Contractor-Beton; 3 Hüllrohr; 4 Gewellte Hülse; 5 Quellmörtel; 6 Kiesschüttung; 7 Sauberkeitsschicht; 8 Unterwasser-Sohlplatte; 9 Gewöhnlicher Beton
Pile head
1 Precompressed pile; 2 Concrete; 3 Casing; 4 Corrugated tube; 5 Expansive mortar; 6 Gravel
fill; 7 Finishing layer; 8 Underwater concrete slab; 9 Ordinary concrete

Für die Sanierung des Fangedamms wurde eine Reihe von Varianten statisch
und wirtschaftlich untersucht. Dabei kristallisierte sich eine Lösung heraus, bei
der die Kopfstützung durch Vorspannanker, die Fußstützung durch Scherpfähle
gewährleistet wurde (Abb. 2b). Außerdem wurde beschlossen, den Anschluß der
inneren Spundwand an den Crostello und diesen selbst durch einen Injektions-
schirm abzudichten.

Als Scherpfähle wurden 6 m lange Rohre mit 159 mm Außendurchmesser
und 22 mm Wandstärke gewählt, die dicht vor den Spundbohlen 5 m tief in den
Fels versetzt und auf ihre gesamte Länge verpreßt werden sollten. Ihre Tragfähigkeit wurde durch Laborversuche und einen Feldversuch nachgewiesen; dieser erlaubte außerdem, durch Augenschein die Güte des durch die Verpressung erzielten Kraftschlusses zwischen Spundwand und Scherpfahl zu prüfen, auf den zur
Vermeidung eines progressiven Bruches besonderer Wert gelegt werden mußte.
Auf Grund der Versuchsergebnisse wurde ein gegenseitiger Abstand der Scherpfähle von 1,0 m gewählt, der im statisch ungünstigsten Bereich des Fangedamms
– auf 53 m Länge – halbiert wurde.

Die Ankerung wurde derart ausgelegt, daß Abstand und Neigung der Anker
mit 2,0 m bzw 45° konstant gehalten wurden, während die Gebrauchslast je
nach statischer Erfordernis zwischen 0,90 und 1,50 MN betrug. Drei der gewählten 0,6"-Litzen-Anker, Typ Rodio, wurden in Anlehnung an die DIN 4125 Eig-
nungsprüfungen unterzogen, die sie zur vollen Zufriedenheit bestanden; wegen
der verhältnismäßig langen Bauzeit gelangten die verschärften Bestimmungen für
Daueranker zur Anwendung.

Im Bereich der Verbindungsbögen zwischen landseitigem Fangedamm und Caissonwand mußte wegen der geringen Mächtigkeit der wasserseitigen Kies-Vorschüttung von einer Ankerung abgesehen werden. Diese wurde durch eine Verstärkung der baugrubenseitigen Vorschüttung, die wegen der besonderen geometrischen Gegebenheiten dort möglich war, und durch Einziehen einer Betonplatte zwischen den beiden Spundwänden ersetzt; die Betonplatte sollte infolge Gewölbewirkung eine gewisse Kopfstützung darstellen. Scherpfähle und Verpreßschirm entlang der inneren Spundwand wurden unverändert beibehalten.

c) Kontrollmaßnahmen und -einrichtungen

Da trotz der gründlichen geomechanischen Untersuchungen die Erstreckung des Kleis unter dem landseitigen Fangedamm nur punktweise bekannt war und auch in dem berüchtigten Crostello Überraschungen nicht ausgeschlossen werden konnten, wurde aus Sicherheitsgründen und zur Ergänzung der Kenntnisse über den Untergrund ein zweistufiges Programm von Überwachungsmaßnahmen vorgesehen. Die erste Stufe betraf die Phase der Sanierungsarbeiten und umfaßte im wesentlichen:

- Kontrolle aller Vorspannanker durch Anspannen auf mindestens 120 % der Gebrauchslast;
- Kontrolle der durch die Ankervorspannung hervorgerufenen Kopfverschiebungen der äußeren Spundwand;
- Registrieren und Auswerten der Injektionsprotokolle für die Scherpfähle und den Verpreßschirm entlang der inneren Spundwand.

Für die Überwachung der Baugrubenumschließung während der besonders heiklen Phase des Trockenlegens der Baugrube (Wasserspiegelabsenkung auf Kote −16 m) und während der Betonierarbeiten im Inneren wurden folgende Vorkehrungen getroffen:

1. Landseitiger Fangedamm
   - Einrichten von 10 Meßquerschnitten (vgl. Abb. 4), die mit Pegelrohren, Inklinometerrohr und Ankerkraftmeßdose bestückt wurden;
   - Optisches Alineament des Ankerholms an der äußeren Spundwand;
   - Lokalisieren und Messen des in die Baugrube zuströmenden Sickerwassers;
   - Beobachtung der im Crostello auszuhebenden Böschungen durch Augenschein und ggf. Extensometer.

2. Wasserseitiger Fangedamm
   - Optisches Alineament der außerhalb der Sohlplatte gelegenen Caissons und der Rohrwand,
   - Nivellement der Sohlplatte unter Verwendung von unter Wasser versetzten Meßpunktträgern;
   - Messung des Sohlwasserdruckes.

7. Erfahrungen während der Bauarbeiten

a) Herstellen der wasserseitigen Baugrubenumschließung

Die auf dem Werksgelände vorgefertigten Stahlbeton-Caissons von 2,5 m x 4,0 m Querschnitt und bis zu etwa 27 m Länge wurden mit Hilfe eines Schwimmkranes zur Einbaustelle transportiert und versetzt, wobei zwei als Fugenelemente wirkende Spundbohlen die Führung gewährleisteten (Abb. 6a). Im Laufe der Bauarbeiten zeigte sich, daß sich die Caissons allmählich in Vortriebsrichtung etwas vorneigten und auch seitliche Lotabweichungen bis zu einigen Dezimetern aufwiesen. Die gemessenen Werte blieben jedoch innerhalb der vorgesehenen Toleranzen, so daß von Korrekturmaßnahmen abgesehen werden konnte. Die Einbindung der Caissons in den Fels sowie das Verfüllen mit Beton geschah teils vom Ponton, teils von dem bereits hergestellten Teil der Caissonwand aus und mußte bei stärkerem Seegang unterbrochen werden.

Abb. 6. a) Versetzen eines Caissons
Positioning of a caisson
b) Einschwimmen eines Bewehrungsrahmens
Transport of reinforcing frame

In ähnlicher Weise wurde die Rohrwand an der Seefront der Baugrube hergestellt, wobei die Rohre nur bis zur Höhe der künftigen Sohlplatte mit Beton, darüber jedoch mit Kies verfüllt wurden; dies geschah im Hinblick auf das zum späteren Einbau des Klapptors erforderliche Kappen der Wand.

Die zur Stützung der ersten sechs Caissons vorgesehenen Anker durchörterten den Verbindungsbogen zum landseitigen Fangedamm und teilweise auch dessen Spundwände; ihre Herstellung und Vorspannung unter Wasser stellten an das

Können der ausführenden Mannschaft höchste Anforderungen. Diese Anker wurden auf 90 % der Gebrauchslast vorgespannt — wobei sich die Caissonwand an der Krone um 3 bis 5 mm verschob —, um die Verformungen beim Leerpumpen der Baugrube möglichst gering zu halten.

b) Sanierung der landseitigen Baugrubenumschließung

Die Sanierung des landseitigen Fangedamms erforderte die Herstellung von etwa 200 Vorspannankern, 500 Scherpfählen und 300 Verpreßbohrungen sowie das Nachprofilieren der beckenseitigen Kiesschüttung, die — ähnlich wie der Klei — gegenüber der Sollage stellenweise beträchtlich in Richtung Baugrube verschoben angetroffen wurde.

Nach der Herstellung des Ankerholms vor der äußeren Spundwand begannen die Bohrarbeiten für Anker und Scherpfähle, und zwar aus Termingründen gleichzeitig und mit mehreren Geräten. Dabei mußte im Kies, im Klei und teilweise noch im Crostello verrohrt gebohrt werden, was im Flysch nicht erforderlich war. Die Arbeiten gingen im allgemeinen ohne Zwischenfälle vonstatten, nur im Bereich der alten Kaimauer trafen einige Bohrungen auf Mauerreste, deren Durchörterung sich als sehr zeitraubend erwies.

Die Anker bestanden je nach Gebrauchslast aus 7 bis 12 in der Freispielstrecke und auf der Länge des Packersackes einzeln ummantelten Litzen; aus Korrosionsschutzgründen war das Litzenbündel in der 7 bis 10 m langen Haftstrecke von einem Kunststoff-Wellrohr und in der Freispielstrecke von einem PÄ-Schlauch umgeben. Die Ankerlänge ergab sich aus der Forderung, daß die Haftstrecke voll im gesunden Flysch liegen solle, je nach dessen Tiefenlage zu 27 bis 36 m.

Von jedem Anker wurden Injektions- und Spannprotokolle angefertigt, und zwar wurden die Anker zunächst einzeln einer Abnahmeprüfung von mindestens 120 % der Gebrauchslast unterzogen und dann abschnittsweise in einer ersten Phase auf 40 %, und schließlich 60 % der Gebrauchslast vorgespannt. Die dabei aufgetretenen Kopfpunktverschiebungen der Spundwand betrugen zwischen 7 und 14 mm pro MN aufgebrachter Ankerkraft und erreichten den absoluten Größtwert von etwa 12 mm im nördlichsten Bereich des Fangedamms (Abb. 7). Alle Anker konnten die Prüflast problemlos aufnehmen, doch zeigten zyklische Belastungsversuche, daß die Reibungskräfte mit bis zu 0,20 MN verhältnismäßig hoch waren; für den vorliegenden Anwendungsfall blieb dies jedoch ohne Bedeutung.

An der Ostflanke des Fangedamms waren beim Aushub des Kleis Blindgänger aus dem Zweiten Weltkrieg angetroffen worden. Um jedes Risiko beim Ankerbohren zu vermeiden, wurden in diesem Bereich die Anker von der inneren Spundwand aus so steil geneigt hergestellt, daß sie bis zum Erreichen des Crostello zwischen den beiden Spundwänden blieben und kein Neuland durchörterten. Diese Variante erforderte allerdings höhere Ankerkräfte und den Bau einer Arbeitsbühne über dem Wasser für die Aufstellung des Bohrgerätes.

Bei der Herstellung der Scherpfähle wurde besonders darauf geachtet, daß die Verrohrung der Spundbohle auch bei Lotabweichungen immer dicht folgte, um den Kraftschluß sicherzustellen. Außerdem wurde der zwischen dem Kies und dem Crostello angetroffene Klei mit Druckluft möglichst weit um den Scherpfahl herum ausgeblasen. Die Verpressung erfolgte in drei Phasen mit Hilfe

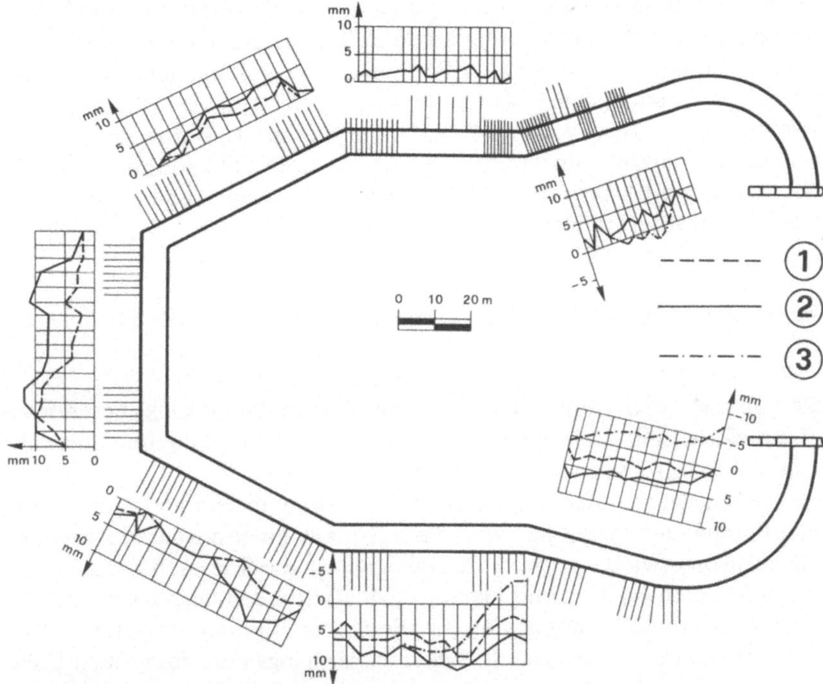

Abb. 7. Kopfverschiebungen der Spundwand
1 Ankervorspannung 40 % der Gebrauchslast; 2 60 %; 3 Becken trocken
Displacements at top of sheet piles
1 Anchors prestressed to 40 % of working load; 2 60 %; 3 Pit dewatered

eines Manschettenrohrs, wobei volumengesteuert etwa 3,5 m³ Verpreßgut pro
Scherpfahl injiziert wurden; die jeweils erreichten Drücke wurden zu Kontroll-
zwecken aufgezeichnet und erlaubten, das Vorhandensein ausgeprägter
Schwächezonen im Crostello auszuschließen. Dieser Schluß wurde durch die Beobachtungen beim Herstellen des Verpreßschirms entlang der inneren Spundwand erhärtet.

c) Herstellung der Unterwasserbeton-Sohlplatte

Während der Sanierung des landseitigen Fangedamms liefen die Vorberei-
tungsarbeiten für die Unterwasserbetonierung der seeseitigen Sohlplatte an, die
sich als recht langwierig erweisen sollten. Während die Auskofferung des Kleis
ohne besondere Schwierigkeiten vonstatten ging, war die Kontrolle der Pfähle,
die von Tauchern vorgenommen werden mußte, durch die Trübung des Wassers
außerordentlich erschwert und führte zu einer mehrmonatigen Verzögerung des
Bauprogramms; die Kontrollarbeiten zeigten jedoch, daß die obersten Meter Füllbeton zwischen Pfahlhülse und -seele bei den meisten Pfählen ausgewaschen
waren und ersetzt werden mußten. Nach Sanierung der Pfähle wurden die teilweise über 70 m langen und 10 m hohen Bewehrungsrahmen für die Sohlplatte
und die Flügelmauern eingeschwommen und versetzt (Abb. 6b). Hierauf wurden

die gewellten Betonhülsen (siehe Abb. 5) über die Pfähle gestülpt und mit Quellmörtel vergossen. Für das Betonieren der Sohlplatte gelangte rheoplastischer, auf acht Stunden Abbindezeit verzögerter Beton zur Anwendung, der mit Tauchrohren in 50 bis 70 cm dicken Schichten bis zum Erreichen einer Plattendicke von 4 m eingebaut wurde; der oberste Meter der Sohlplatte wurde erst nach dem Leerpumpen der Baugrube im Trockenen hergestellt. Die Qualität des Unterwasserbetons war über alles Erwarten gut, die gemessenen Festigkeiten lagen etwa 50 % über den geforderten Werten.

d) Verhalten der Baugrubensicherung während des Trockenlegens des Beckens

1. Sickerwassermengen

Ende Februar 1980 – drei Jahre nach dem Beginn der eingangs beschriebenen Aufschlußarbeiten – begann die Bewährungsprobe der Baugrubenumschließung, nämlich das Trockenlegen der Baugrube. Zu diesem Zweck mußte der Beckenwasserspiegel von Meereshöhe auf Kote -16 m abgesenkt werden, wofür ein Monat Pumpdauer vorgesehen war; das entsprach einer mittleren Absenkgeschwindigkeit von etwa 0,5 m pro Tag. Dabei wurde das Tagessoll der Absenkung in vier Stunden erreicht und hierauf etwa 20 Stunden lang das Wiederansteigen des Wasserspiegels beobachtet, um die Sickerwassermengen zu ermitteln.

In der Tat war die zu erwartende Sickerwassermenge eine der großen Unbekannten dieses Bauvorhabens, deren Auswirkungen auf die Kosten und die Arbeitsbedingungen in der Baugrube nicht besonders betont zu werden brauchen. Da die verfügbaren Literaturangaben über die Durchströmung von Spundwand-Fangedämmen stark streuten, wurde versucht, den Schacht für die Feld-Scherversuche für eine Prognose heranzuziehen; dort waren vor der Herstellung des Verpreßschleiers bei einer benetzten Spundwandfläche von 135 m² etwa 40 l/s Sickerwasser gepumpt worden. Extrapolationen von diesem Schacht auf den 400 m langen Fangedamm ließen eine Wassermenge zwischen 1 und 2 m³/s erwarten.

Erfreulicherweise stieg jedoch der Beckenwasserspiegel während der Pumppausen praktisch nicht an, und nach vollständiger Trockenlegung der Baugrube stellte sich eine Sickerwassermenge von nur etwa 10 l/s ein. Die Erklärung für diese erstaunliche Wasserdichtheit der Baugrubenumschließung dürfte darin zu suchen sein, daß die Spundwände bereits vor 10 Jahren gerammt worden waren und sich die Schlösser in der Zwischenzeit durch Rost zusetzten, was natürlich für den Versuchsschacht nicht der Fall war; außerdem war die Abdichtung des Crostello durch die entlang der inneren Spundwand durchgeführten Verpressungen offenbar ausgezeichnet gelungen.

2. Lage des Wasserspiegels im Fangedamm

Diese Vermutung wurde durch die Ergebnisse der Pegelmessungen im landseitigen Fangedamm erhärtet: Zwischen den beiden Spundwänden blieb der Wasserspiegel im Kies während der Pumparbeiten und danach beharrlich auf Meereshöhe (Abb. 8); dasselbe gilt – von einer Ausnahme (Meßquerschnitt IX) abgesehen – für die Kluftwasserdrücke im Crostello.

3. Horizontale Verformungen

Besonders wertvoll für die Beurteilung der Standsicherheit des landseitigen Fangedamms erwiesen sich die in den zehn Meßquerschnitten durchgeführten Inklinometermessungen, die die Verformungen der inneren Spundwand und ihrer Einbindung in den Fels laufend zu kontrollieren gestatteten: So wurden in den Verbindungsbögen und den anschließenden Abschnitten des Fangedamms, wo der Crostello am tiefsten lag, während des Pumpens verhältnismäßig große Verformungsgeschwindigkeiten beobachtet; durch eine Verstärkung der Vorschüttung konnten jedoch die Verschiebungen im Ostdamm auf etwa 30 mm und im Westdamm auf 60 mm begrenzt werden (Abb. 8).

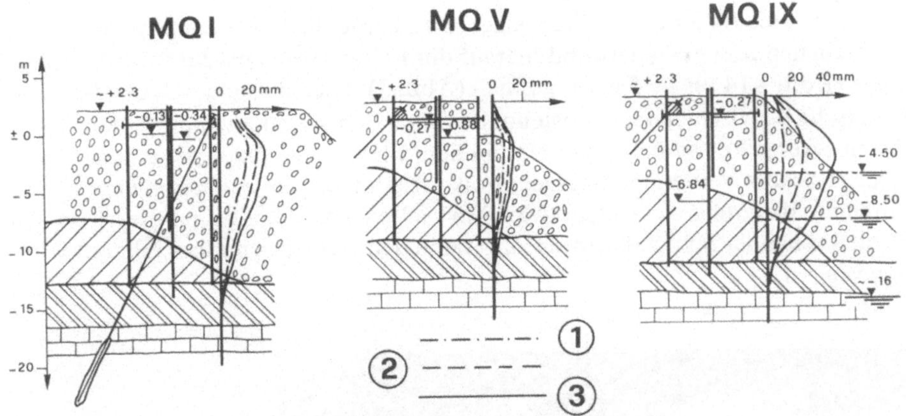

Abb. 8. Beispiel für Inklinometer- und Piezometer-Meßergebnisse
1 Beckenwasserspiegel Kote −4,5 m; 2 −8,5 m; 3 Becken trocken
Example of inclinometer und piezometer readings
1 Pit water level El. −4,5 m; 2 −8,5 m; 3 Pit dewatered

In Höhe der Crostello-Oberfläche betrugen die Horizontalbewegungen zwischen 2 und 7 mm, knapp darüber zeigt die Biegelinie häufig eine scharfe Krümmung, was auf die gute Stützwirkung der Scherpfähle hinweist. Die Kopfpunktverschiebungen schwankten zwischen 1 und 7 mm, nur beim Meßquerschnitt I erreichten sie 13 mm, was wohl auf die steilere Ankerneigung in diesem Bereich zurückzuführen ist.

Die Verformungen folgten der Wasserspiegelabsenkung ohne Verzögerung und kamen nach Erreichen des Absenkziels sehr bald zur Ruhe; ähnliches gilt für die Rohrwand an der Südseite der Baugrube, deren mittlere Kopfpunktverschiebungen rasch auf etwa 15 mm anstiegen und diesen Wert in der Folge beibehielten.

4. Vertikale Verformungen

Sobald der Beckenwasserspiegel auf Kote −6 m abgesenkt war, konnten die 12 über die Unterwasserbeton-Sohlplatte verteilten Meßmarken einnivelliert werden. Die bis zum Endzustand gemessenen Höhenänderungen blieben unterhalb 1 mm, was etwa der Meßgenauigkeit entspricht. Es muß allerdings festgehalten werden, daß selbst bei vollständig entleertem Becken kein Sohlwasserdruck gemessen wurde; die Unterläufigkeit der Caissons war also geringer als befürchtet, wozu die Verlängerung des am landseitigen Fangedamm angeordneten Verpreßschleiers bis zum neunten Caisson gewiß entscheidend beitrug.

5. Messungen an den Ankern

Die in den 10 Meßquerschnitten liegenden Anker waren mit Kraftmeßdosen und zum Teil mit einem in der Haftstrecke festgesetzten Extensometer versehen. Die Ankerkraftänderungen während des Absenkens blieben innerhalb 2 bis 3 % der Gebrauchslast, desgleichen zeigten die Extensometer nur unbedeutende Verschiebungen an, die an der Grenze der Meßgenauigkeit lagen.

e) Arbeiten in der trockengelegten Baugrube

Sobald die Baugrube trockengelegt war, wurde die Sohle zunächst von dem verbliebenen Klei gesäubert und hierauf der Felsausbruch bis zur erforderlichen Tiefe (Kote −14 bis −15 m) begonnen (Abb. 9). Hiebei zeigte sich ein deutlicher Unterschied zwischen dem Crostello, der ohne Schwierigkeiten mit einem Tieflöffelbagger gelöst werden konnte, und dem Flysch, der zuvor mit einem Ripperzahn gelockert werden mußte. Der Großaufschluß deckte außerdem eine schräg durch die Baugrube ziehende, etwa 10 m breite Flexur von beinahe horizontaler zu steilstehender Schichtlagerung auf, die in den Bohrungen nicht erkannt worden war.

Abb. 9. Blick auf trockene Baugrube
View of dewatered pit

Die Sickerwassermengen blieben auch nach fertiggestelltem Felsaushub mit etwa 10 l/s unverändert; das Wasser trat an der Sohle der Kiesschüttung, und zwar lokalisiert an den Ecken des Fangedamms, aus und behinderte die nachfolgenden Betonierarbeiten in keiner Weise.

8. Schlußfolgerungen

Wenn die Baugrubenumschließung trotz aller Schwierigkeiten und Überraschungen, die der Untergrund bereitete, und trotz der harten Arbeitsbedingungen bei den zahlreichen Unterwasserarbeiten zu einem erfolgreichen Ende gebracht werden konnte, so gebührt dafür der ausführenden Baufirma und den mit den Spezialarbeiten betrauten Unternehmungen uneingeschränktes Lob. Nur die Bereitschaft und Fähigkeit zu einem dauernden Anpassen des Projektes an die jeweils letztverfügbaren Kenntnisse über den Untergrund konnten den optimalen Ablauf der Arbeiten sicherstellen.

Abschließend seien vier der wichtigsten Lehren, die der Grundbauer aus dem Baugeschehen ziehen konnte, kurz zusammengefaßt:

Trotz eines dichten Rasters von Aufschlußbohrungen konnte die später angetroffene Flexur nicht erkannt werden. Das Gefüge eines stark zerklüfteten und verwitterten dünnbankigen Gebirges, wie des Crostello, kann mit Kernbohrungen üblichen Durchmessers nicht mehr mit Sicherheit bestimmt werden. Hier bedarf es großmaßstäblicher Aufschlüsse (Schächte, Schürfen).

Die Baugrubenumschließung in den Fels einzubinden, heißt noch nicht, aller Probleme entledigt zu sein. Um unliebsame Überraschungen zu vermeiden, müssen seine geomechanischen Eigenschaften bestimmt werden, wofür häufig Feldversuche erforderlich sind. Im vorliegenden Falle deckten diese wesentlich ungünstigere Eigenschaften des Crostello auf, als ursprünglich vermutet, was zu tiefgreifenden Änderungen des Projektes und zu kostspieligen Sanierungsmaßnahmen führte.

Infolge seiner oberflächlich breiigen und in größerer Tiefe ansteigenden Konsistenz widersetzte sich der Klei den Auskofferungsarbeiten in doppelter Weise: Einerseits war die unter Wasser ausgehobene Böschung (im landseitigen Teil der Baugrube) nicht stabil — sie wanderte gegen die Baugrube vor, wie die Bohrungen nachwiesen —, andererseits ließ sich der Klei in größerer Tiefe nicht mehr völlig von der Kiesschüttung für den seeseitigen Fangedamm verdrängen, was zu den beobachteten Rutschungen führte.

Schließlich mußte einmal mehr die Erfahrung gemacht werden, daß die Vorhersage des Wasserdurchlässigkeit einer Spundwand ein überaus heikles Unterfangen ist, wie der Vergleich zwischen den Sickerwassermengen im Schacht für die Scherversuche (40 l/s) und in der gesamten Baugrube (10 l/s) zeigte. Das Alter der Spundwand (Rostbildung in den Schlössern) dürfte eine wesentlich größere Rolle gespielt haben als erwartet.

9. Dank

Für die Erlaubnis zur Berichterstattung über das gegenständliche Bauvorhaben dankt der Verfasser dem Bauherrn, vertreten durch Herrn Direktor Dr. *A. Franco*, sowie den Verantwortlichen der am Bau beteiligten Unternehmungen verbindlichst.

Anschrift des Verfassers: Priv.-Doz. Dr.-Ing. *Peter Egger*, ISRF, Lab. de mécanique des roches, EPFL-Ecublens, CH-1015 Lausanne, Schweiz.

Rock Mechanics, Suppl. 11, 107–126 (1981)

Rock Mechanics
Felsmechanik
Mécanique des Roches
© by Springer-Verlag 1981

Erfahrungen bei der Erstellung großer Tunnelquerschnitte in Teilvortrieben beim Münchner U-Bahn-Bau

Von

A. Krischke und J. Weber

Mit 21 Abbildungen

Zusammenfassung — Summary

Erfahrungen bei der Erstellung großer Tunnelquerschnitte in Teilvortrieben beim Münchner U-Bahn-Bau. Beim Münchner U-Bahn-Bau wurden bisher mehrere große Tunnel mit bis zu 176 m² Ausbruchsfläche erstellt. Es lassen sich verschiedene Typen von mehrgleisigen Strecken- und Bahnsteigtunnel unterscheiden. Alle Tunnel haben eine bewehrte Spritzbeton-außenschale und eine Innenschale aus wasserundurchlässigem Beton. Das Auffahren sämtlicher Querschnittstypen erfolgte in Teilvortrieben, die Innenschale wurde zum Teil in die Stützmaß-nahmen zum Aufbau des Gesamtquerschnittes einbezogen.

Für die Wahl von Teilvortrieben gibt es mehrere Gründe:

Die Tunnel werden in jungtertiärem Boden, einem Schichtpaket von gespanntes Wasser führenden Sanden und von vielfach vermergelten Schluffen und Tonen von unterschiedlicher Festigkeit erstellt. Die Festigkeit und die Standzeit des Bodens begrenzen die Ausbruchsgrößen.

Eine ausreichende Entwässerung des Bodens ist bei dessen vielschichtigem, heterogenem Aufbau in vielen Fällen mit der geschlossenen Wasserhaltung, auch im Vakuumbetrieb, nicht möglich. Durch die Teilvortriebe selbst und aus ihnen heraus läßt sich eine ausreichene Restentwässerung erzielen.

Die Teilvortriebe und die zweckmäßige Wahl ihrer Auffahrfolge ermöglichen einen stufenweisen Aufbau von weiten und flachen Setzungsmulden in Quer- und Längsrichtung, welche für die unterfahrenen und benachbarten Gebäude unschädlich sind.

Insgesamt können die bisher gemachten Erfahrungen positiv gewertet werden. Weitere große Tunnelquerschnitte sind für die nächsten Jahre geplant. Diese Planungen können in den Genehmigungsverfahren aber nur durchgesetzt werden, wenn durch schadloses Auffahren der Tunnel das Vertrauen in die modernen Tunnelbauweisen erhalten bleibt.

Experiences During the Construction of Large Tunnel Cross Sections in Partial Headings for the Underground Railway of Munich. In Munich underground railway construction several large tunnels covering a total excavation area of up to 176 m², have been built until now. We can distinguish to date between various types of multi track lines and platform tunnels. The tunnel lining is composed of a reinforced outer shell of sprayed concrete and an inner shell of watertight reinforced concrete. The tunnel types are driven in several excavation stages, at

0080–3375/81/Suppl. 11/0107/$ 04.00

which the inner shell partly is included in the support installations used to build up the total tunnel cross section.

There are some reasons for choicing partial excavations:

The tunnels are to be built in young tertiary soil enclosing a series of strata of pressurized water bearing sand and of silty, clayey and often marly soil. The excavation areas are limited by the stand-up time and the often very different strength of the soil.

Caused by the heterogeneous strata in many cases a sufficient dewatering operation by drainage wells is impossible, even with the aid of vacuum installation. By means of partial drives and by drainage measures taken out of the galleries a satisfying lowering of the residual groundwater is to be done.

The driving in part sections and an expedient sequence of the working stages enable to get gradually small ground movements with wide and flat depressions due to settlement in transverse and longitudinal section, causing no damages to the built-up area.

The up to now gained experiences were found to be good. There are projects for further large tunnels to be built within the next years. Prior condition for the realization of these projects will be a preservation of trust in modern tunnelling methods by tunnelling without failures.

Die geschlossenen Bauweisen haben beim Münchner U-Bahn-Bau einen großen Anteil gewonnen. Bei den zwei gebauten, 19 und 16 km langen Durchmesserlinien betrug der Streckenanteil der geschlossenen Bauweisen 25 und 33 %. Bei den begonnenen weiteren 19 km für die dritte Durchmesserlinie und für zwei Außenäste wird er 63 % betragen.

Wenn dabei auch die größere Bedeutung den eingleisigen Streckentunneln zukommt, so ist doch auch der Anteil großer Tunnelquerschnitte beachtlich geworden, so daß auch hierfür ein bestimmter Erfahrungsstand vorliegt. Von diesem soll hier berichtet werden.

Typen und Auffahrfolgen mehrgleisiger Strecken- und Bahnsteigtunnel

Abb. 1 und 2 geben einen Überblick über die gebauten und geplanten Tunnel. Nach der hier versuchten Typisierung können wir 7 Typen unterscheiden, von denen sechs bereits gebaut sind und einer, der Typ B 3, in Planung ist. Sowohl von den bereits gebauten als auch von den geplanten Tunneln ist der überwiegende Teil den Typen mit Maulprofil, nämlich S 1, S 2 und B 2 zuzuordnen.

Die Ausbruchsflächen betragen ca. 80 m² für zweigleisige und bis zu 150 m² für dreigleisige Tunnel.

In fast allen Fällen wurde das Maulprofil „dreiteilig" aufgefahren mit zwei Ulmenstollen- und einem Kalotten-Strossenvortrieb.

In einigen Fällen wurde bei zweigleisigen Tunneln und guten Bodenverhältnissen ein sogenannter „zweiteiliger" Vortrieb ausgeführt mit nur einem vorlaufenden Seitenstollen und einem nachfolgenden Kalotten-Strossenausbruch.

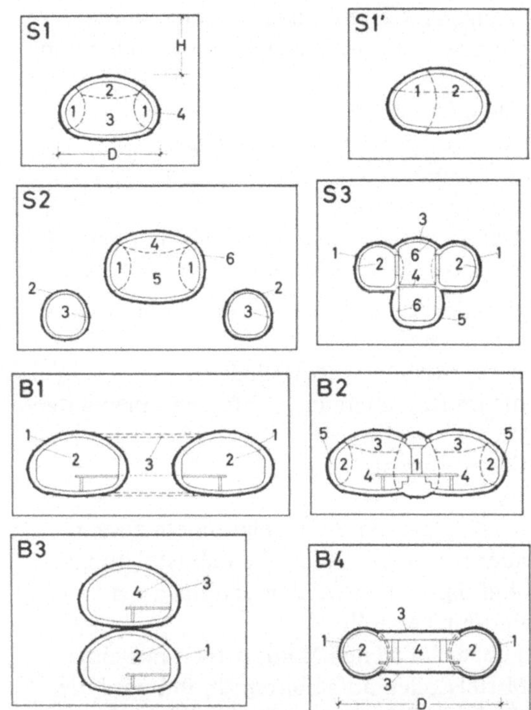

Abb. 1. Typen mehrgleisiger Strecken- und Bahnsteigtunnel
Various types of multi-track tunnels and platform tunnels

1	2	3	4	5
Zeit	Typ	Ausbruch (m²)	Strecke (m)	H/D
	S1	75 − 107	490	0.9 − 2.3
	S2	≤ 150 + 2 × 36	825	1.0 − 2.5
1965/1980	S3	100 − 140	160	0.6
	3 × B1	2 × (77 − 150)	330	1.0
	B2	176	145	0.5
	2 × B4	118 − 125	270	0.65 − 1.0
		Σ = 2 220 m		
	S1	75 − 107	610	0.9 − 2.3
	S2	≤ 112	430	0.8 − 1.6
1980/1987	3 × B1	2 × (75 − 85)	360	0.8 − 1.7
	B2	176	100	0.8
	2 × B3	90	160	1.0
		Σ = 1 660 m		

Abb. 2. Zusammenstellung gebauter und geplanter mehrgleisiger Strecken- und Bahnsteigtunnel
Illustration of various types of existing and projected models of multi-track tunnels and platform tunnels

Beim Typ S 2, das ist S 1 mit eng benachbarten Streckentunneln, wurde durch folgende Wahl der Auffahrfolge eine weite und flache Setzungsmulde kontinuierlich aufgebaut:

1. Die beiden Ulmenstollen des großen Querschnittes,
2. die zwei eingleisigen Querschnitte mit Spritzbetonaußenschale,
3. die Innenschalen der eingleisigen Tunnel,
4. + 5. die Kalotte und Strosse des großen Profiles.

Auch bei den weiteren Typen wurden die Innenschalen in die Stützungsmaßnahmen zum Aufbau des Gesamtquerschnittes ganz oder teilweise einbezogen.

Bei S 3 zum Beispiel, einem 3zelligen Querschnitt mit zusammen bis 140 m² Ausbruchsfläche wurde folgende Auffahrfolge gewählt:

1. Die zwei äußeren Tunnel mit den Spritzbetonaußenschalen,
2. die zugehörigen Innenschalen, die im Innenbereich zu Stützenreihen aufgelöst wurden,
3. + 4. der obere Bereich des mittleren Tunnels,
5. der untere Bereich des Mittelteils.

Bahnsteigtyp B 1 setzt sich aus zwei eingleisigen Bahnsteigtunneln zusammen, welche mit Querstollen miteinander verbunden sind. Die Bahnsteigtunnel werden wie S 1 aufgefahren. Die Verbindungsstollen werden erst nach der Herstellung der Innenschalen der Bahnsteigtunnel erstellt.

Bahnsteigtyp B 2 besteht aus zwei überschnittenen Maulprofilen mit einer Mittelunterstützung. Zuerst wird der Mittelstollen aufgefahren. In ihn wird die mittlere Abstützkonstruktion aus Sohlbalken, Stützen und Firstbalken betoniert. Dann erfolgt das Auffahren der beiden Seitenstollen, gefolgt von den beiden Kalotten-Strossenvortrieben. Zum Schluß werden die restlichen Innenschalen eingebaut.

Bei den zwei übereinander liegenden Bahnsteigtunneln B 3 ist geplant, zuerst den unteren Tunnel samt Innenschale entsprechend S 1 zu erstellen, dann den oberen Tunnel.

Auch bei B 4, einer von zwei Schildtunneln aus aufgefahrenen Bahnsteighalle, wurde die Innenschale der Schildtunnel vor den Quervortrieben für die Bahnsteighalle erstellt.

Baugrund und Grundwasser

Der Baugrund (Abb. 3) stellt sich in München geologisch und hydrologisch wie folgt dar:

Zuoberst die Sedimente des Quartärs. Das sind verschieden alte, dicht bis sehr dicht gelagerte zwischeneiszeitliche Schotter. Ihre Mächtigkeit liegt im allgemeinen zwischen 4 und 7 m, im Bereich übereinander liegender Nieder- und Hochterrassen liegt sie zwischen 8 und 22 m. Darunter sind die Ablagerungen der jungtertiären oberen Süßwassermolasse, welche als „Flinz" bezeichnet werden. Sie bilden ein sehr wechselhaft aufgebautes Schichtpaket aus wasserführenden, dicht bis sehr dicht gelagerten glimmerhaltigen Fein- und Mittelsanden und aus nahezu wasserundurchlässigen, vielfach vermergelten Schluffen und Tonen von sehr unterschiedlicher einaxialer Druckfestigkeit von etwa 50 kN/m² bei hochplastischen, kalkfreien Tonen bis zu 6 000 kN/m² und mehr bei Mergelstein. Im Mittel liegt ihre Festigkeit um 500 kN/m².

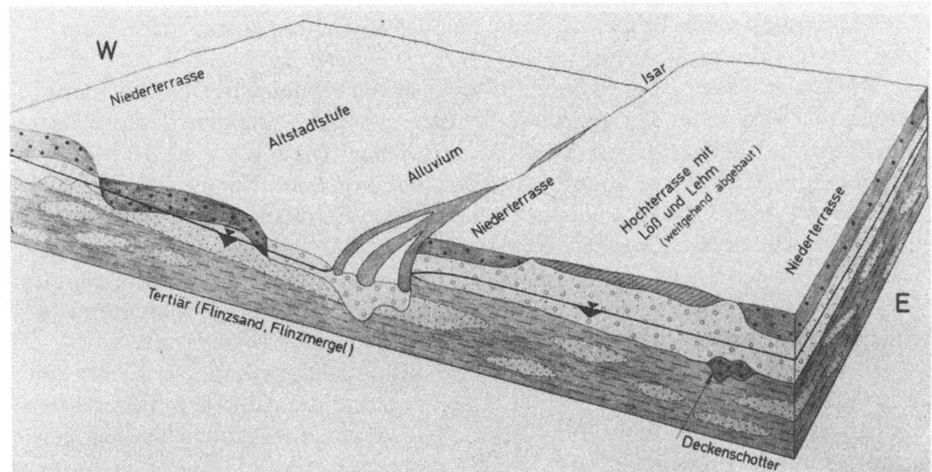

Abb. 3. Geologie — Blockbild von *Münichsdorfer* (1922), teilweise ergänzt
Schematic diagram according to *Münichsdorfer*

	Formel-zeichen	quartäre Kiese	tertiäre Sande	schluff. u. tonig. Mergel
	γ [kN/m³]	22	21	21
	γ' [kN/m³]	13	11	11
	φ [°]	30–40	38–40	20–25
	c' [kN/m²]	0–5	0–5	40–80
	K [–]	0.4–0.5	0.5–0.8	0.5–0.8
	ν [–]	0.35	0.35	0.35
E_s	Belastung [MN/m²]	100–140	90–110	100–200
	Entlastung [MN/m²]	200–220	90–180	150–250

Abb. 4. Bodenmechanische Rechenannahmen
Assumptions for design calculation in respect of soil conditions

Die Tabelle (Abb. 4) zeigt die mittleren bodenmechanischen Rechenwerte, die für FE-Berechnungen bisher angesetzt wurden. Danach betragen z. B. im Mergel die Rechenwerte für den Winkel der inneren Reibung zwischen 20 und 25°, für die Kohäsion zwischen 40 und 80 kN/m² und die E-Moduli liegen zwischen 100 und 200 MN/m². Der Seitendruckbeiwert K wird mit 0,5 bis 0,8 angesetzt.

Aus dieser wechselhaften Bodenbeschaffenheit ergeben sich sehr unterschiedliche Standzeiten einerseits und ein unterschiedlicher Zeitaufwand für die Vortriebsarbeiten andererseits.

Zur Lösung dieses Problems bietet sich das Auffahren eines großen Querschnittes in Teilvortrieben an.

Das Grundwasser ist in mehreren Stockwerken vorhanden. Das obere Grundwasserstockwerk ist in den quartären Schottern, welche einen mittleren Wasserdurchlässigkeitsbeiwert k von ca. 5.10^{-3} m/s haben. Die mit k = ca. 10^{-8} bzw. 10^{-7} m/s praktisch wasserundurchlässigen Tone und Schluffe, die sogenannten Flinzmergel, bilden die Grundwassersohle. Liegen Flinzsande direkt unter den quartären Schottern, so werden sie trotz ihrer weitaus geringeren Wasserdurchlässigkeit von etwa 5.10^{-5} m/s — zum oberen Grundwasserstockwerk gezählt. Die weiteren Stockwerke liegen in den jeweils durch Flinzmergelschichten voneinander getrennten Flinzsanden. Sie führen gespanntes Grundwasser.

Es ist deshalb erforderlich, eine Wasserhaltung zu betreiben. Der Erfolg der Wasserhaltung ist für den Vortrieb entscheidend und die Anforderungen der Wasserhaltung sind ein weiterer Grund für das Auffahren eines großen Tunnelquerschnittes in Teilvortrieben.

Bodenschichtung und Tunnellage

Im vielschichtigen Tertiär liegt oft ein regelrechtes Sandwichsystem der Bodenschichten vor. Die Reliefs der Schichten sind wellig und können in Erosionsrinnen plötzliche Eintiefungen aufweisen. Der Vortrieb muß deshalb in seinem Verlauf meist verschiedene hydrogeologische Abfolgen durchörtern, für deren Enwässerung unterschiedliche Maßnahmen anzuwenden sind. Versucht man grob zu systematisieren, lassen sich 4 Fälle herausstellen (Abb. 5 und 6).

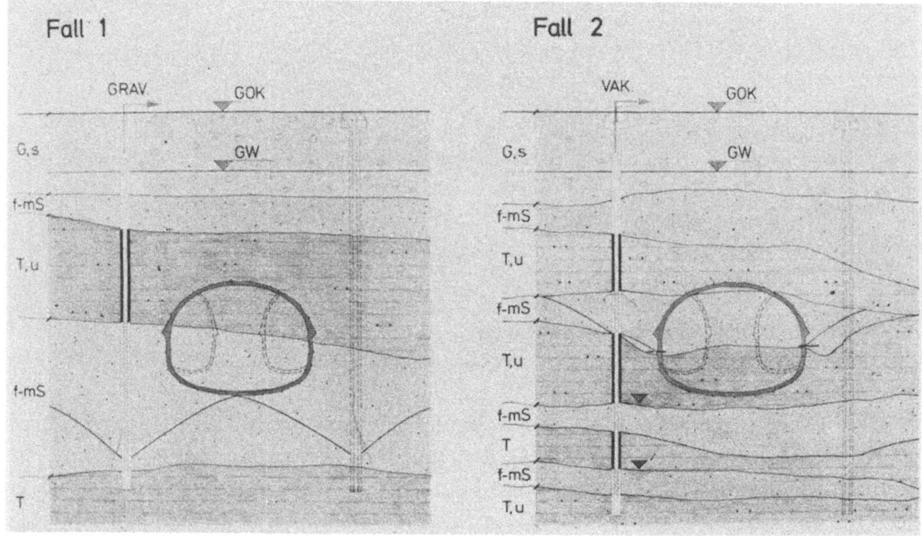

Abb. 5. Bodenschichtung und Tunnellage, Fall 1 und Fall 2
Subsoil layers and tunnel location, cases 1 and 2

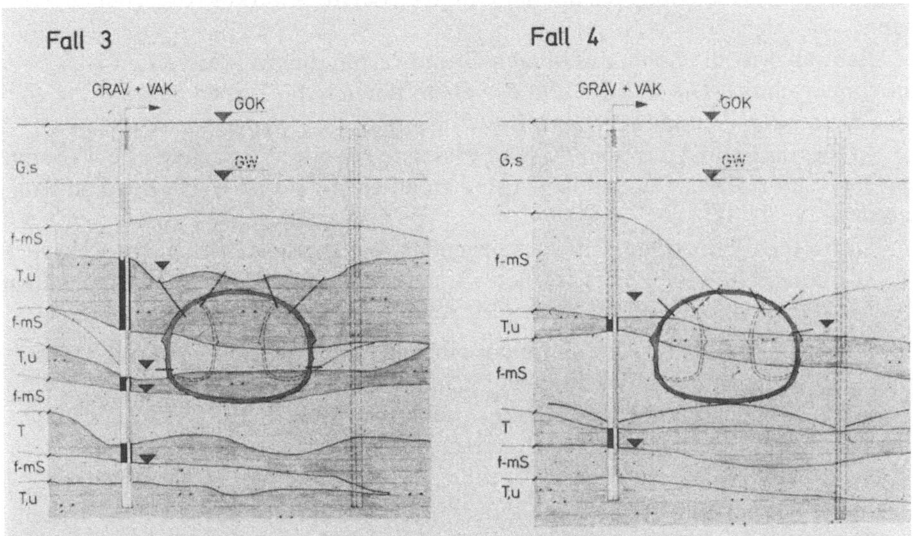

Abb. 6. Bodenschichtung und Tunnellage, Fall 3 und Fall 4
Subsoil layers and tunnel location, cases 3 and 4

Fall 1 ist der günstigste: Das obere Grundwasserstockwerk ist durch eine mehrere Meter dicke Mergeldecke von der Tunnelfirste getrennt. Der Tunnel liegt im Kalottenbereich im Mergel, in seinem Restquerschnitt und unterhalb steht eine mächtige Sandlage an. Das obere Grundwasserstockwerk kann unbeeinflußt, also ohne Absenkung unterfahren werden. Die Entwässerung und Entspannung der darunter liegenden Sandlage ist im Gravitationsbetrieb möglich.

Bei Fall 2 ist die Grundwassersohle des oberen Stockwerkes ebenfalls soweit über der Tunnelfirste, daß es noch unbeeinflußt, ohne Absenkung unterfahren werden kann. Im Ulmen- und Sohlbereich steht aber Sand und Mergel an. Die Sandlage kann mit Gravitationsbetrieb nicht ausreichend entwässert werden. Das verbleibende, zu hohe Restwasser würde den Sand erodieren und gefährliche Kavernenbildungen bewirken. Die Brunnen werden deshalb mit Vakuum betrieben. Vielfach sind noch zusätzliche Entwässerungsmaßnahmen von den Ulmenstollen aus zu ergreifen, mit Entwässerungsdräns und Vakuumlanzen.

Fall 3 zeigt einen besonders schwierigen Fall. Hier ist die Mergeldeckschicht zu dünn, um das Grundwasser des oberen Stockwerkes zu tragen.

Die fehlende Mergeldeckschicht ist deshalb durch eine Abdeckinjektion oder eine Vereisung zu ergänzen oder das obere Grundwasserstockwerk muß abgesenkt werden. Die Absenkung mit geschlossener Wasserhaltung ist auch im Vakuumbetrieb wegen des unregelmäßigen Tertiärreliefs nicht vollständig und auch nicht ausreichend, um das unvermeidliche Restwasser auf die für das Auffahren der Kalotte erforderliche niedrige Höhe von einigen Dezimetern abzusenken. Deshalb wird von einem oder von beiden Ulmenstollen aus noch zusätzlich mit Hilfe von Dräns und Vakuumlanzen entwässert. Trotz dieser Maßnahme ist gewöhnlich auch beim Kalottenvortrieb noch der Einsatz von Vakuumlanzen erforderlich. Die Ulmenstollen selbst können nach der gezeichneten geologischen Abfolge noch ohne Absenkung des oberen Grundwasserstockwerkes vorgetrieben werden.

Bei Fall 4 ist die Sohle des oberen Grundwasserstockwerkes voll im Ausbruchquerschnitt. Die Kalotte und der obere Bereich der Ulmen liegen im tertiären Sand oder auch im quartären Kies.

In diesem Fall ist das obere Grundwasserstockwerk abzusenken, die weiteren im Querschnitt liegenden Sandlagen sind zu entspannen und weitgehend zu entwässern.

Die unterhalb des Querschnittes liegenden Sande müssen entspannt werden.

Die vorauslaufenden Seitenstollen wirken als Vorflut für das Restwasser über der Kalotte, so daß diese in gut entwässertem Sand aufgefahren werden kann.

Mit diesen Fällen ist die Palette der zur Entwässerung angewendeten Maßnahmen nicht erschöpft. Erwähnt sei noch:

a) die Möglichkeit der Unterfirstung oder auch Überfirstung auskeilender, Restwasser tragender Mergelschichten, wenn die Absenkung des Restwassers auch durch Vakuumlanzen nicht gelingt,

b) die Absperrung des oberen Grundwasserstockwerkes durch einen dichten Trog, der entwässert wird. Diese Maßnahme erfolgt, wenn eine generelle Absenkung des oberen Grundwasserstockwerkes wegen seiner Mächtigkeit oder anderer örtlicher Gegebenheiten nicht möglich ist. Hier hat sich gezeigt, daß das Herstellen eines ausreichend dichten Troges mit Spundwänden oder Dichtungswänden zwar möglich ist, daß es aber wegen der Kanäle und Versorgungsleitungen im Stadtgebiet und wegen des unregelmäßigen Tertiärreliefs schwierig ist und sehr großer Sorgfalt bedarf.

Abb. 7 und 8 vermitteln einen Eindruck vom Vortrieb in einem gut zu entwässernden Boden und einem schlecht zu entwässernden Boden, wo, wie bei „Fall 3" geschildert, vom Vortrieb aus noch Entwässerungsdräns und Vakuumlanzen eingesetzt werden mußten.

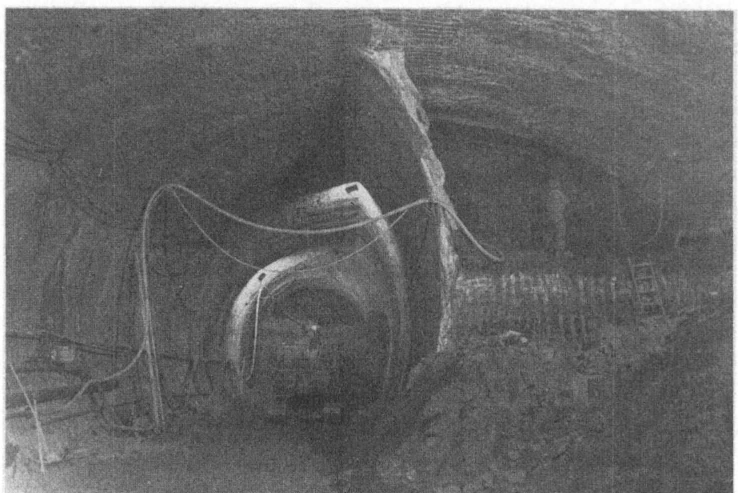

Abb. 7. Vortrieb in gut zu entwässernden Boden
Example of tunnelling in sufficiently dewatered subsoil

Abb. 8. Vortrieb in schlecht zu entwässernden Boden
Example of tunnelling in insufficiently dewatered subsoil

Die sich hieraus ergebenden Schwierigkeiten führen zu reduzierten Vortriebs-
geschwindigkeiten und zwar nicht nur wegen des Aufwandes für die Entwässerung, sondern auch wegen der verstärkten Sicherungsmaßnahmen, z. B. durch
kürzere Abschläge, kleinere Teilausbrüche und zusätzliche Pfändbleche.

Baugrund und Vortriebsleistung

Ein Beispiel hierfür sei eine 288 m lange Strecke, mit einem 88 m²-Tunnel-
querschnitt, bei deren Durchörterung jeder der vier geschilderten Fälle angetroffen wurde (Abb. 9).
Bei Fall 4 und Fall 3 betrug die mittlere Vortriebsgeschwindigkeit 1,3 bzw.
1,8 m/Tag. Beim günstigen „Fall 1" wurde im Mittel eine Vortriebsgeschwindigkeit von 2,3 m/Tag erzielt. Am Übergang von Fall 1 zu Fall 2 kam es beim
Anfahren eine Sandlage im unteren Ulmenbereich zu einem starken Wasserzufluß, der zunächst einen mehrtägigen Stillstand für zusätzliche Wasserhaltungsmaßnahmen bewirkte. Da diese nicht ausreichten, wurde der Vortrieb über diese
Sandlage weggeführt und eine höher gelegene temporäre Zwischensohle eingebaut. Die Sandlage konnte dann hinter dem laufenden Vortrieb gezielt entwässert und dann nachgenommen werden. Der Vortrieb bei diesem Streckenteil erreichte noch eine Geschwindigkeit von 1,8 m/Tag.

    A. Krischke und J. Weber:

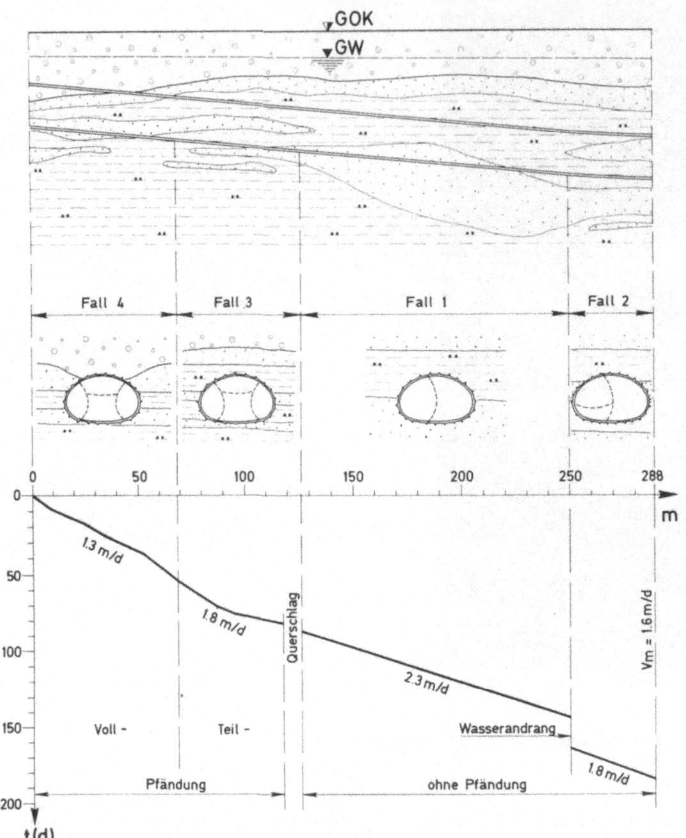

Abb. 9. Baugrund – Vortriebsleistung zweigleisiger Tunnel F_A = 88 m²
Soil conditions and advance capacity

Eine Untersuchung eines 10 m langen Abschnittes dieser Strecke – und zwar am Übergang von Fall 4 zu Fall 3 – ergab für den Zeitaufwand der Einzelvortriebe pro Tunnelmeter Abweichungen von der Durchschnittszeit um ca. ± 25 % (Abb. 10).

Für das „Lösen" und „Sichern" eines Tunnelmeters der Teilvortriebe wurde benötigt:

Für die Ulmen zwischen 4,3 und 7,2 Stunden, das sind im Mittel 32 % der Gesamtzeit, für die Kalotte zwischen 6,6 und 10,7 Stunden, das sind 47 %, für den Restquerschnitt zwischen 3,0 und 4,6 Stunden, das sind 21 % der Gesamtzeit.

Der Abbau erfolgte hier mit Hydraulikbaggern und Abbauhämmern.

Für das „Lösen" betrug der Zeitanteil aller Einzelvortriebe 61 %, für das „Sichern" 39 %.

Der Boden ist sowohl für den Abbau mit Hydraulikbaggern als auch mit Tunnelfräsen geeignet. Aber auch Meißelgeräte und Abbauhämmer werden eingesetzt.

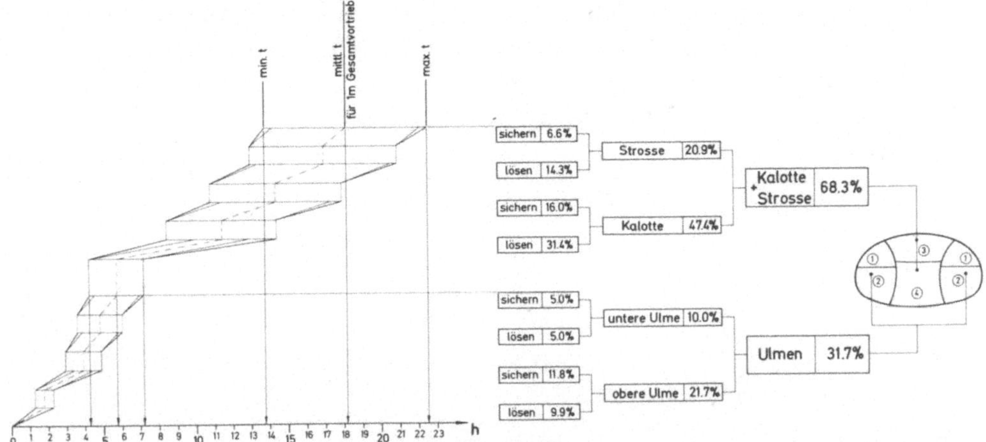

Abb. 10. Zeitaufwand der Teilvortriebe (S 1) für 1 lfm. Tunnel (F_A = 88 m²)
Time spent on advance in part sections

Bei den Großquerschnitten wurden bisher vorwiegend Bagger und Abbauhämmer verwendet, in mehreren Fällen auch Bagger und Fräse.

Die Wahl des Abbaugerätes hat auch auf die Bauweise Einfluß, z. B. auf
Größe und Unterteilung der Teilvortriebe. Die Ausbruchsquerschnitte für „drei-
teilige" Vortriebe betragen z. B. bei einem 90 m²-Gesamtquerschnitt etwa
20 m² für jeden Seitenstollen und 20 m² für die Kalotte, bei einem 150 m²-Gesamtquerschnitt etwa 30 m² für jeden Seitenstollen und 20 m² für die Kalotte.
Damit erreichen die Teilvortriebe die Größenordnung eingleisiger Tunnel, die
einen Ausbruchquerschnitt von 37 m² haben: für diese Querschnittsgrößen hat
sich neben dem üblichen Vollausbruch mit geteilter Ortsbrust und kurzer Ringschlußzeit die sogenannte Rampenbauweise bewährt, bei der eine Fräse über
eine Rampe abwechselnd den Kalotten- und Strossenvortrieb bedient.

Konstruktion der Außen- und Innenschale

Sicherungselemente der Außenschale sind Ausbaubögen, bewehrter Spritz-
beton, Systemanker und Pfändbleche (Abb. 11). Hierzu einige Bemerkungen. Als
Ausbaubögen werden TH oder GT-Profile verwendet. Entsprechend der Ab-
schlagtiefen beträgt der Abstand 80 bis 120 cm. Bei gutem Baugrund kann im
Strossenbereich der Seitenstollen auf Ausbaubögen verzichtet werden. In der Ka-
lotte werden die Ausbaubögen zum Sofortschutz immer eingebaut. Wird im
Strossen- und Sohlbereich schlechter Baugrund angetroffen, so sind auch hier
Ausbaubögen vorzusehen.

Der Einsatz von Systemankern ist seit der ersten Anwendung stark zurückge-
gangen. Bei den eingleisigen Querschnitten haben die allgemeinen Erfahrungen
und die Meßergebnisse ergeben, daß auf sie verzichtet werden kann. Bei den
großen Querschnitten können in vielen Fällen Anker im Kalottenbereich nicht
eingebaut werden, um das grundwasserabhaltende Mergeldach nicht zu durch-
stoßen. Die Anker werden deshalb im wesentlichen nur noch bei großen Quer-

schnitten im Bereich der Ulmen eingesetzt und in Sonderfällen, z. B. bei Gewöl-
beverschneidungen. Sie werden mit 100 kN bis 140 kN vorgespannt.

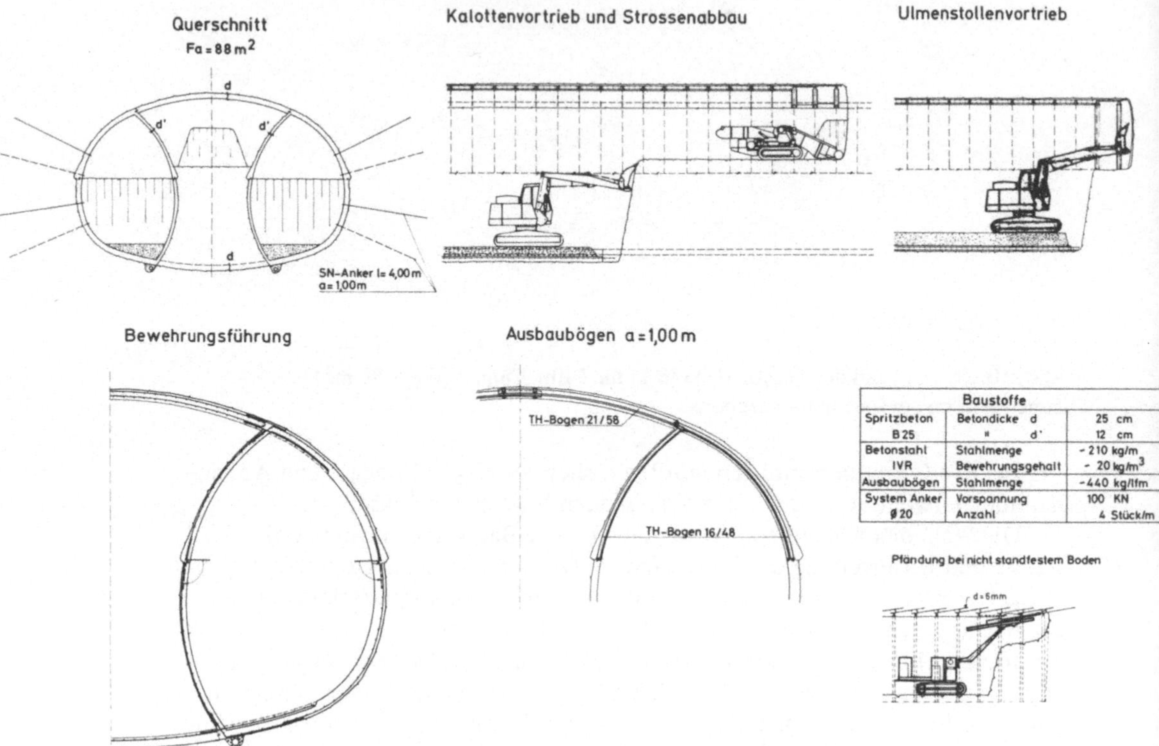

Baustoffe		
Spritzbeton	Betondicke d	25 cm
B 25	" d '	12 cm
Betonstahl	Stahlmenge	~ 210 kg/m
IVR	Bewehrungsgehalt	~ 20 kg/m³
Ausbaubögen	Stahlmenge	~440 kg/lfm
System Anker	Vorspannung	100 KN
Ø 20	Anzahl	4 Stück/m

Abb. 11. Konstruktionselemente der Außenschale
Construction elements of outer shell

Der Spritzbeton wurde bisher allein im Trockenspritzverfahren aufgebracht.
Die Schalendicke beträgt bei den großen Querschnitten 20 bis 30 cm. Die gewöhnlich geforderte Betongüte B 25 wird im allgemeinen sicher erreicht. Die
größere Bedeutung ist aber der Frühfestigkeit beizumessen. Hier liegen die erzielten 6-Stunden-Festigkeiten um 5 N/mm² bei Prüfung mit dem Kaindl-Maico-
Gerät.
    Die Spritzbetonaußenschalen werden im allgemeinen mit einer äußeren und
einer inneren Lage Betonstahlmatten bewehrt.
    Pfändbleche sind erforderlich, wenn die Standzeit des Bodens zu kurz ist,
um eine Spritzbetonsicherung einzubringen und wirksam werden zu lassen, das
ist der Fall:
    grundsätzlich im quartären Boden
    voll oder teilweise in den Firstbereichen der tertiären Sande und bei klüftigen
    und auskeilenden Mergelschichten
    in der Nachbarschaft künstlicher Störbereiche.

Die Bleche werden im Quartär echt vorgepfändet, im Tertiär ist wegen des zu hohen Rammwiderstandes nur eine schrittweise mitgeführte Pfändung möglich.

Sämtliche Querschnitte erhalten eine Stahlbetoninnenschale aus wasserundurchlässigen Beton (Abb. 12). Die Innenschale wird gewöhnlich in zwei Abschnitten, Sohle und Gewölbe, eingebracht. Die Blöcke sind bis zu 10 m lang.

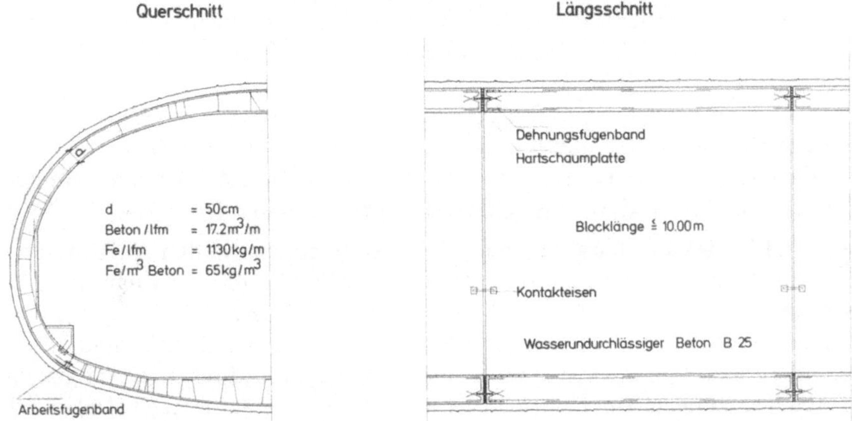

Abb. 12. Konstruktionselemente der Innenschale (Type-S 1, zweigleisig) $F_A = 88\ m^2$
Construction elements of inner shell

Die Innenschale wird direkt gegen die Außenschale betoniert. Trotz der direkten Verbindung mit der rauhen Außenschale ist mit den gewählten Abschnittslängen und einer entsprechenden Betontechnologie eine befriedigende Wasserundurchlässigkeit zu erzielen.

Mit Naßstellen muß allerdings bei einer Anzahl von Blöcken gerechnet werden. Sie können mit Injektionen abgedichtet werden.

Bemessen werden die Innenschalen sowohl für den höchsten Grundwasserstand, als auch für abgesenktes Grundwasser bei gleichzeitiger Aufnahme der auf die Außenschale gerechneten Lasten unter der Annahme, daß diese ihre Tragfähigkeit verliert. Außerdem sind spätere Laständerungen zu berücksichtigen. Bei zweigleisigen Querschnitten werden die Innenschalen 40 bis 50 cm dick ausgeführt, der Bewehrungsgehalt liegt bei 65 kg/m³ Beton.

Messungen

Die Messungen sind ein wichtiges Element der Steuerung und der Dokumentation für die Planung, die Baudurchführung und die Baugenehmigungsverfahren. Die Meßprogramme enthalten im wesentlichen Oberflächensetzungen, Tunnelkonvergenzen, Bodenbewegungen um den Hohlraum, Bodendrücke, Betondrücke und Stahldehnungen.

Nachdem eine Reihe von Erkenntnissen gewonnen worden ist und zahlreiche Meßdaten vorliegen, wird der Schwerpunkt des Messens künftig auf wenige, aber umfangreich bestückte Hauptmeßquerschnitte und auf Messungen der Bodenbewegungen zu legen sein. Diese haben zum einen den Vorzug der größeren Zuverlässigkeit, zum anderen sind die vom Tunnelvortrieb verursachten Bodenbewegungen im Stadtgebiet das wichtigste Kriterium für die Beurteilung der Brauchbarkeit einer gewählten Tunnelbauweise.

Für die engliegenden Teilvortriebe gilt auch das bei engliegenden eingleisigen Tunnelvortrieben beobachtete Setzungsverhalten, über das wir bei der STUVA 79 berichtet haben. Danach beginnt sich eine „Englage" von zwei Tunneln erst merklich auszuwirken, wenn ihr Abstand kleiner als der 0,7-fache Durchmesser wird, und ein synchroner Vortrieb ergibt deutlich größere Setzungen als ein versetzt synchroner Vortrieb.

Darüber hinaus ist es bei den großen Tunnelquerschnitten — angesichts der vorliegenden Vielfalt — noch nicht möglich, allgemein gültige Aussagen zu machen. Es läßt sich aber ein Überblick über Größenordnungen, Tendenzen und Streubereiche gewinnen. Eine Auswahl zeigen Abb. 13 und 14.

Die Abb. 13 zeigt die charakteristischen Kurvenformen und den Aufbau der Setzungen in Quer- und Längsrichtung. Der Grenzwinkel α für die Gesamtbreite einer Setzungsmulde aus dem Vortrieb liegt zwischen 20 und 35°. Der Grenzwinkel β für die Länge des Vorverformungsbereiches liegt zwischen 30 und 50°.

Die vorlaufende Grundwasserabsenkung erzeugt sehr großflächige und gleichmäßige Bodensetzungen. Die Größe dieser Vorsetzung beträgt je nach Dicke und nach Tiefenlage der zu entwässernden bzw. zu entspannenden Sande zwischen 3 mm und 12 mm, im Schnitt 20 % der Gesamtsetzungen. Die Muldenbreite kann bis zu 300 m betragen.

In Abb. 14 zeigen die beiden oberen Diagramme die maximalen Gesamtsetzungswerte der verschiedenen Querschnittstypen, welche zwischen 20 mm und 50 mm liegen, und zwar einmal in Beziehung gesetzt mit dem Überdeckungsverhältnis H/D, einmal mit der Gesamtausbruchsfläche F_A. In beiden Fällen zeigt sich die erwartete steigende Tendenz, wenn auch mit großer Streubreite.

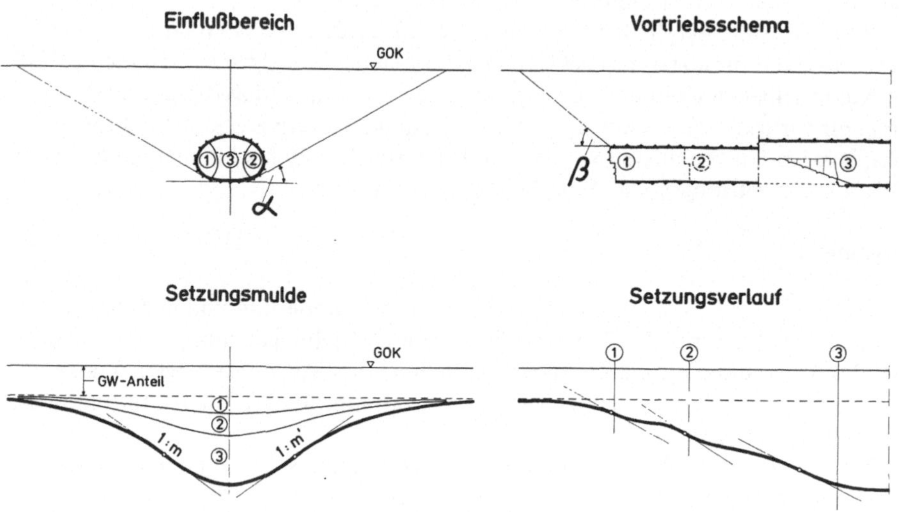

Abb. 13. Ausbreitung und Entwicklung von Setzungen
Width and progress of soil deformations

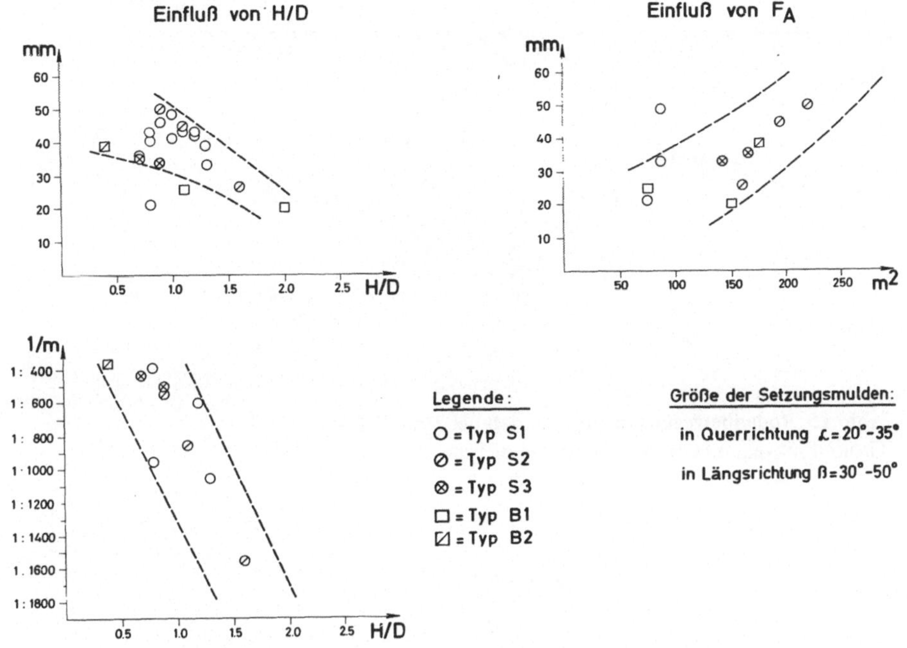

Abb. 14. Setzungstendenzen
Tendencies of soil deformations

Das untere Diagramm zeigt die Neigungen der Wendepunkttangenten der Quermulden für die verschiedenen Querschnittstypen in Beziehung zum Überdeckungsverhältnis H/D. Die mittleren Tangentenneigungen an den Wendepunkten liegen zwischen 1:1 600 und 1:300. Hier zeigen sich eindeutig steilere Muldenneigungen bei abnehmender Bodenüberdeckung.

Die Tangentenneigungen der Längsmulden sind deutlich flacher. In der Mehrzahl der Fälle stellten sich die hier dargestellten, getrennten Setzungswellen — bei entsprechenden Abstand der Teilvortriebe — ein.

Die Tangentenneigungen der Längsmulden lagen zwischen 1:1 500 und 1:6 000.

Die Abb. 15 bis 19 zeigen den Aufbau und die Maximalwerte der Setzungsmulden bei einigen Querschnittstypen.

Bei Typ S 2 für einen dreigleisigen Querschnitt von 150 m² und zwei Streckentunnel mit je 37 m² Ausbruchsfläche (Abb. 15) zeigt sich ein gleichmäßiges Anwachsen der Bodenbewegungen und die Bildung einer weiten Setzungsmulde. Auch das gesamte, über dem Tunnel liegende Bodenpaket erfährt, wie die Extensometermessungen ausweisen, eine gleichmäßige Senkung.

Den schrittweisen Aufbau der Setzungsmulde bei dem dreizelligen Tunnel S 3 mit 140 m² Ausbruchsfläche und den Einfluß von zwei weiter entfernten Streckentunneln — in insgesamt 7 Phasen — zeigt Abb. 16. Die größte Setzung erreichte 34 mm, die maximale Tangentenneigung betrug 1:550.

A. Krischke und J. Weber:

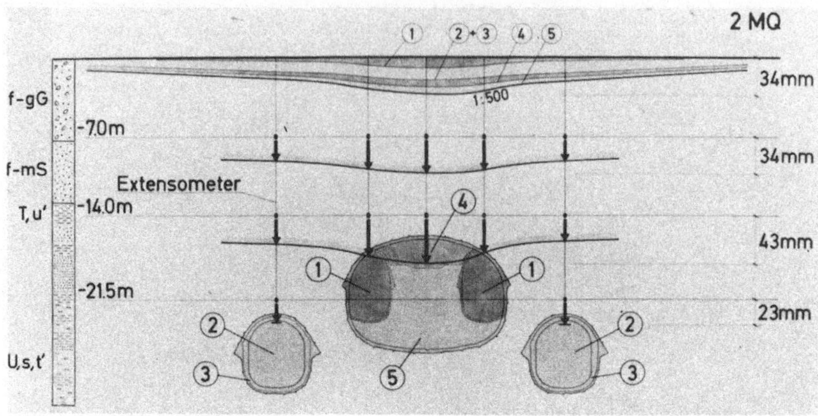

Abb. 15. Bodenbewegungen aus Vortrieb bei Type S 2
Ground movements caused by driving of type S 2

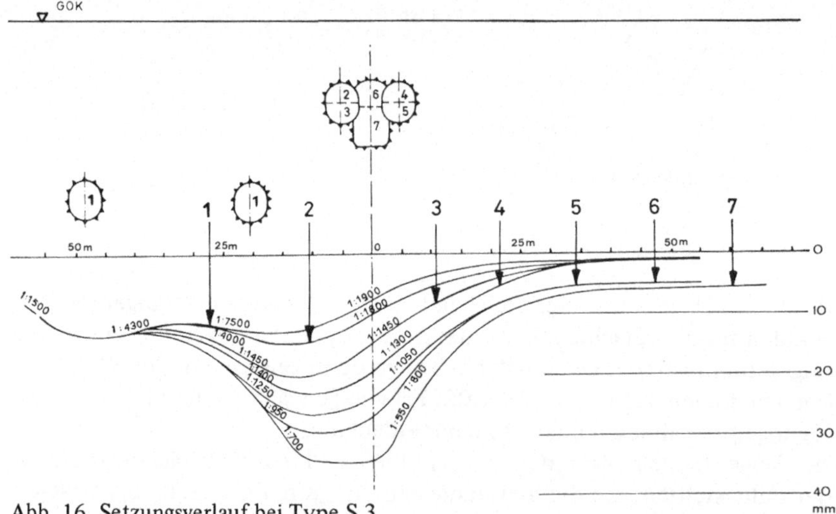

Abb. 16. Setzungsverlauf bei Type S 3
Settlement depressions caused by driving of type S 3

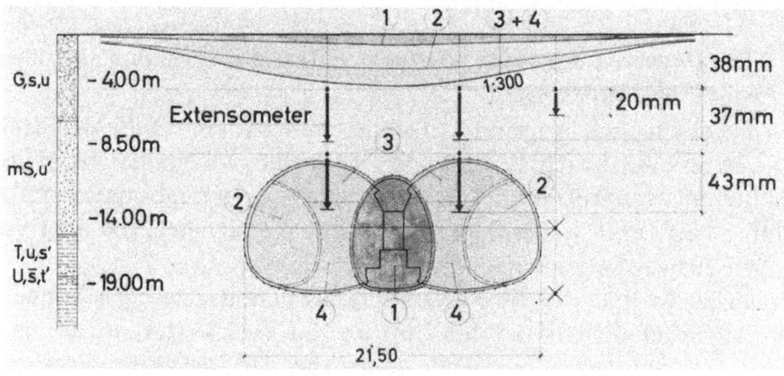

Abb. 17. Bodenbewegungen bei Type B 2
Ground movements caused by driving of type S 2

Auch beim Bahnhofstyp B 2 mit 176 m² Gesamtausbruch und großen Teilausbrüchen von nacheinander 42 m², 2 x 32 und 2 x 35 m² konnte ein gleichmäßiger Setzungsaufbau erzielt werden. Die mit 1:300 relativ steile Muldenneigung ist auf die geringe Tunnelüberdeckung von H/D = 0,5 zurückzuführen (Abb. 17).

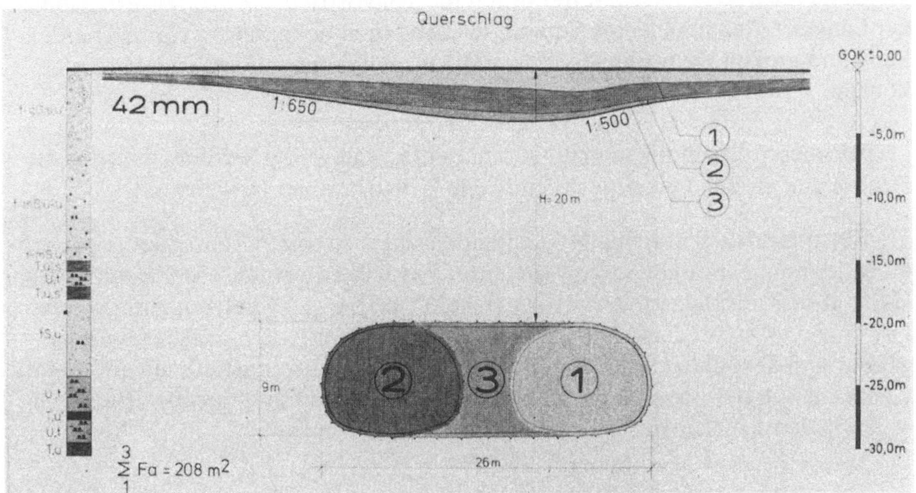

Abb. 18. Bodenbewegungen bei Type B 1
Ground movements caused by driving of type B 1 including connecting tunnel

Der Setzungsanteil eines Verbindungstunnels zwischen zwei Bahnsteigquerschnitten B 1 ist aus Abb. 18 zu ersehen. Die Gesamtsetzung baute sich mit 16 mm für Tunnel 1, 35 mm für Tunnel 1 + 2 und 42 mm für Tunnel 1 + 2 + Querschlag auf. Die maximale Tangentenneigung betrug 1:500.

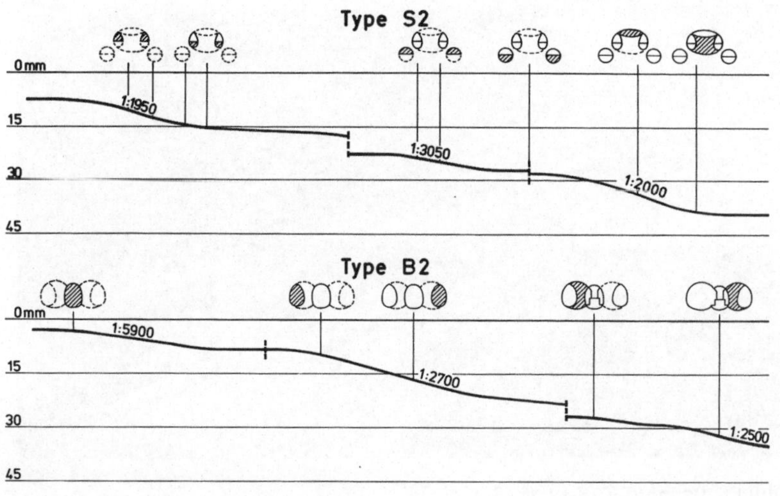

Abb. 19. Längssetzungsentwicklung
Settlement diagram in longitudinal direction

                               A. Krischke und J. Weber:

Geringe Muldenneigungen in Längsrichtung sind besonders beim Längsunter-
fahren einer Gebäudezeile wichtig. Die beiden Diagramme von Abb. 19 zeigen —
vereinfacht — den Aufbau der Setzungen in Längsrichtung, oben bei Typ S 2,
unten bei B 2. Die steilste Tangentenneigung beträgt nur 1:1 800.

Damit zeigt sich, daß mit der durch die Teilvortriebe bewirkten Aufteilung
der Längssetzung in einzelne Setzungswellen, auch bei geringer Tunnelüberdek-
kung und großen Querschnitten kleine Längsmuldenneigungen erzielt werden
können.

Mit diesen Ergebnissen kann zusammenfassend gesagt werden, daß sich die
Herstellung großer Tunnelquerschnitte in Teilvortrieben bewährt hat.

Einen Eindruck von den Möglichkeiten, die sich durch konsequente Anwendung der bergmännischen Bauweisen eröffnet haben, vermag ein Schaubild vom
U-Bahnhof Karlsplatz zu vermitteln (Abb. 20). Hier, im Stadtzentrum, werden
fast unbemerkt von der Öffentlichkeit zwei Bahnsteighallen mit Verbindungs-
gängen und Treppenanlagen erstellt, das bestehende Stachustiefbauwerk und die
kreuzende S-Bahn unterfahren und dabei Schlitzwände und hochbelastete Bau-
werksstützen im Zuge der Vortriebsarbeiten unterfangen.

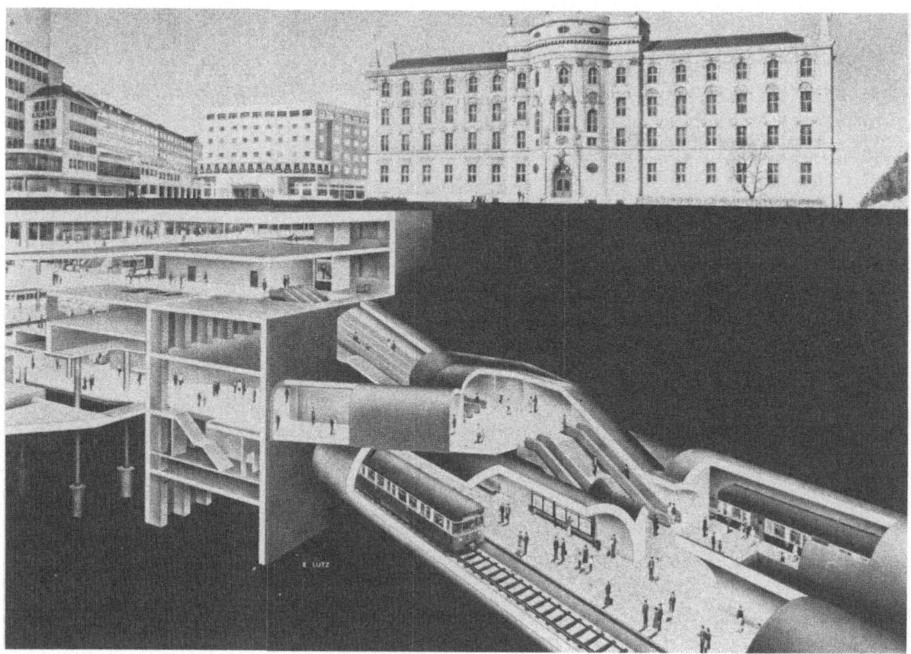

Abb. 20. Schaubild U-Bahnhof Karlsplatz (Stachus)
Perspective view of subway station Karlsplatz (Stachus)

Gefahrenpunkte

Einige Schadensfälle jedoch, die sich beim Vortrieb von eingleisigen Tunneln ereignet haben, zeigen, daß die Gefahren zu keinem Zeitpunkt unterschätzt werden dürfen. Solche Gefahrenpunkte sind z. B. (Abb. 21):

a) Rollkieslagen, nahe Kanäle mit Drainagen im Quartär

b) Übergang vom Quartär ins Tertiär in Verbindung mit verbliebenen Restwasser, mit Spund- oder Schmalwandtrögen oder mit nicht abgesenktem Quartärwasser. Nicht entspannte Sandlagen.

c) Verschwächung der das Quartärwasser abschirmenden Mergeldecke in Erosionsrinnen.

d) Mangelhaft ausgeführte Injektions- oder Vereisungskörper, welche zur Grundwasserabdichtung bei unzureichender Mergelüberdeckung eingebracht wurden. Mangelhaft plombierte Erkundungs- und Brunnenbohrungen.

e) Künstlich gestörter Boden in Verbindung mit dem Grundwasser bei Anfahr- oder Zielschächten im Bereich der Umschließungswände und von Verpreßankern.

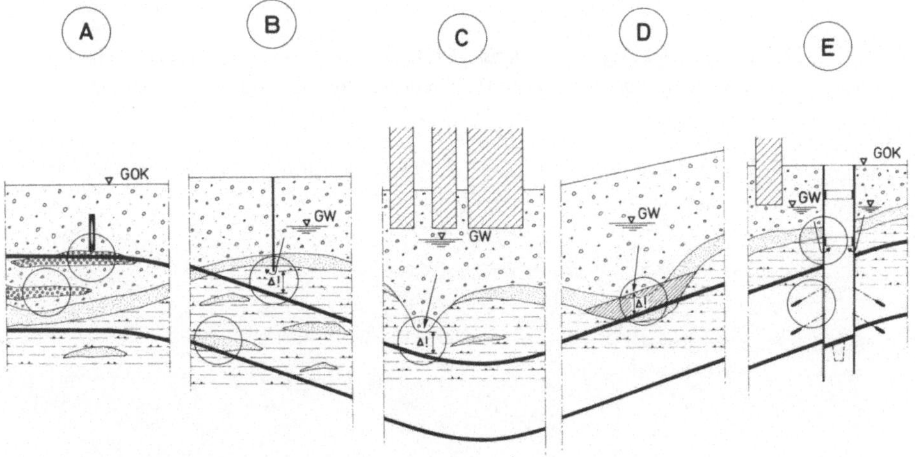

Abb. 21. Gefahrenpunkte
Danger points

Die bei den vielen Kilometern Vortrieb gemachten Erfahrungen zeigen aber, daß diesen Gefahrenpunkten sicher begegnet werden kann. Gerade die modernen, auf den Gedanken der NATM beruhenden Bauweisen sind mit ihrer außerordentlichen Anpassungsfähigkeit an wechselnde Baugrundverhältnisse dazu geeignet eine hohe Sicherheit zu bieten.

Voraussetzung hierfür ist aber ein ingenieurmäßiges Sicherheitsdenken in allen Planungs- und Ausführungsphasen. Dazu gehören unter anderem:

a) sorgfältige Bodenerkundungen während der Vorentwurfs-, Ausschreibungs- und Ausführungsplanung und während der Baudurchführung auch vom Vortrieb aus

b) eindeutige Klarstellung von Pflichten, Kompetenzen und Verantwortung
c) Ausarbeitung von Gefahrenbildern und besondere planliche Behandlung
der Gefahrenpunkte und damit Schaffung eines Kataloges konstruktiver Gegenmaßnahmen
d) strenge Erfolgskontrollen bei Injektionen, Vereisungen und Wasserhaltungsmaßnahmen
e) regelmäßige, z. B. wöchentliche Vorschau auf die zu durchörternde
Strecke mit ihren Anforderungen und Eventualitäten, Festlegung der Ausbaumaßnahmen unter Berücksichtigung der jeweils neuesten Erkenntnisse
aus der Vorerkundung, dem Vortrieb und aus den Meßprogrammen.

Die Planungen des U-Bahn-Referates sehen vor, den geschlossenen Tunnelbauweisen auch beim weiteren Ausbau des Münchner U-Bahn-Netzes eine Schlüsselrolle einzuräumen und zu ihrer Weiterentwicklung durch die ausführenden
Firmen partnerschaftlich beizutragen. Diese Planungen sind aber nur dann zu realisieren, wenn durch schadloses Auffahren der Tunnel das Vertrauen in diese
Baumethoden erhalten bleibt.

Anschrift der Verfasser: Dipl.-Ing. *Alfred Krischke*, Dipl.-Ing. *Josef Weber*, U-Bahnreferat,
Landeshauptstadt München, Postfach, D-8000 München 1, Bundesrepublik Deutschland.

Rock Mechanics, Suppl. 11, 127–137 (1981)

Rock Mechanics
Felsmechanik
Mécanique des Roches
© by Springer-Verlag 1981

Auffahrung einer Strecke nach der „Neuen Österreichischen Tunnelbauweise" auf der Schachtanlage Nordstern

Von

H. Albers und **D. Jagsch**

Mit 11 Abbildungen

Zusammenfassung – Summary

Auffahrung einer Strecke nach der „Neuen Österreichischen Tunnelbauweise" auf der Schachtanlage Nordstern. Zur Zeit wird auf einer Schachtanlage im Ruhrgebiet in rund 1 100 m Tiefe eine Strecke nach der NÖT vorgetrieben. Die Auffahrung der Strecke nach dieser Bauweise ist ein Forschungsprojekt und wird vom Bundesministerium bezuschußt.

Mit diesem Projekt soll der Nachweis der Einsatzmöglichkeit der NÖT in großen Teufen des Steinkohlenbergbaues bei schieferreichem und druckhaftem Gebirge unter besonderer Berücksichtigung von anstehenden Abbaukanten, Störungen und späterer Abbaueinwirkung erbracht werden.

In dem Vortrag werden die bis jetzt angewandten Sicherungsmaßnahmen, die dabei erzielten Meßergebnisse und die daraus gewonnenen Erkenntnisse erläutert.

Bei erfolgreichem Abschluß dieses Vorhabens sind für den Steinkohlenbergbau bei Anwendung dieser Bauweise eine bessere Beherrschung des Gebirges sowie geringere Kosten für die Erstellung und Unterhaltung solcher Grubenbaue zu erwarten.

Excavation of a Gallery with the NATM in the Mine of Nordstern. At the time in a mine of the Ruhrgebiet in a depth of about 1 100 m a gallery is under construction with NATM. The use of the NATM method in this gallery is a research project and is supported by the Ministry of Research and Technology. The main subject of this research project is to proof the possibility of tunnelling by NATM in the great depth of coal mines, in squeezing and highly foliated rock, the behaviour of ribs, faults and getting of coal in future.

In this paper the up to now executed support systems, the results of measurements and the obtained conclusions will be discussed. By completing this project successfully, the mining engineers can expect a better control of the rock conditions, lower costs for execution and maintenance, following the NATM concept.

Zur Zeit wird auf der Schachtanlage Nordstern der Ruhrkohle AG eine Gesteinsstrecke nach der NÖT aufgefahren. Schon 1977 wurden auf der Schachtanlage mit dieser Bauweise bei der Herstellung von Grubenräumen einer neuen Wasserhaltung die ersten Erfahrungen gesammelt. Das jetzige Projekt ist ein Großversuch und wird im Rahmen eines Forschungsvorhabens vom Bundes-

0080–3375/81/Suppl. 11/0127/$ 02.20

ministerium für Forschung und Technologie bezuschußt. Das Forschungsvorhaben ist in etwa folgendermaßen formuliert:

„Nachweis der Einsatzmöglichkeit der Neuen Österreichischen Tunnelbauweise in großen Teufen des Steinkohlenbergbaus bei schieferreichem, druckhaftem Gebirge unter besonderer Berücksichtigung von anstehenden Abbaukanten. Dabei soll durch Modifizierung der Ausbaumittel, der Ausbaustärken und Vortriebsweisen in Verbindung mit intensiven Meßbeobachtungen ein Optimum an Sicherheit und Wirtschaftlichkeit erreicht werden."

Die bisher im Steinkohlenbergbau übliche Hohlraumsicherung besteht aus einem Stützausbau − z.B. Stahlbogenausbau mit Verzugmatten und Hinterfüllung mit Gestein − wobei dieser Ausbau zunächst ohne echten Kontakt im Sinne einer kraftschlüssigen Anlage an das Gebirge eingebracht wird. Belastet wird dieser Ausbau erst nach stattgefundenen Gebirgsdeformationen. Da das Gebirge infolge dieser Verformungen bis zum Auflasten auf den Ausbau in seinem Verband aufgelockert und entfestigt wird und somit als mittragendes Element ausfällt, muß der Stützausbau für einen wesentlichen Anteil des vorherrschenden Gebirgsdruckes bemessen werden.

Mit der fortschreitenden Verlagerung des Abbaus in die Teufe ist der Stahlanteil beim Streckenausbau je Meter Strecke stetig gestiegen. Als zusätzliche Maßnahmen sind z.B. ein Anspritzen des Streckenausbaues mit anschließender Hinterfüllung erforderlich. Zusätzliche Maßnahmen werden aber oft erst relativ spät durchgeführt, wenn die Entfestigung und Auflockerung des Gebirges schon eingesetzt hat. Hat jedoch die Auflockerung des Gebirges und die damit einhergehende Hohlraumverformung eingesetzt, so kann diese nur durch aufwendige Maßnahmen wie z.B. durch tiefreichende Gebirgsinjektionen gebremst werden.

Sehr oft müssen konventionell ausgebaute Strecken nach einer gewissen Zeit aus Sicherheitsgründen und zur Aufrechterhaltung ihrer betrieblichen Funktion neu durchgebaut werden − insgesamt betrachtet ein kostenintensiver Streckenausbau.

Mit dem Forschungsvorhaben soll im Steinkohlenbergbau in einem Großversuch erstmals die NÖT mit allen ihren Grundgedanken und Grundsätzen zur Anwendung kommen. Als Berater und Gutachter wurde das Ing.-Büro für Tunnel- und Felsbau GmbH, Prof. *Müller*/Dipl.-Ing. *Hereth* hinzugezogen.

Der wesentliche Grundgedanke dieser Bauweise ist die Eigentragwirkung des Gebirges weitgehend auszunutzen, indem durch eine unmittelbar nach dem Ausbruch und kraftschlüssig mit dem Gebirge aufgebrachte Sicherung die Auflockerung des Gebirges verhindert wird und somit die Tragfähigkeit des Gebirges erhalten bleibt.

Die aufzufahrende Abwetterstrecke liegt auf der 12. Sohle der Schachtanlage Nordstern in einer Teufe von rund 1 100 m im Horizont der Zollvereinflöze. Der Gebirgsaufbau besteht aus einer Wechselfolge von Schiefertonen, Sandschiefern, Sandsteinen und Kohleflözen in flacher Lagerung. Im Querschnitt befinden sich hauptsächlich Schiefertone geringer Festigkeit mit zwischengelagerten, dünnen Kohlestreifen. Unmittelbar über der Firste im Abstand von 0,5 m bis 3 m verläuft auf mehrere 100 m Streckenlänge ein Flöz mit einer Mächtigkeit von ca. 1,30 m.

Oberhalb des Projektgebietes wurden in den Jahren 1960 bis 1977 vier verschiedene Flöze abgebaut. Die untersten Abbaufelder liegen ca. 120 m über der aufzufahrenden Strecke. Die Abbaukanten liegen zum Teil massiert übereinander.

Den vorhandenen Aufschlüssen nach, muß die Strecke eine Überschiebungszone mit einer Schubweite von rund 35 m zweimal durchfahren. Es muß davon ausgegangen werden, daß in diesem Bereich das Gebirge tektonisch stark beansprucht ist und daß dort mit größeren Gebirgsdrücken zu rechnen ist.

Der erste Abschnitt der Forschungsstrecke liegt außerdem im Einwirkungsbereich zukünftiger Flözabbaue. Der unterste Abbau liegt ca. 40 m oberhalb der herzustellenden Strecke. Um die günstigste Lage der Strecke bezüglich der Druckentwicklung zukünftiger Abbaue zu ermitteln, wurden vom Steinkohlenbergbauverein Druckverteilungsberechnungen für verschiedene Streckenlagen durchgeführt. Der jetzige Streckenverlauf stellt den Berechnungen nach die günstigste Lage bezüglich späterer Überbauung dar.

Um einen ersten Anhaltswert über die im Projektbereich vorliegenden Spannungsverhältnisse zu erhalten, wurde noch vor Auffahrungsbeginn von einem Querschlag aus, in einer 25 m tiefen Horizontalbohrung, Spannungsmessungen mit Triaxial-Meßzellen der Firma Interfels durchgeführt. Aus den Ergebnissen dieser Spannungsmessungen geht hervor, daß die vertikale Spannung im unverritzten Gebirge in etwa der der Überlagerungshöhe entspricht. Die Hauptspannungsrichtung ist jedoch horizontal gerichtet und verläuft in Richtung NW-SE, was auch dem allgemeinen Faltungsschub im Ruhrgebiet entspricht. Das Spannungsverhältnis vertikal zu horizontal beträgt den Meßergebnissen nach 1:1,5.

Im Zuge der Vorplanung wurden mehrere Querschnitte untersucht und auf die gestellten Anforderungen hin kritisch überprüft. Da die Auffahrung mit Gleislosfahrzeugen durchgeführt wird, wäre aus betrieblicher Sicht ein bergbauüblicher Querschnitt mit horizontaler Sohle am günstigsten gewesen. Aus felsmechanischer Sicht jedoch wäre wegen der zu erwartenden hohen Gebirgsdrücke ein Kreisquerschnitt am geeignetsten, aber auch am unwirtschaftlichsten, da für die Auffahrung und auch für den späteren Materialtransport eine Fahrsohle von 6,5 m Breite benötigt wird und deshalb das Sohlgewölbe wieder verfüllt werden muß. Der ausgeführte Querschnitt ist eine Kompromißlösung, wobei den gebirgsmechanischen und auffahrungstechnischen Forderungen weitgehend Rechnung getragen wurde — Kreisquerschnitt mit leicht ausgerundetem Sohlgewölbe von etwa 40 m² Ausbruchsfläche.

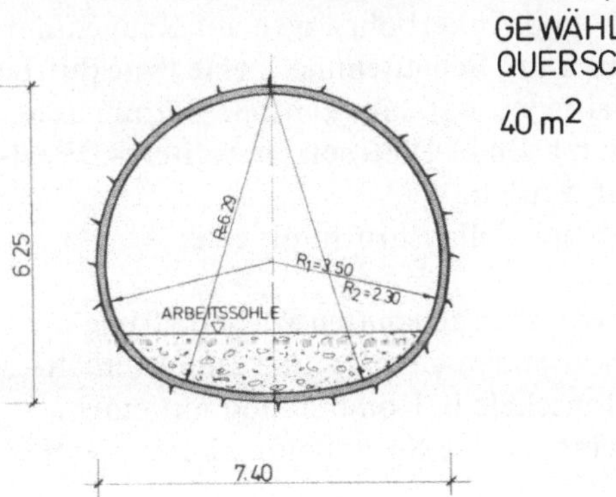

Abb. 1. Querschnitt
Cross-section

Laut Aufgabenstellung des Forschungsvorhabens sollen verschiedene Ausbaumittel, Ausbaustärken und Vortriebsweisen auf ihre Eignung hin erprobt werden. Für die Vorgehensweise wurde deshalb folgendes festgelegt:

- Unterteilung der aufzufahrenden Strecke in einzelne Ausbauabschnitte
- Beginn der Vortriebsarbeiten mit einem — wie bei der NÖT in unbekannten Gebirgsverhältnissen üblich — relativ stark dimensionierten Ausbau
- intensive meßtechnische Überwachung dieses 1. Ausbauabschnittes
- aufgrund der erhaltenen Meßwerte und der gewonnenen Erkenntnisse Übergang auf Ausbauabschnitt II mit Anpassung der Vortriebs- und Sicherungsweisen an die tatsächlichen Gegebenheiten und Erfordernisse
- weitere meßtechnische Überwachung von Gebirge und Ausbau in den folgenden Ausbauabschnitten mit Variation der Ausbauelemente und Herantasten an die optimale Sicherungsweise.

Die meßtechnische Überwachung der Vortriebs- und Sicherungsarbeiten ist bekanntermaßen ein wesentlicher Bestandteil der NÖT. Den Messungen und deren Ergebnissen kommen im allgemeinen eine größere Bedeutung zu als den statischen Berechnungen.

Zur unmittelbaren Kontrolle der Sicherungsarbeiten werden alle 10 m Konvergenzmessungen und Nivellements der Firste und Sohle durchgeführt. Diese Verformungsmessungen geben eine erste Auskunft über das Verhalten von Gebirge und Ausbau.

In Hauptmeßquerschnitten werden Radial- und Tangentialdruckmeßdosen, Mehrfachextensometer bis zu 16 m lang sowie Meßanker eingebaut.

Mit den Radial- und Tangentialdruckmeßdosen werden die Kontaktspannungen zwischen der Spritzbetonschale und dem Gebirge sowie die Normalspannungen im Spritzbeton ermittelt. Beide Messungen zusammen ergeben Hinweise auf die vorhandene Belastung der Spritzbetonschale.

Mit den Extensometern wird die zeitliche und räumliche Entwicklung der Gebirgsverformungen um den Hohlraum herum kontrolliert.

Die Meßanker geben Auskunft über die Beanspruchung der eingebauten Anker. Vor allem wird dabei ermittelt, in welcher Tiefe welche Kräfte in die Anker eingeleitet werden. Aus den Ergebnissen kann auf die Dimensionierung der Anker geschlossen werden.

Mitte 1979 begann die Arbeitsgemeinschaft 12. Sohle unter Federführung der Gesteins- und Tiefbau GmbH mit der Auffahrung. Für die Vortriebsarbeiten sind ein elektrohydraulischer Sprengloch- und Ankerbohrwagen auf Raupenfahrwerk, zwei dieselbetriebene Fahrlader mit 2 m^3 Schaufelinhalt, eine druckluftbetriebene Hub-Arbeitsbühne auf Raupenfahrwerk und eine zentrale Betonmischanlage für Trockenspritzverfahren eingesetzt. Ende 1980 soll ein weiteres Dieselgerät mit 6 m^3 Wechselmulden eingesetzt werden.

Der Ausbruch wird im Sprengvortrieb bei Vollausbruch mit einer Abschlagstiefe von max. 3,30 m hergestellt.

Die Erfahrung bei der Erstellung der eingangs genannten Wasserhaltung Nordstern hat gezeigt, daß bei den zu erwartenden Gebirgs- und Druckverhältnissen eine Sicherung mit einer Spritzbetonschale in Kombination mit einer systematischen Ankerung geeigneter erscheint als eine Spritzbetonschale in Verbindung mit Stahlbögen. Die Nachteile bei Verwendung von Stahlbögen liegen darin, daß sie bei großer Auflastung wegen des geringen Haftverbundes mit der Spritzbetonschale ausknicken und ihre Tragfähigkeit verlieren. Eine Ankerung hingegen ist elastischer, kann gewisse Gebirgsverformungen mitmachen und erhöht durch eine aufgebrachte oder durch eine sich selbst einstellende Vorspannung die Tragfähigkeit des Gebirges.

Aus diesen Überlegungen heraus wurde für den ersten 50 m langen Ausbauabschnitt eine Spritzbetonsicherung mit Ankern gewählt. Die Dimensionierung dieser Sicherung erfolgte aufgrund mehrerer statischer Berechnungen mit einem elektronischen Rechenprogramm, wobei als statische Systeme ein Verbundsystem Spritzbetonschale plus Gebirgstragring angesetzt wurde. Den Rechenergebnissen nach und unter Berücksichtigung erhöhter Sicherheit wurden eine 25 cm dicke Spritzbetonschale, bewehrt mit 2 Lagen Betonstahlmatten Q 257 und eine ringsum laufende Ankerung mit einer Ankerlänge von 5,0 m (SN-Anker) im gegenseitigen Abstand von 1,50 m gewählt. Die Sicherung war unmittelbar hinter der Ortsbrust in vollem Umfange einzubringen.

Obwohl in diesem ersten Ausbauabschnitt die Vortriebsleistungen gering waren und die Ringschlußzeiten bei etwa 3 bis 4 Tagen lagen, zeigten sich nur geringe Konvergenzen. Die gemessenen Vertikalkonvergenzen (Firstsenkung und Sohlhebung zusammen) betrugen bis zur Beruhigung nach ca. 6 Monaten im Mittel 20 mm und die Horizontalkonvergenzen (Stoßwanderungen) 7 mm.

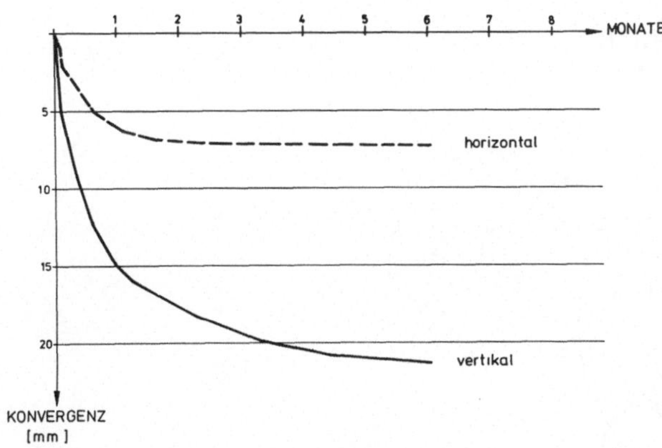

Abb. 2. Konvergenz Ausbauabschnitt I (mm)
Convergence section I

Bei großmaßstäblicher Auftragung der Konvergenzen ist in Abhängigkeit von der Sprengeinwirkung ein wellenförmiger Verformunsverlauf mit Bewegungs- und Beruhigungsphasen festzustellen, wobei die erste Sprengeinwirkung in etwa doppelt so große Verformungen verursacht wie die nächst nachfolgende. Hier, wie auch bei allen weiteren bis jetzt gemessenen Konvergenzen waren die Sprengeinwirkungen 3 mal deutlich meßbar und erst danach setzte die eigentliche Stabilisierungsphase ein.

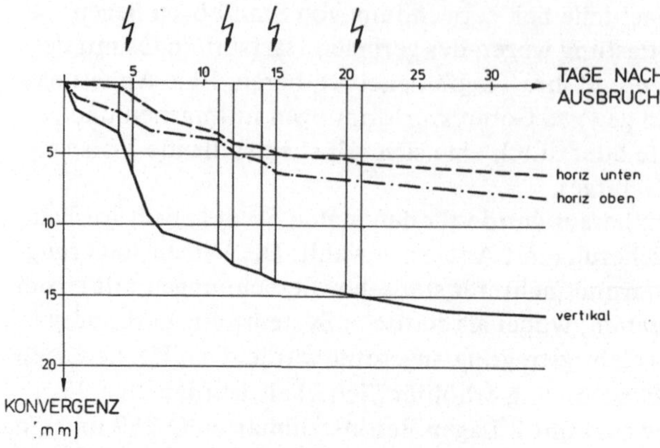

Abb. 3. Konvergenz – großmaßstäblich (mm)
Convergence – great scale

Der erste großangelegte Meßquerschnitt wurde nach 25 m Vortrieb eingebaut. Die mittels Glötzl-Druckmeßdosen gemessenen Kontaktspannungen
zwischen dem Gebirge und der Spritzbetonschale betragen max. 0,5 N/mm².
Dieser Wert trat erwartungsgemäß nur im Bereich der stärkeren Krümmung am
Übergang Stoß/Sohle auf. Im Oberbau und in der Sohle sind die Kontaktspannungen sehr gering und betragen weniger als 0,1 N/mm².

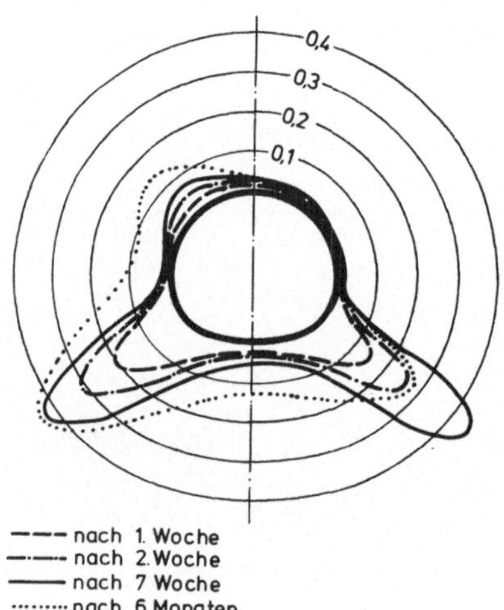

Abb. 4. Druckmeßdosen-Kontaktspannungen (N/mm²)
Hydraulic cells-contact pressure

Die in der Spritzbetonschale einbetonierten Druckmeßdosen zeigen Beton-
druckspannungen von max. 5 N/mm² an, das entspricht bei der verwendeten
Spritzbetongüte B 25 etwa einem Fünftel der Belastbarkeit.

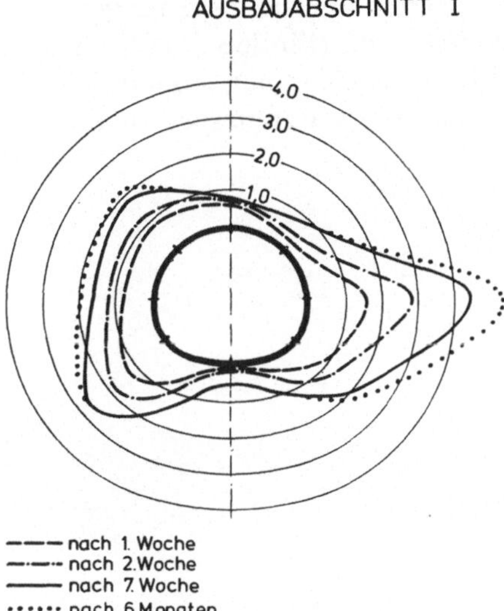

Abb. 5. Druckmeßdosen-Betondruckspannungen (N/mm²)
Hydraulic cells-concrete stress measurement

Die zur Erfassung der Gebirgsverformungen eingebauten Extensometer zeigen im Nahbereich bis in eine Entfernung von 3 m die Einwirkung des Ankertragringes. Die gemessenen Verformungen betragen hier max. 0,6 mm/m und liegen im elastischen Bereich. In der Gebirgszone von 3 m bis 7 m hinter dem Hohlraum liegen die Gebirgsverformungen bei max. 1,1 mm/m. Im äußeren Bereich von 7 m bis 16 m hinter dem Hohlraum wurden kaum noch Verformungen gemessen.

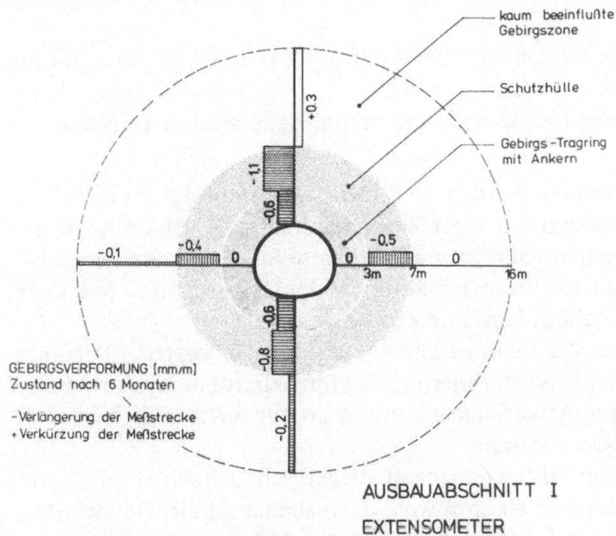

Abb. 6. Extensometer-Gebirgsverformungen (mm/m)
Extensometer-deformation of rock mass

Die in den Meßankern mittels Miniextensometern ermittelten Ankerbeanspruchungen zeigen, daß mit Ausnahme des Firstankers (Einfluß des Flözes) und des östlichen unteren Stoßankers (Kohlestreifen) die Anker nur geringfügig belastet werden. Im letzten Teilstück sind sämtliche Anker nur unwesentlich belastet.

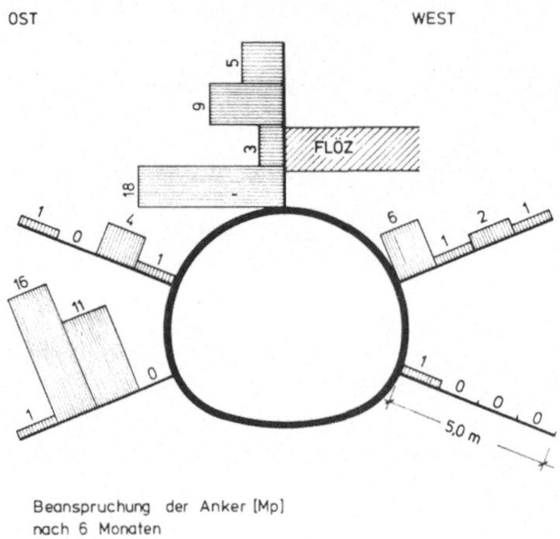

Abb. 7. Meßanker-Belastung (Mp)
Mechanical measuring anchor-loading

Aus den Meßergebnissen konnte für Ausbauabschnitt I gefolgert werden:

– die Hohlraum- und Gebirgsverformungen sind sehr gering, geringer als erwartet wurde
– die Spritzbetonschale wird nur mit etwa 20 % ihrer Tragkraft belastet und ist überdimensioniert
– die Ankerlängen können reduziert werden, da sie im letzten Teilstück kaum belastet sind.

Aus dieser Erkenntnis heraus wurden für Ausbauabschnitt II nur eine 15 cm dicke Spritzbetonschale bewehrt mit einer Betonstahlmatte Q 188 und eine Systemankerung mit 3,5 m langen Ankern gewählt. Diese Sicherung wurde ebenfalls, wie bei Ausbauabschnitt I, unmittelbar hinter der Ortsbrust und noch vor dem nächsten Abschlag in vollem Umfange eingebracht.

Mit der Reduzierung der Ausbaumaßnahmen wurden die Vortriebsleistungen erheblich verbessert. Durch die Verminderung der Spritzbetondicken und insbesondere durch die verkürzten Ankerlängen wurden bis zur fertigen Sicherung eines Abschlages 1 bis 1,5 Tage benötigt.

Die Vertikal- und Horizontalkonvergenzen stiegen sehr schnell an und waren in den ersten Tagen etwa doppelt so groß wie bei Ausbauabschnitt I. Nach Beruhigung zeigten die vertikalen Konvergenzen (Firstsenkung und Sohlhebung zusammen) im Mittel 30 bis 35 mm und die horizontalen Konvergenzen (Stoßwanderungen) 10 bis 15 mm.

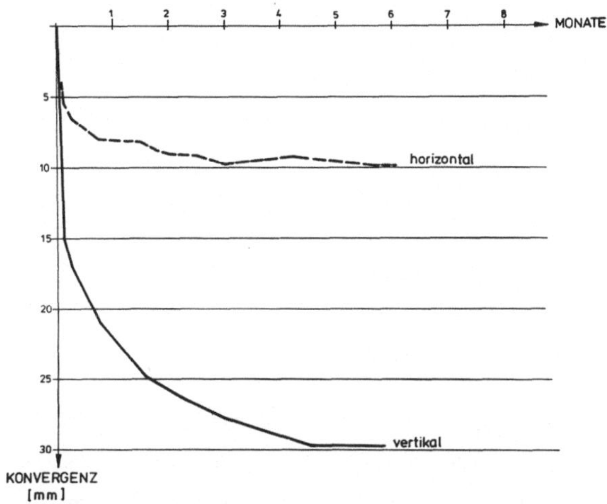

Abb. 8. Konvergenz Ausbauabschnitt II (mm)
Convergence section II

Der zur Kontrolle eingebaute 2. Meßquerschnitt zeigte im Vergleich zum 1. Meßquerschnitt eine erheblich stärkere Beanspruchung von Gebirge und Ausbau an. Der mit Ankern unterstützte Gebirgstragring zeigte Verformungen bis zu 3 mm pro Meter und ist damit ca. 4 bis 5 mal so hoch belastet, wie bei Ausbauabschnitt I. Der dahinterliegende Gebirgsbereich zeigt ebenfalls höhere und weiterreichende Verformungen an. Die Meßanker sind dementsprechend weit höher belastet als bei Ausbauabschnitt I und wurden teilweise bis zur rechnerischen Bruchlast belastet.

Im weiteren Verlauf der Vortriebsarbeiten trat im Firstbereich ein Scherriß auf. Durch Nachankerung wurde jedoch die Stabilisierung wieder erreicht.

Der im Firstbereich aufgetretene Scherriß und die hohe Belastung von Gebirge und Ausbau brachten die Erkenntnis, daß die Sicherungsmaßnahmen hier zu früh eingebracht wurden. Infolge der gesteigerten Vortriebsleistung und der damit verbundenen verkürzten Standzeiten hatten die Entspannungsvorgänge im Gebirge noch nicht ausreichend stattgefunden, sodaß der sehr frühzeitig eingebrachte Ausbau durch die Verformungen zu stark belastet wurde.

Die Konsequenz für Ausbauabschnitt III war ein zeitlich verzögerter Einbau der Sicherungselemente. Die Spritzbetonstärke, die Ankerlänge und Ankerdichte wurde wie in Ausbauabschnitt II beibehalten, jedoch wurden die Stoßanker und die Spritzbetonschale einen Abschlag später eingebracht.

Wie erwartet, nahmen die Vertikal- und Horizontalkonvergenzen durch den verspäteten Spritzbetoneinbau und durch die nachträgliche Restankerung gegenüber Ausbauabschnitt II besonders in der Anfangsphase weiter zu. Entscheidend jedoch ist nicht die absolute Größe der Konvergenzen, sondern der Zeit-Verformungsverlauf und die Stabilisierung von Gebirge und Verbau.

Innerhalb von 5 Tagen stiegen die Konvergenzen auf etwa 25 mm (vertikal) und auf ca. 10 mm (horizontal) an. Besonders deutlich tritt die „Bremswirkung" der nachträglich aufgebrachten Spritzbetonschale in Erscheinung. Dem Verlauf nach entsprechen die hier festgestellten Konvergenz-Ganglinien der Idealkurve.

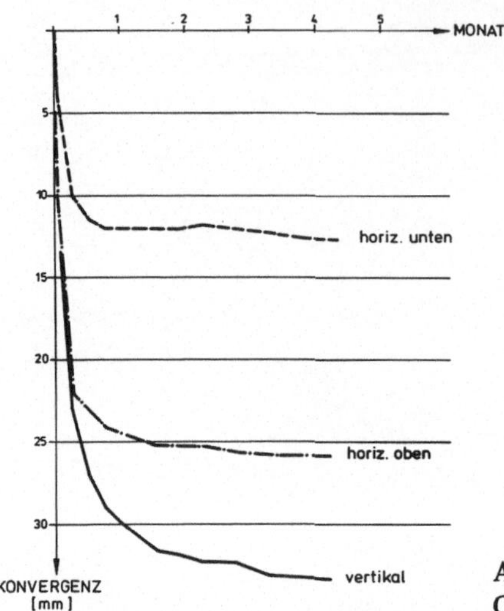

Abb. 9. Konvergenz Ausbauabschnitt III (mm)
Convergence section III

Die Überprüfung im 3. Meßquerschnitt zeigte, daß durch den verspäteten Einbau der Sicherung das Gebirge unmittelbar oberhalb der Firste, bedingt durch den schichtigen Aufbau des Gebirges mit zwischenliegendem Flöz, eine größere Aufdehnung aufweist. Ansonsten aber sind die Gebirgsverformungen in den übrigen Bereichen ähnlich wie bei Ausbauabschnitt II.

Die sofort und unmittelbar nach dem Abschlag versetzten Firstanker zeigen eine hohe Belastung. Die einen Abschlag später eingebauten Anker sind nur wenig belastet.

Die mittels Druckmeßdosen gemessenen Kontaktspannungen zeigen eine ähnliche Größenordnung und einen ähnlichen Spannungsverlauf wie bei Ausbauabschnitt I.

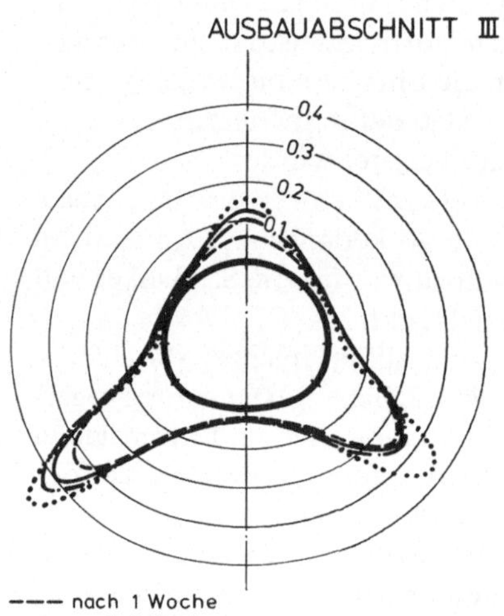

Abb. 10. Druckmeßdosen-Kontaktspannungen (N/mm^2)
Hydraulic cells-concrete stress measurement

AUSBAUABSCHNITT III

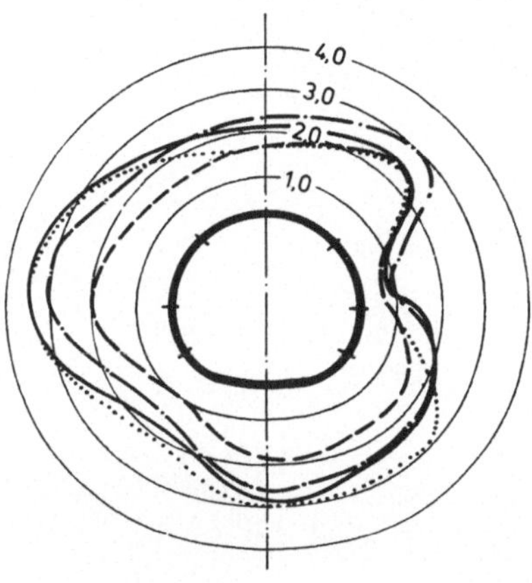

Abb. 11. Druckmeßdosen-Betondruckspannungen (N/mm^2)
Hydraulic cells-concrete stress measurement

Der verspätete Einbau der Vortriebssicherung hat sich über eine größere Streckenlänge voll bewährt.

Bei Annäherung an die bereits erwähnten Abbaukanten und an die Überschiebungszone mußte wegen des größeren Gebirgsdruckes eine verstärkte Ankersicherung gewählt werden. Außerdem wurde der Oberbau teilweise erst 10 m hinter der Ortsbrust fertig eingespritzt, um der Spritzbetonschale die unvermeidbaren Gebirgsdeformationen zu ersparen.

Bisher wurden rund 380 m Strecke aufgefahren. Insgesamt betrachtet kann schon heute gesagt werden, daß mit den bis jetzt verwandten Sicherungsmitteln und entsprechendem Vorgehen nach den Grundsätzen der NÖT auch in großen Teufen des Steinkohlenbergbaus die Hohlraumverformungen klein gehalten und eine Stabilisierung von Gebirge und Ausbau erreicht werden kann. Die bei der NÖT aufgetretenen Verformungswerte wären bei herkömmlicher Bauweise nur mit einem aufwendigen, absolut starren Ausbau in Verbindung mit schonendster Vorgehensweise denkbar.

Es ist anzunehmen, daß das Gebirge bei der hier erhaltenen Gebirgsfestigkeit besser in der Lage sein wird, die auftretende Dynamik infolge späteren Abbaues aufzunehmen als bei bergbauüblichem Stützausbau. Schäden sind zwar nicht auszuschließen, aber das Meßprogramm wird ein frühzeitiges Erkennen und damit ein gezieltes Einleiten von Ausbauverstärkungen ermöglichen.

Die technischen und wirtschaftlichen Möglichkeiten wurden bisher noch nicht voll ausgeschöpft. Wegen der Anpassungsfähigkeit der Bauweise an die jeweiligen Gebirgsverhältnisse werden noch weitere positive Erkenntnisse erwartet.

Durch die bessere Beherrschung des Gebirges werden außerdem günstigere Kosten für die Erstellung und Unterhaltung solcher Grubenbaue entstehen.

Anschrift der Verfasser: *Hans Albers*, Betriebsführer Steinkohlenbergwerk Nordstern, D-4650 Gelsenkirchen-Horst, Bundesrepublik Deutschland.
Dietrich Jagsch, Ingenieurbüro für Tunnel- und Felsbau GmbH, Prof. L. Müller − Dipl.-Ing. A. Hereth, Rintheimer Straße 48, D-7500 Karlsruhe 1, Bundesrepublik Deutschland.

Rock Mechanics, Suppl. 11, 139—152 (1981)

Rock Mechanics
Felsmechanik
Mécanique des Roches
© by Springer-Verlag 1981

Betrachtungen zu Bewegungen und Spannungen im Gebirge als Folge der Abbauführung im Steinkohlenbergbau

Von

W. Ehrhardt

Mit 11 Abbildungen

Zusammenfassung — Summary

Betrachtungen zu Bewegungen und Spannungen im Gebirge als Folge der Abbauführung im Steinkohlenbergbau. Innerhalb der Steinkohlenlagerstätten des Ruhrgebietes befinden sich nebeneinander unterschiedlich stark tektonisch beanspruchte Bereiche, die durch Grenzflächen voneinander getrennt sind. Wird ein tektonisch stark beanspruchter Bereich zuerst abgebaut, entstehen auf den dort verstärkt vorhandenen Klüften und kleintektonischen Störungen in erster Linie Bewegungen. Diese Bewegungsmöglichkeiten werden auf der Grenze zum geringer beanspruchten Bereich behindert, weil die Klüfte und kleintektonischen Störungen hier enden. Es kommt in diesem Falle auf den Grenzen zwischen unterschiedlich tektonisch beanspruchten Bereichen zu Kerbspannungen und damit zu einer Spannungskonzentration im Gebirge. Wird demgegenüber der geringer tektonisch beanspruchte Bereich zuerst abgebaut, kommt es nicht zu Spannungskonzentrationen.

Die Lage von Spannungsauslösungen im Ruhrkarbon bestätigt die beschriebenen Zusammenhänge.

Die vorstehende Abhandlung ist ein Auszug der Ergebnisse und Erkenntnisse des Forschungsvorhabens „Erfassung der Lagerstätten-Tektonik des Ruhrgebietes". Dieses Forschungsvorhaben wird von dem Bundesminister für Forschung und Technologie gefördert.

Considerations on Movement and Stress Phenomena in Rock Strata, Resulting from Hardcoal Mining. The hardcoal deposits of the Ruhr area are characterized by a system of tectonically differently stressed zones separated from each other by interfaces. These interfaces are partially constituted by tectonic faults and partially they are fictive interfaces not characterized by a particular tectonic feature. The changes in the prevailing stress patterns caused by mining activities can be absorbed by moderately stressed rock strata without movement in these strata being caused. In more stressed rock strata, however, the disturbed equilibrium is predominantly re-established by movements in zones with cleats and faults. Thus consideration of the borderlines between differently stressed zones gains particular importance. If the tectonically highly stressed zone is mined first, movement is caused mainly in the cleat and fissure system of these zones. The movements, however, are damped when they reach the tectonically less stressed zone since there the above-mentioned cleats and fissure systems do not exist. In these cases stress accumulation takes place.

0080—3375/81/Suppl. 11/0139/$ 02.80

If the tectonically less stressed zone is mined first, movements are to a larger extent transmitted to the more intensely stressed zone. Stress accumulation in the interface area between differently stressed strata zones is, in this case, not likely to occur.

The rock burst pattern in the carboniferous strata of the Ruhr area confirms the correlations described above. The investigations of these phenomena in the Ruhr area have shown that rock bursts near the interfaces between differently stressed zones occurred in the less stressed formations. The direction of advance of mine workings turned out to be worth being considered in this context.

Further development is focussed on investigations on parameters enabling early determination of borderlines between differently stressed zones underground.

Einleitung

Als Folge der Abbauführung im Steinkohlenbergbau treten im Gebirge sowohl Bewegungen als auch Spannungen auf. Nachstehend wird aufgezeigt, bei welchen Gebirgseigenschaften mit örtlich erhöhten Spannungszuständen bzw. mit stärkeren Bewegungen im Gebirge gerechnet werden kann. Die Gebirgseigenschaften können durch unterschiedliche tektonische Beanspruchungen verändert sein.

Der Einfluß unterschiedlicher tektonischer Beanspruchung auf Spannung und Bewegung im Gebirge

Nach empirischen Untersuchungen und bergmännischen Erfahrungen innerhalb der Steinkohlenlagerstätte des Ruhrgebietes sind räumliche Teilbereiche des Gebirgskörpers so abgegrenzt worden, daß auf Grund der hier in etwa einheitlichen tektonischen Beanspruchung in diesen Teilbereichen gleiche Voraussetzungen für den Abbau der Flöze vorlagen. Die räumliche Begrenzung dieser Teilbereiche, hier mit „tektonischer Bereich" bezeichnet, wird von Flächen gebildet. Nach einem hier nicht näher beschriebenen Verfahren sind die tektonischen Bereiche bewertet und mit einer Kennziffer versehen worden, die Auskunft über die tektonische Beanspruchung und damit Hinweise über die zu erwartenden Abbauerfolge gibt.

Im gesamten Bereich der Ruhrkohle AG ist die Lagerstätte in tektonische Bereiche eingeteilt worden. Für jeden tektonischen Bereich wurde eine Kennziffer ermittelt. Heute können die Markscheidereien die Kennziffern anhand eines „Tafelwerks" überprüfen und bestimmen.

Bei gering tektonisch beanspruchten Bereichen sind keine oder nur kleinere tektonische Störungen beobachtet worden bzw. zu erwarten. Die Lagerungsverhältnisse haben sich, verglichen mit dem Zustand bei der Entstehung, nicht wesentlich verändert. Die von einem bergmännischen Eingriff herrührenden Änderungen der Spannungszustände können von den hier anstehenden tektonisch gering beanspruchten Gebirgsschichten aufgenommen und weitergeleitet werden, ohne daß damit Bewegungen (Zerstörungen des Schichtenverbandes) verbunden sein müssen.

Das Gebirge in tektonisch stark beeinflußten Bereichen verhält sich nun wesentlich anders. Es besitzt auf Grund seines größeren Zerstörungszustandes nicht oder nur zum Teil die Fähigkeit, durch den Bergbau verursachte Spannungen aufzunehmen bzw. weiterzuleiten, sondern es ist eher in der Lage, den gestörten Gleichgewichtszustand durch Bewegungen an Kluft- und Störungsflächen wiederherzustellen.

Wegen dieser Unterschiede in dem Verhalten des Gebirges in bezug auf die bergmännischen Eingriffe sind das Erfassen und die Beobachtung der Grenzen unterschiedlich beanspruchter Bereiche von besonderer Bedeutung.

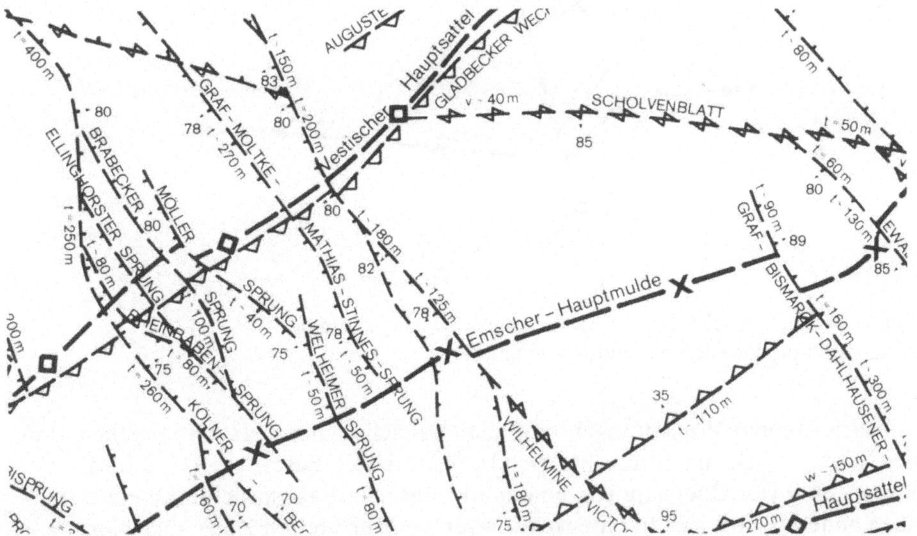

Abb. 1. Ausschnitt aus der RAG-Übersichtskarte Großtektonik -1000 m NN
Detail of the RAG survey map "general tectonics" -1000 m NN

Die Abb. 1 ist ein Ausschnitt aus der RAG-Übersichtskarte Großtektonik -1000 m NN. Der Ausschnitt zeigt, daß im Ruhrkarbon unterschiedlich tektonisch beanspruchte Bereiche nebeneinander vorhanden sind. So ist der westliche Teil des dargestellten Ausschnittes wesentlich stärker durch tektonische Störungen zergliedert als der östliche Teil.

· Die Untersuchungen haben gezeigt, daß unterschiedlich tektonisch beanspruchte Bereiche nicht nur von tektonischen Störungen voneinander abgegrenzt werden, sondern auch von abgeleiteten Flächen. Grenzen zwischen unterschiedlich beanspruchten Bereichen gibt es also auch innerhalb einer Scholle. Das Beispiel einer Grenze, die durch eine abgeleitete Fläche gebildet wird, zeigt die Abb. 2. Die Grenze verläuft etwa in der Mitte der Abbildung. Sie ist durch eine Linie dargestellt, die durch kleine Quadrate unterbrochen ist. Besonders betont sei, daß es sich bei dieser Grenzfläche nicht um eine tektonische Störung handelt. Man erkennt, daß alle tektonischen Störungen im Bereich der Grenzfläche enden. Daraus kann man ableiten, daß der westliche Teil eine andere tektonische Beanspruchung erfahren hat als der östliche. Die Voraus-

setzung für die Bildung tektonischer Störungen muß sich also im Bereich
der Grenze verändert haben. Die Anzahl der Störungen gibt bereits den ersten
Hinweis darauf, daß in Abb. 2 der westliche Teil des Gebirges stärker beansprucht ist als der östliche.

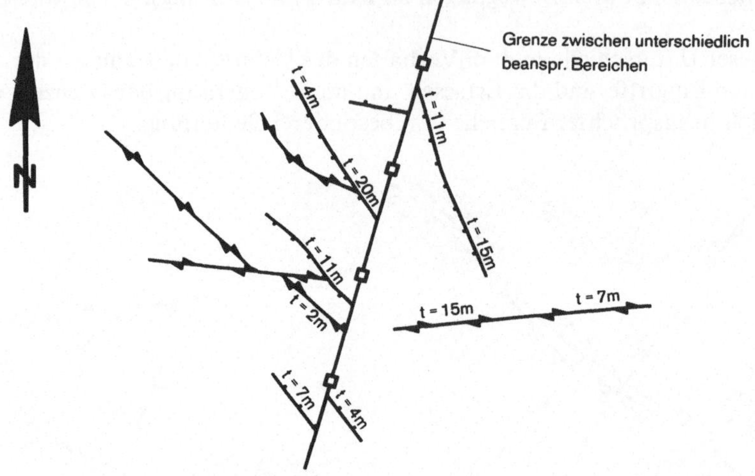

Abb. 2. Begrenzung tektonischer Bereiche innerhalb einer Scholle
Delimitation of tectonic areas within one block

Nach unseren Vorstellungen muß man zunächst einmal davon ausgehen, daß
die Grenzen zwischen unterschiedlich beanspruchten Bereichen keine Ideal-
flächen sind. Der Übergang von einem tektonischen Beanspruchungsbereich in
einen anderen wird sich in einer mehr oder weniger breiten Zone abspielen.
Darauf weisen auch Gefügemessungen in Kohle und Nebengestein hin.

Wie Untersuchungen gezeigt haben, können gleiche stratigraphische
Schichten in unterschiedlich tektonisch beanspruchten Bereichen auf bergmännische Eingriffe sehr unterschiedlich reagieren. Zwei extreme Zustände sind
denkbar:

1. Das Gebirge kann wegen einer vorhandenen geringen tektonischen Beanspruchung auch die vom Abbau verursachten Spannungsänderungen aufnehmen
und weiterleiten, ohne daß besondere Bewegungen im Gestein auftreten.

2. Das Gebirge kann wegen einer vorhandenen größeren tektonischen Beanspruchung keine bzw. geringe Spannungen aufnehmen; diese werden in erster
Linie an den vorhandenen Klüften im Gestein durch Bewegungen abgebaut.

In der Abb. 3 ist eine Gesteinsauflockerung beim Bruchvorgang, wie sie
L. Müller-Salzburg beschrieben hat, dargestellt. Der Druck zerstört kleine Ge-
steinsteile im Gebirge, wobei es in horizontaler Richtung zu Dehnungen kommt.

Solange das Gebirge unverritzt ist, entspricht der Druck von oben gleich dem
Überlagerungsgewicht. Das ändert sich, wenn bergmännische Hohlräume hergestellt werden. Dann entsteht um die Hohlräume herum ein Zusatzdruck. Dieser

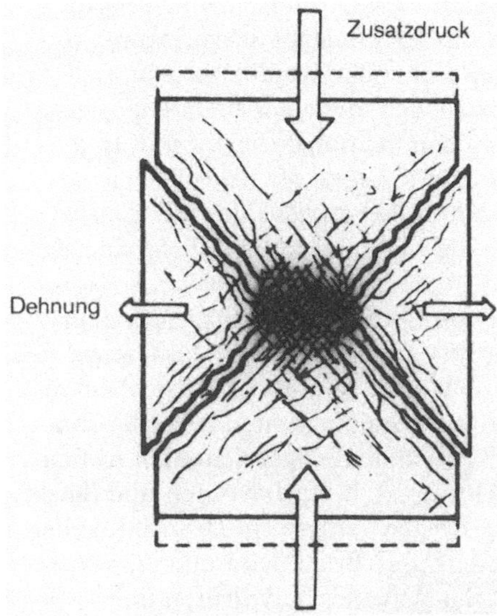

Abb. 3. Gesteinsauflockerung beim Bruchvorgang nach *L. Müller-Salzburg* (Vertikalschnitt)
Rock fracturing during the caving process, according to *L. Müller-Salzburg* (vertical section)

wird hervorgerufen durch die fehlende Stützkraft desjenigen Gesteins, das der
Bergmann entfernt und das somit nicht mehr zur Stützung des Gebirges herangezogen werden kann. Der Zusatzdruck verursacht zwangsläufig zusätzliche Dehnungen in der Horizontalen. Das kann sich äußern einmal durch Gesteinsauflockerung nach *L. Müller*, oder in Verbindung mit der Querdehnung des Gesteins. Man erkennt, daß es bei einem Zusatzdruck zu horizontalen Kräften
kommt, die entweder Bewegungen (Gesteinsauflockerung nach *L. Müller*) oder
Spannungen (Querdehnung) verursachen.

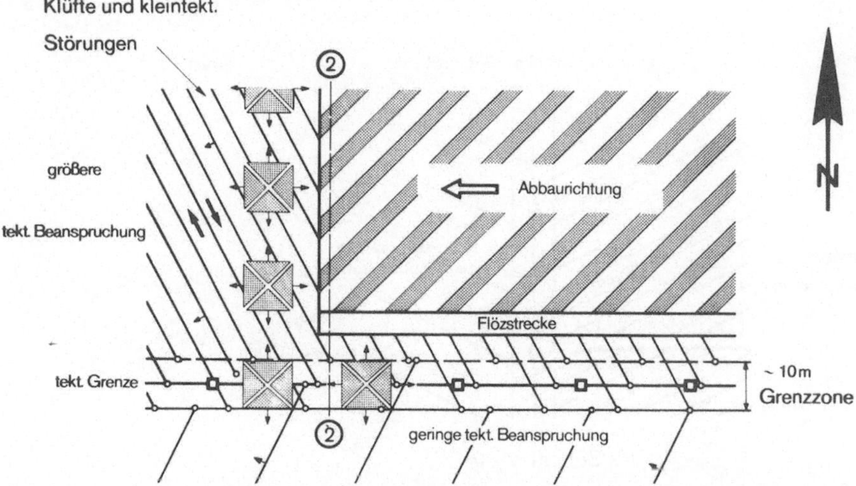

Abb. 4. Abbau im stärker tektonisch beanspruchten Bereich (Horizontalschnitt)
Extraction in the area subjected to high tectonic stress (horizontal section)

144   W. Ehrhardt:

In der Abb. 4 sind in einem Horizontalschnitt zwei unterschiedlich tektonisch beanspruchte Bereiche wiedergegeben. Im Süden liegt eine geringere, im Norden eine größere Beanspruchung vor. Diese Bereiche werden zeichnerisch durch eine unterschiedliche Schraffur unterschieden, die auch einen Hinweis auf die Häufigkeit von Klüften und kleintektonischen Störungen geben soll. In der Grenzzone, die hier mit 10 m angenommen wurde, gehen die beiden Beanspruchungssysteme ineinander über. Kleine Kreise heben das Ende der Klüfte und kleintektonischen Störungen, die durch die Linien versinnbildlicht sind, besonders hervor.

Zusätzlich ist ein Abbau dargestellt, der von Osten kommend sich in dem stark beanspruchten Bereich befindet und mit der Flözstrecke an der Grenze zu einem gering beanspruchten Bereich liegt. Die Würfel, von denen einer oben beschrieben wurde, sind hier als zerteilte Quadrate gezeichnet, und zwar der Einfachheit halber so, daß der Zusatzdruck, der durch den eingezeichneten Abbau hervorgerufen wird, Bewegungen in Strebrichtung, d. h. nach Norden und Süden, und in Abbaurichtung, d. h. nach Osten und Westen verursacht. Der vom Abbau im stärker beanspruchten Bereich herrührende Zusatzdruck wird nun eine Auflockerung der Gesteinsschichten im Bereich des Abbaues hervorrufen und Bewegungen erzeugen, die zum größten Teil sich an den vorhandenen Kluftbahnen bemerkbar machen werden. Diese Bewegungsmöglichkeiten sind durch gegenläufige Pfeile vor dem Abbau an einer der Kluftbahnen besonders hervorgehoben. Diese Klüfte enden aber zum Teil in der Grenzzone. In dem gering beanspruchten Bereich liegt ein anderes Kluftsystem vor, das sich dieser Bewegungsrichtung entgegenstellt. Kräfte erzeugen Spannungen. Wenn das Gestein nicht in der Lage ist, diese Spannungen aufzunehmen, werden diese in Bewegungen umgesetzt. An der Grenze zwischen unterschiedlich tektonisch beanspruchten Bereichen kann es wegen fehlender Bewegungsmöglichkeit zu einer Konzentration von Spannungen, von sogenannten Kerbspannungen, kommen, wenn zuerst der Abbau im Bereich der größeren tektonischen Beanspruchung geführt wird.

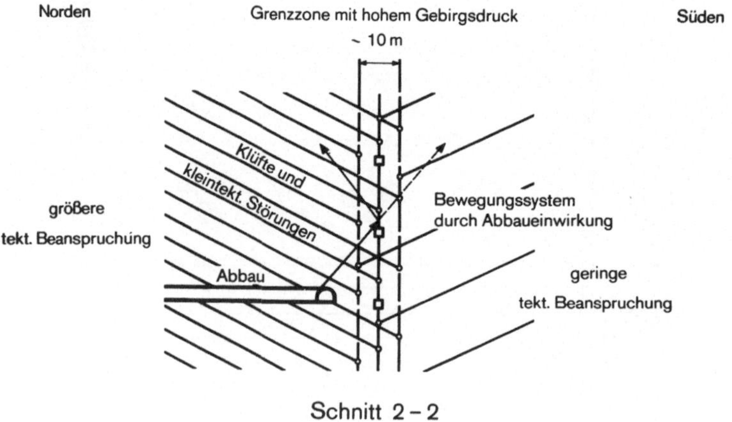

Abb. 5. Abbau im stärker tektonisch beanspruchten Bereich (Vertikalschnitt)
Extraction in the area subjected to high tectonic stress (vertical section)

Die Abb. 5 zeigt den Vertikalschnitt 2–2 zu der Abb. 4. Der Abbau mit der südlichen Flözstrecke befindet sich im stärker beanspruchten Bereich. Die vom Abbau ausgehenden Bewegungen finden an der Grenze zum gering beanspruchten Bereich im Süden weniger und zudem auch anders gerichtete Bewegungsbahnen vor und werden von daher gesehen in ihrer Bewegung gehemmt bzw. umgelenkt. Die ursprünglich schon vorhandenen Unterschiede in der tektonischen Beanspruchung werden sich durch die vom Abbau verursachten Beanspruchungen der Gebirgsschichten deshalb besonders an der Grenze verstärken, wenn zuerst der Abbau im stärker beanspruchten Bereich erfolgt. Die Vorgänge nach Abb. 5 zeigen auch hier, daß im weniger beanspruchten Bereich wegen der hier vorhandenen geringeren Auflockerung des Gebirges es eher zu Spannungskonzentrationen kommen kann, und zwar einmal oberhalb des Abbaues, wie eingezeichnet, aber auch darunter, weil im Gebirge auch unterhalb des Abbaues Bewegungen entstehen können. Man erkennt also, daß die Möglichkeit von Spannungskonzentrationen in dem gesamten Grenzbereich vorhanden ist, wenn der stärker tektonisch beanspruchte Bereich zuerst abgebaut wird.

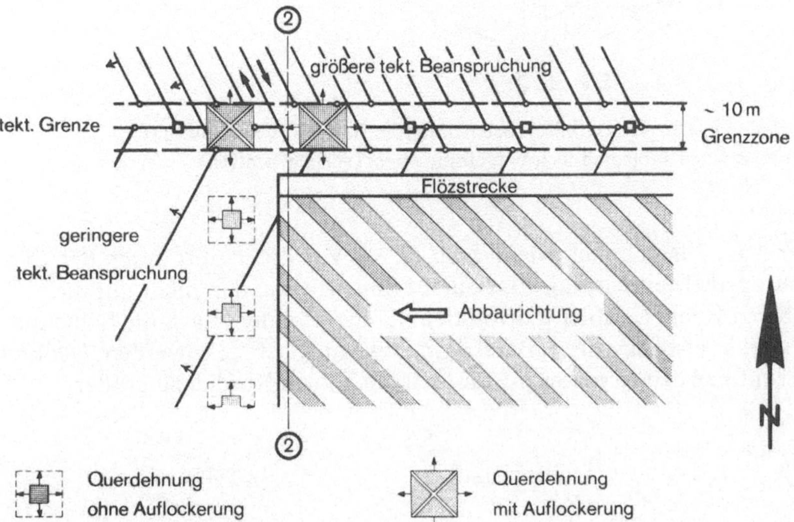

Abb. 6. Abbau im geringer tektonisch beanspruchten Bereich (Horizontalschnitt)
Extraction in the area subjected to low tectonic stress (horizontal section)

Die Abb. 6 ist mit der Abb. 4 identisch mit dem Unterschied, daß hier zuerst im gering beanspruchten Bereich abgebaut wird. Auch hier entstehen um den Abbau herum Spannungen und/oder Bewegungen. Diese Möglichkeiten sind auch hier durch zerteilte Quadrate mit Pfeilen, die die Bewegungsmöglichkeiten andeuten sollen, gekennzeichnet. Hierdurch soll zum Ausdruck gebracht werden, daß durch den Zusatzdruck eine Querdehnung eintreten kann, ohne daß damit eine Auflockerung verbunden sein muß. Vielmehr können hier wegen des geringeren Zerstörungsgrades und der dadurch fehlenden Bewegungsbahnen vom Gestein örtlich mehr Spannungen aufgenommen werden. Zum stärker beanspruchten Bereich, d. h. zur Grenzzone hin, wird ein größerer Teil des Zusatzdruckes sich in Auflockerungen, d. h. in Bewegungen umsetzen, weil hier verstärkt auftretende Klüfte mit zahlreichen Bewegungbahnen sich besonders anbieten. Die Gefahr einer Spannungskonzentration im Bereich der Grenzzone ist daher nicht zu befürchten.

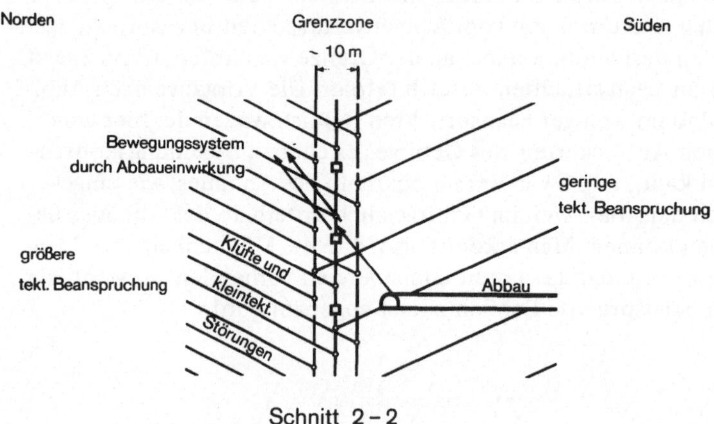

Abb. 7. Abbau im geringer tektonisch beanspruchten Bereich (Vertikalschnitt)
Extraction in the area subjected to low tectonic stress (vertical section)

In der Abb. 7 ist, ähnlich wie in Abb. 5, ein Vertikalschnitt durch den Streb gelegt. Durch die Pfeilrichtung wird darauf hingewiesen, daß nicht nur die unmittelbaren Hangendschichten von dem Abbau, sondern auch die Schichten aus dem stärker beanspruchten Bereich in Bewegung gebracht werden. Dadurch wird der vom Bewegungsvorgang erfaßte Bereich nach Norden zu größer.

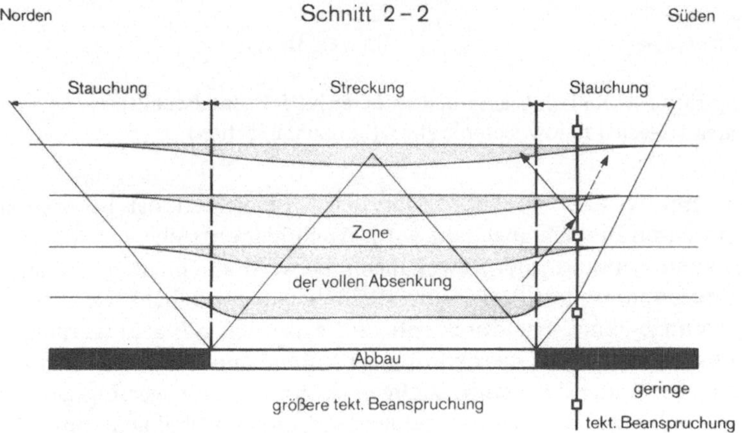

Abb. 8. Abbau und Absenkung des Gebirges
Coal extraction and strata subsidence

Die Abb. 8 beinhaltet den gleichen Vertikalschnitt 2 wie die Abb. 5. Im Gegensatz zu Abb. 5 soll die Abb. 8 Aussage über den Gebirgsdruck machen.

Beim Abbau eines Flözes entsteht im Hangenden des Abbaues im Gebirge eine Zone der vollen Absenkung. Oberhalb dieser Zone entsteht bis zur Abbbaukante Streckung, weil nach oben zu die Absenkung der Schichten relativ abnimmt. Von der Abbaukante bis zur Einwirkungsgrenze des Abbaues wird das Gebirge gestaucht, weil in diesem Bereich die Absenkung der Schichten nach oben relativ zunimmt. Die Bereiche der Zone der vollen Absenkung, der Streckung und der Stauchung sind in Abb. 8 dargestellt.

Nach Norden zu bleibt die tektonische Beanspruchung konstant, während nach Süden zu parallel zum Streb ein gering beanspruchter Bereich liegt. Dadurch, daß nach Süden zu ein Teil der Bewegungen in der Grenzzone zwischen den unterschiedlich beanspruchten Bereichen nach Norden zurückgeleitet wird (vgl. Abb. 5), greift nur ein geringerer Teil des Senkungsvorganges in den geringer beanspruchten Bereich über. Das aber bedeutet, daß unmittelbar nördlich der Grenze eine verstärkte Absenkung erfolgt, die sich auf einen Bereich bezieht, der einmal außerhalb des Abbaues, zum anderen zwischen Abbau und Grenze zum geringer beanspruchten Bereich liegt. Zugleich bedeutet das aber auch: Die Stauchung außerhalb des Abbaubereiches, die hier durch die oben relativ zunehmende Senkung erzeugt wird, wird örtlich größer. Sie stützt sich hier auf eine schmale Zone ab.

Im Gegensatz dazu ist nach Norden zu der Senkungsvorgang kontinuierlich. Ein größerer Teil der Senkungen geht weiter in den unverritzten Teil. Das Druckgewölbe stützt sich hier auf einen größeren Bereich ab.

Da nun die Fläche, auf der sich das Druckgewölbe abstützt, von Bedeutung ist, muß der Gebirgsdruck einschließlich Zusatzdruck südlich des Strebes größer sein als nördlich davon. Das heißt, wird der stärker tektonisch beanspruchte Bereich zuerst abgebaut und bleibt dabei eine schmale Zone zum geringer beanspruchten Bereich stehen, kommt es im Bereich der Grenzzone zu einem hohen Gebirgsdruck.

Wird nun der geringer tektonisch beanspruchte Bereich zuerst abgebaut, dann gehen die Senkungen im Bereich der Grenze zwischen unterschiedlich beanspruchten Bereichen weit in den stärker beanspruchten Teil des Gebirges. Das Druckgewölbe stützt sich in diesem Falle auf einen sehr großen Bereich ab. Entsprechend ist der Gebirgsdruck einschließlich Zusatzdruck geringer.

Es ist natürlich nicht zu erwarten, daß die hier geschilderten Erscheinungen bei einem Abbau entlang einer tektonischen Bereichsgrenze sich klar abgrenzen lassen wie in den oben angeführten Beispielen. Vor allen Dingen dann nicht, wenn Grenzen unterschiedlich beanspruchter Bereiche von den Einwirkungen früherer Abbaue, die ja auch ihre Spuren im Gebirge hinterlassen haben, überprägt worden sind. Hierbei ist u. a. auf Restpfeiler, Abbaukanten, Unterschiede im Versatz, Mächtigkeitsschwankungen usw. hinzuweisen. Wenn sich aber in einem Abbau die oben beschriebenen Erscheinungen zeigen sollten, die nicht durch bergmännische Tätigkeiten erklärt werden können, dann dürfte die Ursache in der unterschiedlichen Beanspruchung liegen, und eine Abgrenzung der Bereiche wäre von dieser Seite aus möglich.

Daß die Untersuchungen nicht ohne Bezug zur Praxis erfolgen, sei nachfolgend erläutert.

Die mit Abb. 2 beschriebene Beobachtung, daß kleintektonische Störungen auf Grenzen zwischen unterschiedlich tektonisch beanspruchten Bereichen auslaufen, konnte in erster Linie in Hangendbereichen von tektonischen Störungen gemacht werden, weil dort kleintektonische Störungen häufiger sind.

Nach diesen Erfahrungen stellte sich von selbst die Frage, was ist nun in den Liegendbereichen an besonderen tektonischen Erscheinungen zu erwarten? Hierüber wurde bereits in der Zeitschrift Glückauf, Nr. 17, vom 6. 12. 1979, geschrieben. Wie dort berichtet wird, haben Lagerstättenteile auch im Liegenden einer tektonischen Störung offensichtlich eine besondere tektonische Beanspruchung erfahren, die sie in die Lage versetzen, höhere Spannungen aufzunehmen als Nachbarbereiche. Erhöhte Spannungsaufnahmefähigkeit ist dabei nach unseren Erkenntnissen nur dann möglich, wenn die tektonische Beanspruchung gering ist.

In den folgenden Abbildungen ist eine näher untersuchte Spannungsauslösung dargestellt.

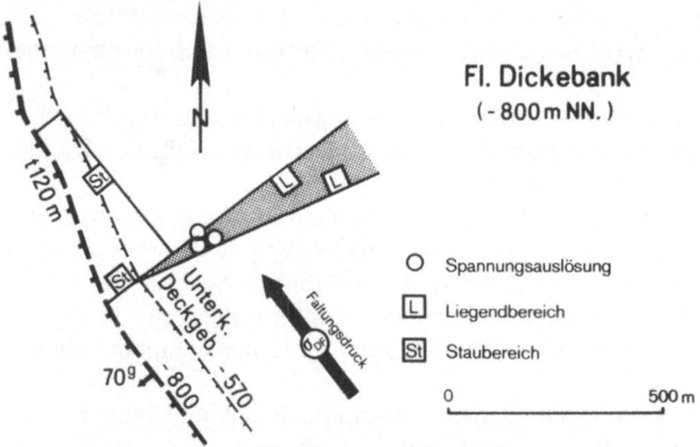

Abb. 9. Tektonische Bereiche und Spannungsauslösungen — kleinmaßstäbliche Darstellung
Tectonic areas and stress releases — small scale diagram

In der Abb. 9 ist in einem kleineren Maßstab die Lage von drei Spannungsauslösungen in einem Flöz in bezug auf die Großtektonik wiedergegeben. An einem nach Westen einfallenden Sprung ist vom Knickpunkt ausgehend ein Sektor mit geringerer Beanspruchung durch eine Rasterung hervorgehoben. In einer Entfernung von rd. 250 m östlich von diesem Knickpunkt liegen die Stellen, an denen es zu einer Spannungsauslösung gekommen ist.

Die gleiche Situation ist in der Abb. 10 wiedergegeben, nur in einem größeren Maßstab mit Angaben über den Stand des Abbaues in Flöz Dickebank. Durch den von Osten kommenden Abbau ist der gering beanspruchte Teil vor dem Streb immer kleiner geworden. Die Spannungsaufnahmefähigkeit des noch nicht vom Abbau erfaßten Gebirgskörpers ist dadurch plötzlich überschritten worden; so kann es zu einer Spannungsauslösung gekommen sein.

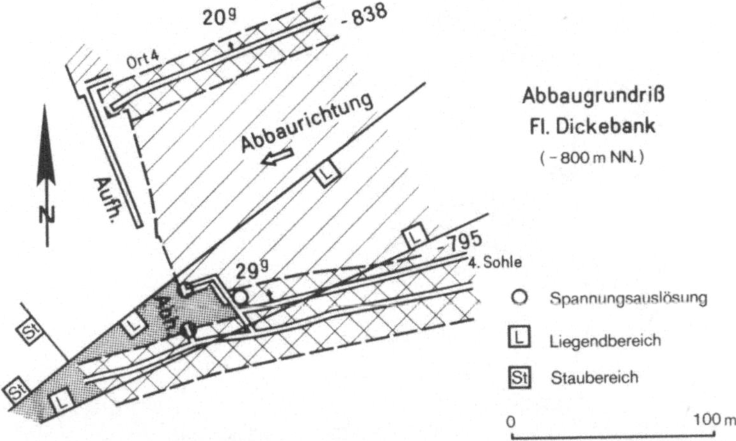

Abb. 10. Tektonische Bereiche und Spannungsauslösungen — großmaßstäbliche Darstellung
Tectonic areas and stress releases — large scale diagram

Die Abbaurichtung hat offensichtlich in so gelagerten Fällen einen großen
Einfluß auf die Entstehung von Spannungskonzentrationen. Wird der vor dem
Abbau liegende Bereich des Gebirgskörpers, der Spannungen aufnehmen kann,
stetig kleiner, besteht die Gefahr, daß die Spannungsaufnahmefähigkeit überschritten wird. Wird demgegenüber in Abbaurichtung der Bereich mit geringer
tektonischer Beanspruchung, d. h. mit der Fähigkeit, Spannungen aufzunehmen,
größer, scheint sich die Möglichkeit von Spannungsauslösungen zu verringern.

Hieraus geht hervor, daß bei einem Abbau in unterschiedlich beanspruchten
Bereichen durch eine zweckmäßige Wahl der Abbaurichtungen das Entstehen
von Spannungskonzentrationen beeinflußt werden kann, wenn die Grenzen der
tektonischen Bereiche bekannt sind.

Da sich im Liegenden und Hangenden einer Störung im Bereich eines Knik-
kes unterschiedliche Beanspruchungen zeigen, muß nun versucht werden, diese
Bereiche abzugrenzen, d. h. irgendwelche Gesetzmäßigkeiten zu erkennen, die
eine örtliche Abgrenzung erlauben.

Um dieses zu erläutern, sei auf die Abb. 11 hingewiesen. Hier ist ein Sprung
wiedergegeben, bei dem drei Störungsabschnitte mit den Buchstaben A, B, C
und D besonders betont werden.

Die Störungsabschnitte haben unterschiedliches Streichen. Die Untersuchungen haben gezeigt, daß Grenzen zwischen unterschiedlich tektonisch beanspruchten Bereichen (vgl. Abb. 2) in vielen Fällen ihren Ausgang in den Knick-
punkten von tektonischen Störungen nehmen und rechtwinkelig zu den Störungsabschnitten ins Hangende und Liegende der Störungen verlaufen. Dadurch
entstehen tektonische Bereiche senkrecht zu den einzelenen Störungsabschnitten
A–B, B–C und C–D. Die zu den einzelnen Störungsabschnitten gehörenden
Bereiche überdecken sich bzw. lassen in Abb. 11 eine Lücke entstehen, wodurch
unterschiedliche tektonische Beanspruchungen entstehen können. Eine gewisse
Ähnlichkeit zwischen diesen schematischen Vorstellungen und der Wirklichkeit

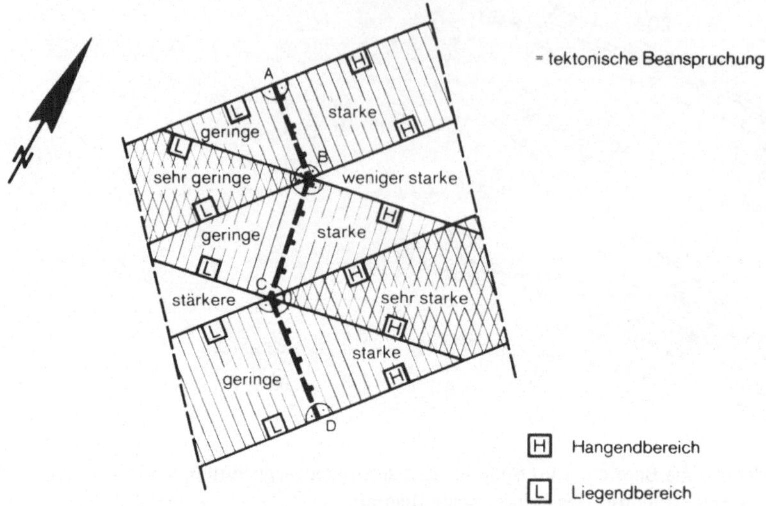

Abb. 11. Streichen eines Sprunges und tektonische Bereiche
Strike of a fault and tectonic areas

ist hieraus zu erkennen. Doch sie kann zufällig sein und gibt noch keinen direkten Hinweis darauf, wieweit diese Zone mit unterschiedlicher Beanspruchung ins Liegende bzw. ins Hangende reicht. Sie muß in einer gewissen Entfernung zur Störung besonders dann eine Begrenzung haben, wenn von einer weiteren Nachbarstörung eine spezielle und eventuell entgegengesetzte Beeinflussung der Lagerstätte ausgeht.

Die weitere Entwicklung

Aufschlüsse aus dem Grubenbild, besonders dann, wenn diese aus früherer Zeit stammen, geben nur bedingt Auskunft über die vorhandene Kleintektonik, weil früher nur in größeren zeitlichen Abständen Strebaufnahmen mit dem heute üblichen Umfang erfolgten. Wenn auch das Vorhandensein dieser abgeleiteten Bereichsgrenzen durch empirische Erfahrungen und Vergleiche bewiesen worden ist, so muß es doch unser Ziel sein, diese Grenzen zu präzisieren und zu sichern.

Hierbei können folgende Wege beschritten werden:

1. Verbesserte Beobachtungen aller laufenden Betriebe im Blick auf die auftretenden Bewegungen des Nebengesteins und auf die Spannungskonzentrationen.

Hieraus könnten Rückschlüsse auf unterschiedliche Beanspruchungen und ihre Begrenzung gezogen werden.

2. Genauere Untersuchungen großtektonischer Störungen im Blick auf ihr Verhalten, d. h. Änderung des Streichens, des Verwurfes und des Einfallens.

Kann hierdurch bei einem noch festzustellenden Änderungsbetrag der Störung auch eine Änderung der tektonischen Beanspruchung nachgewiesen werden, so besteht auch eine Möglichkeit, im Umkehrschluß bessere Voraussagen über das Verhalten einer Störung zu geben.

3. Untersuchungen über Zusammenhänge zwischen der tektonischen Beanspruchung und der Gefügetektonik.

Die derzeit laufenden Untersuchungen haben bisher gezeigt, daß sich Lagerstättenbereiche mit unterschiedlicher tektonischer Beanspruchung auch in der Konfiguration des jeweiligen Kluft- und Schlechtengefüges nachweisen lassen. Es gibt jedoch kein allgemeingültiges Gefügebild für eine bestimmte tektonische Beanspruchung, da das Kluft- und Schlechtengefüge auch von Faktoren der Stratigraphie, Petrographie und dem Einfluß größerer Störungen beeinflußt wird. Das Überschreiten einer tektonischen Grenze kann daher vorerst nur in einer Änderung des Gefügebildes, also relativ, festgestellt werden. Hierzu ist es nötig, daß mit dem Abbau, Streckenvortrieb usw. kontinuierliche Gefügemessungen durchgeführt werden. In den so gewonnenen Meßreihen werden die Einzeldiagramme mit Hilfe elektronischer Rechenverfahren auf ihre Ähnlichkeit bzw. ihre Abweichung verglichen. Zur Zeit wird versucht, diese qualitativen Erkenntnisse zu präzisieren.

4. Untersuchungen über Zusammenhänge der tektonischen Beanspruchung und der Petrographie.

Weitere Erkenntnisse über die Lage der tektonischen Grenzen sollen petrographische Untersuchungen erbringen. Wie bereits aus anderen tektonisch verformten Gebieten bekannt ist, zeigt die mineralogische Ausbildung des ankeritischen Bindemittels in Sandsteinen Abhängigkeiten von der tektonischen Beanspruchung. Die zur Zeit laufenden Voruntersuchungen sollen zeigen, ob derartige Zusammenhänge auch im Karbon auftreten.

5. Untersuchungen über Zusammenhänge zwischen der tektonischen Beanspruchung und der Ausgasung.

In Zusammenarbeit mit der Prüfstelle für Grubenbewetterung der WBK Bochum soll erforscht werden, ob sich die Menge des Gasanfalls direkt auf die tektonische Beanspruchung beziehen läßt. Es ist vorgesehen, einerseits bereits vorliegende Gasinhaltsbestimmungen, die aber unter anderen Gesichtspunkten vorgenommen wurden, speziell zu diesem Zweck auszuwerten, andererseits aber gezielt angesetzte Neumessungen durchzuführen. Diese Gasinhaltsbestimmungen werden, um einen genauen Bezug zur Tektonik herzustellen, mit gleichzeitig durchzuführenden Messungen des kleintektonischen Gefüges verbunden.

Gelingt es uns, mit den hier in wenigen Worten geschilderten Untersuchungsmethoden tektonische Grenzen, in erster Linie die von der örtlich vorhandenen Großtektonik abgeleiteten Bereichsgrenzen, durch Messungen und Beobachtungen nachzuweisen und zu präzisieren, so wird eine Beurteilung der Lagerstätte wesentlich verbessert. Diese wird in Zukunft besonders dann an Gewicht gewinnen, wenn es darum geht, bisher als nicht oder bedingt gewinnbar geltende Lagerstättenteile mit in die Planung einzubeziehen.

Anschrift des Verfassers: Dr.-Ing. *W. Ehrhardt*, Bergbau AG Lippe, Abt. T 5.6, D-4690 Herne 1, Bundesrepublik Deutschland.

Rock Mechanics, Suppl. 11, 153–171 (1981)

Rock Mechanics
Felsmechanik
Mécanique des Roches
© by Springer-Verlag 1981

Study on the Effects of Rock Bolts and Thin Linings as Tunnel Supports in Soft Rock

By

Y. Tazawa, Y. Nakazato, H. Sudo and **T.** Sekiya

With 15 figures

Summary — Zusammenfassung

Study on the Effects of Rock Bolts and Thin Linings as Tunnel Supports in Soft Rock.
For the purpose of judging the effects of rock bolts and thin linings as tunnel supports in soft
rock, model tests using artificial rock mediums and numerical studies using the Finite Element
Method (FEM) were carried out.
From these researches, the following results were presented.
1. Deformation behavior of the tunnel such as radial deformation and loosening zone are
strongly influenced by the physical properties of the rock, especially cohesion (c) and angle
of internal friction (angle of shearing resistance, ϕ).
2. Even in the case of the soft rock with c = 2 ~3 kg/cm^2 and ϕ = 15 ~20°, the stabilizing
effect of rock bolts support can be ensured.
3. The FEM analysis is available to predict the deformation behavior of tunnels. However,
in soft rock with small ϕ and large scale deformation, it is found to be important to adequately take the effect of strain-softening characteristics into consideration.

Studie über die Wirkungen von Felsankerungen und dünner Auskleidung als Tunnelaus-
bau in weichem Gestein.
1. Einleitung: Die Autoren haben die Stabilisierungswirkung von Deckenankern und dünnen Auskleidungen als Stützelemente für den Tunnelbau in weichem Fels untersucht.
Zur Beurteilung der Wirkung dieser Stützelemente beschreibt diese Abhandlung Modellversuche unter Verwendung künstlicher Felsmedien mit verschiedenen Eigenschaften und
numerische Studien der Modellversuche nach der Methode der finiten Elemente.
2. Modellversuche: Modellversuche wurden an Tunnelmodellen mit künstlichen Felsmedien aus Bentonitmörtel durchgeführt. In der Mitte des Felsmediums wurde ein Bohrloch
(Tunnel) mit verschiedenen Stützbedingungen im Maßstab 1:15 hergestellt. Auf die Seiten
des Mediums wurden gleichförmig verteilte Lasten in zwei Richtungen rechtwinklig zu ein-
ander als Felsdruck aufgebracht.
3. Numerische Studie: Das in dieser numerischen Studie verwendete Computerprogramm
wurde für Strukturanalyse nichtlinearen elastischen Materials in Flächenspannungsstrukturen
entworfen. Kohäsionswert (C) und anfänglicher Elastizitätsmodul (Do) wurden nach der
Spannungs-Dehnungs-Beziehung der Felsmedien bestimmt.

0080–3375/81/Suppl. 11/0153/$ 03.80

Die berechneten Lastverformungscharakteristiken und die Lockerungszone wurden mit den Versuchswerten verglichen.

4. Bemerkungen für Entwurf und praktische Anwendung der NATM für weichen Fels: Die Versuchs- und Berechnungsergebnisse werden wie folgt zusammengefaßt:

a) Das Tunnelverformungsverhalten, d. h. Radialverformung und Lockerungszone, wird durch die physikalischen Eigenschaften des Felsens, besonders Kohäsion (C) und innerer Reibungswinkel (ϕ), beträchtlich beeinflußt.

b) Auch bei weichem Fels kann der Stabilisierungseffekt von Deckenankern sichergestellt werden, so daß Radialverformung und Lockerungszone im Vergleich zum Fall ohne Unterstützung verringert werden können.

c) Bei Voraussage großer Verformung erscheint die Anbringung von Schlitzen (Schwundfugen) in Achsrichtung an der Auskleidung sehr nützlich, um den Auskleidungswiderstand als Ringstruktur zu verbessern und eine wirksamere Unterstützung aufzubauen.

d) Das oben erwähnte Tunnelverformungsverhalten kann durch Analyse nach der Methode der finiten Elemente vorhergesagt werden, aber in weichem Fels mit kleinem ϕ und großem Verformungsumfang muß der Effekt der Spannungserweichungscharakteristiken ausreichend berücksichtigt werden.

Introduction

For the tunneling in soft rock, the authors have been studying the stabilizing effects of rock bolts and a thin lining as main supporting elements of the New Austrian Tunneling Method (NATM).

For the purpose of judging the effects of these supporting elements, this paper firstly describes a model test using artificial rock mediums with various conditions, and also undertakes numerical studies on the model tests using the Finite Element Method (FEM).

From these researches, the authors present some findings on the application of supporting elements for usage in actual tunnels.

Model Test

1. Tunnel Model

Tests were carried out on the tunnel models using artificial rock mediums made of bentonite-mortar. The model size in all cases was 1.4 x 1.4 x 0.5 m. As indicated in Table 1, controlling water-cement ratio, contents of bentonite, cement and sand, physical properties of the rock mediums such as uniaxial com-

Table 1. *Mix Proportions*

Types of Rock	Mix Proportions					
	W/C (%)	B/W+B (%)	C (kg/m³)	W (kg/m³)	S (kg/m³)	B (kg/m³)
R-10	285	10	228	650	632	72
R-20	318	10	185	589	834	66
R-30	350	10	126	441	1300	49

Table 2. *Physical Properties of the Models*

Model Physical Properties Types of Rock	Artificial Rock				Rock Bolts	Lining	
	ϕ (°)	qu (kg/cm^2)	C (kg/cm^2)	Modulus of Deformability E_R ($\times 10^2$ kg/cm^2)	Pull-out Strength A (kg/cm)	Compressive Strength σ_c (kg/cm^2)	Secant Modulus E_L ($\times 10^5$ kg/cm^2)
R-10	10			7~8	0.5~1		
R-20	15~20	5~10	2~3	8~10	1~2	240~300	1.2~1.5
R-30	30			11~13	2~3		

pressive strength (q_u), value of cohesion (C) and angle of internal friction (ϕ) are also given in Table 2 as follows:

$$q_u = 5 \sim 10 \text{ kg/cm}^2$$

$$C = 2 \sim 3 \text{ kg/cm}^2$$

$$\phi = 10°, 15 \sim 20°, 30°$$

At the center of the rock medium, a hole was made by setting bentonite-mortar around a 40 cm diameter foam styrol plug, and then desolving the plug. The hole thus achieved was 1/15 scaled of actual tunnels of 6 m in diameter.

Around the circumference of the hole, various supporting conditions (see Table 3) were employed. Materials of supporting elements are indicated in Table 4.

Table 3. *Supporting Conditions of the Model*

Case No.	Supporting Conditions	Types of Rock	Rock Bolts*			Thickness of the Lining (mm)
			L (cm)	F(cm)	n	
—	No Support	R-20	—	—	—	—
		R-10	20	6.7	16	—
			6.7	6.7	16	—
Case 1	Rock Bolts Support Only	R-20	13	6.7	16	—
			20	6.7,10	12,16,32	—
		R-30	20	6.7	16	—
Case 2	Lining Support Only	R-20	—	—	—	4 ~8
Case 3	Combination of the Rock Bolts and Lining	R-20	20	6.7	16	4 ~8
Case 4	Combination of the Rock Bolts and Lining with Slits (Contraction Joints)	R-20	20	6.7	16	4 ~8 4 slits with 13 mm width

* Rock Bolts
L: Length
F: Installation intervals along the axis of the tunnel
n: Installation intervals along the circumference of the tunnel

Table 4. *Materials of the Model*

	artificial rock	bentonite-mortar (see Table 1 and 2)

materials	rock bolts	brass screws
		   diameter ϕ: 3 mm
		   length : 6.7 cm 13 cm 20 cm
		   installation intervals
		     along the tunnel axis
		      e: 6.7 cm 10 cm
		     along the circumference of the
		     tunnel
		      F: 3.9 cm 7.9 cm 10. 5 cm

	lining	cement mortar * C : S = 1 : 3, W/C = 70 % * uniaxial compressive strength σ_C: 240 ~300 kg/cm²

2. Loading System

Uniformly distributed biaxial compressive load (P_0), which was corresponding to rock pressure in actual tunnel, was applied to the sides of the rock medium in each test case by the step method. The load was increased by $5 \sim 10$ t/m² per step and sustained for between $30 \sim 120$ minutes (until the equilibrium of the radial deformation of the tunnel was observed). However, two supplementary tests using the preloading were also conducted. In these tests, the excavation of the tunnel was carried out with a boring machine subsequent to the application of 80 t/m² of P_0.

In order to restrain the deformation along the tunnel axis, the upper and lower surfaces of the medium were completely confined with rigid steel plates.

A schematic view of the model and loading system is as shown in Fig 1a. and b.

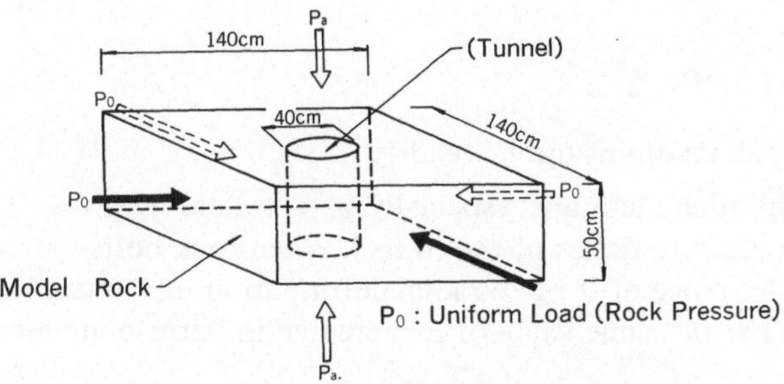

Fig. 1a. Schematic View of Model and Loading System
Schematische Ansicht von Modell und Belastungssystem

Fig. 1b. Top View of the Model
Oberansicht des Modells

3. Measuring Items

Measuring items and devices are shown in Table 5.

Table 5. *Measuring Items and Devices*

Measuring Items	Measuring Devices
Radial Deformation Earth Pressure Axial Force of Rock Bolt Cracking Zone and tunnel wall deterioration	Convergence Measure Earth Pressure Gauge Strain Gauge Photograph and Personal Observation
Physical Properties of the rock mediums	Uniaxial and Triaxial Compressive Testing Machine

4. Test Results

Test results are indicated in Fig. 2 to 8.

Influence of properties of rock mediums upon stability

Physical properties of the rock mediums, especially ϕ, considerably influenced the load-deformation characteristics of the tunnel. When rock bolts supports were installed, in the range of 0 ~8 % radial deformation of the tunnel (R; R = u/a*), the load (P_o) at the same value of R increased in correspondence

* R: non-dimensional radial deformation
  u: radial deformation
  a: diameter of the tunnel

to the increase in ϕ as shown in Fig. 2 (a). In this case, for the rock mediums of $\phi = 15 \sim 20°$ and $\phi = 30°$, P_O was about 1.4 times and $2 \sim 2.3$ times greater respectively than that of $\phi = 10°$.

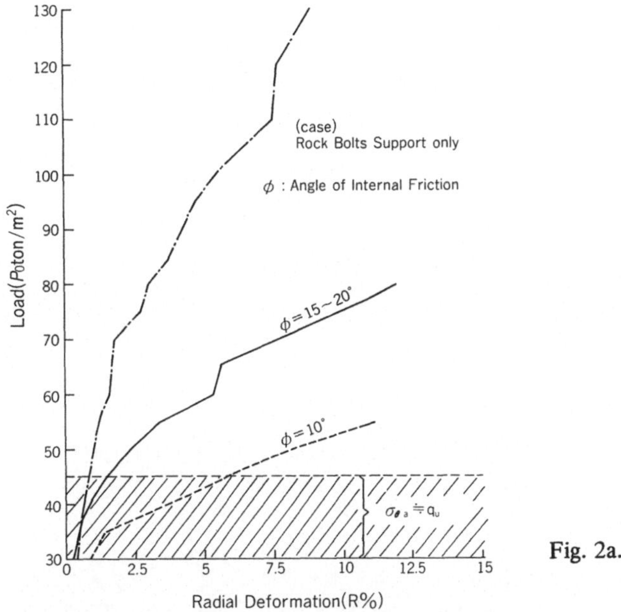

Fig. 2a.

Fig. 2. (a). Load Deformation Curves (Experimental);
(b). Load-Deformation Curves (Experimental);
(c). Load-Deformation Curves (Experimental)
(a). Lastverformungskurven (experimentell);
(b). Lastverformungskurven (experimentell);
(c). Lastverformungskurven (experimentell)

Influence of supporting conditions upon stability

From the experimental results using rock mediums of $\phi = 15 \sim 20°$, the following stabilizing effects were observed by the installation of various supporting elements (see Fig. 2 (b)).

a) Case 1, rock bolts support

When the rock bolts of 20 cm in length were used, P_O was usually found to be between $1.1 \sim 1.3$ times greater than the unsupported case at the same value of R.

Although model tests using rock bolts of two other lengths, i.e. 13 and 6.7 cm were conducted, this tendency was found to be similar.

Consequently, the length of the rock bolts (L) showed no considerable influence on the stabilizing effects. Furthermore, by changing the number of the rock bolts installed (n: along the circumference of the tunnel) from n = 16 to n = 32, P_O at the same value of R increased less than 10 %. These results are given in Fig. 2 (c).

case 1, Rock Bolts Support only
case 2, Lining Support only
case 3, Combination of the Rock Bolts and Lining
case 4, Combination of the Rock Bolts and Lining with Slits

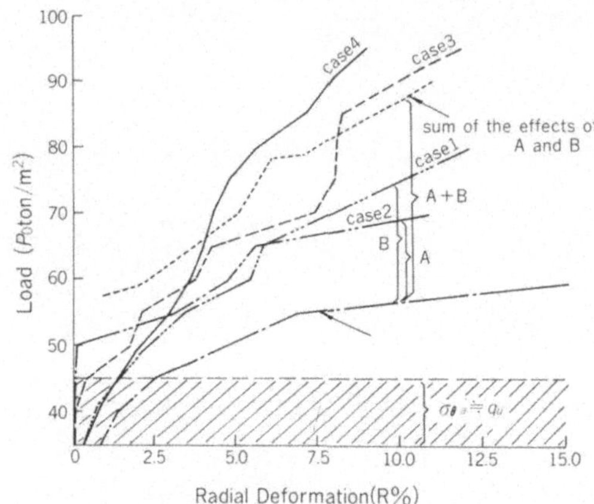

Fig. 2b.

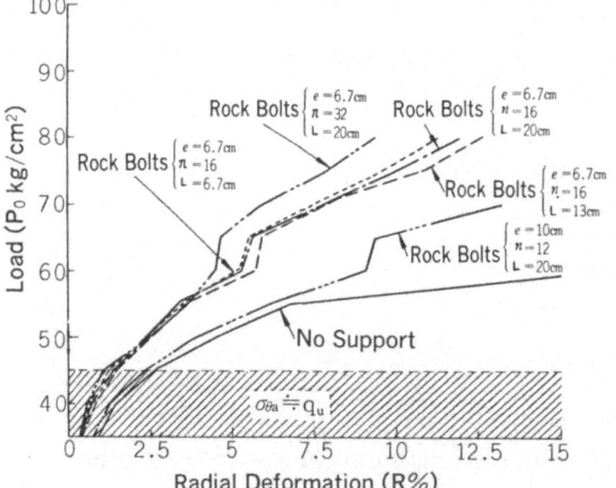

Fig. 2c.

Fig. 3 shows the relationship between the radial deformation of the tunnel (R) and the tension of the rock bolts (P_r). As indicated in this figure, when R attained to more than approximately 7 ~8 %, P_r tended to approach an almost constant value and showed no significant influence due to the difference of L and n. This behaviour seemed to be caused by the pullback of the bearing plate into the rock medium and by the deterioration of the rock medium around the tunnel.

The cracking zone around the tunnel after the test was reduced relatively in comparison with the unsupported case as shown in Fig. 4 (a) and (b). This tendency was exaggerated with the increase of L and n.

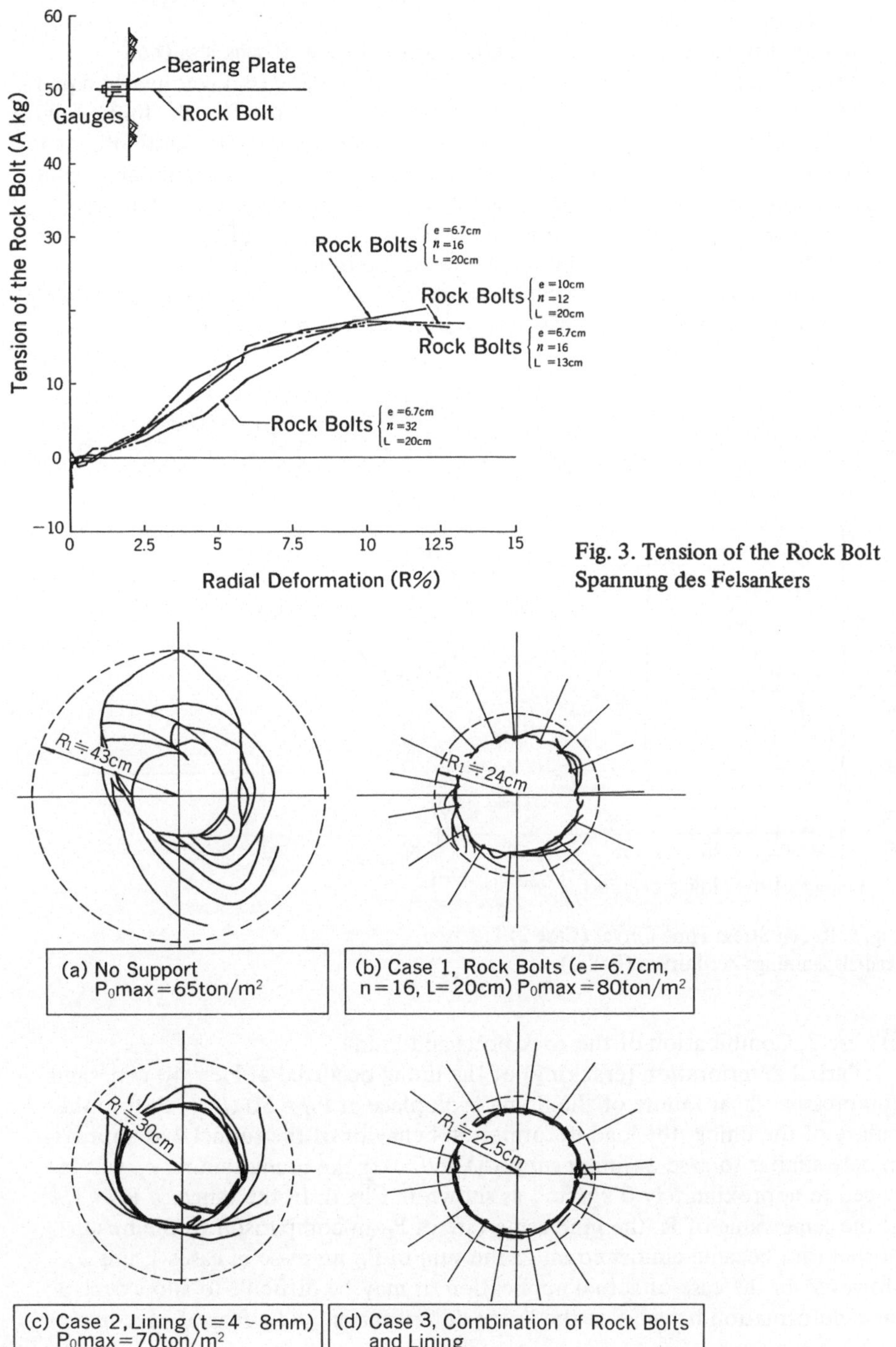

Fig. 3. Tension of the Rock Bolt
Spannung des Felsankers

(a) No Support
P_0max = 65ton/m²

(b) Case 1, Rock Bolts (e = 6.7cm,
n = 16, L = 20cm) P_0max = 80ton/m²

(c) Case 2, Lining (t = 4 ~ 8mm)
P_0max = 70ton/m²

(d) Case 3, Combination of Rock Bolts
and Lining
P_0max = 95ton/m²

Fig. 4. Crack Zone around the Tunnel
Rißzone um den Tunnel

b) Case 2, lining support

Just before the moment of the failure of the lining, R was less than
0.1 ~0.2 % and the radial stress at the back of the linging (σ_r) was nearly equal
to the theoretically predicted value as a ring structure. But after the lining failure
at $P_o = 55$ t/m², σ_r was immediately reduced to 0 kg/cm² and a sudden increase
of the radial deformation was observed as shown in Fig. 5. P_o at the same value
of R was approximately 1.2 times greater than that in the unsupported case.
This result seemed to be due to the effect of consolidation of the rock medium
around the tunnel caused by the resistance of the lining.

As illustrated in Fig. 4 (c), the cracking zone around the tunnel has shown
no significant change in comparison to that observed in the unsupported case.

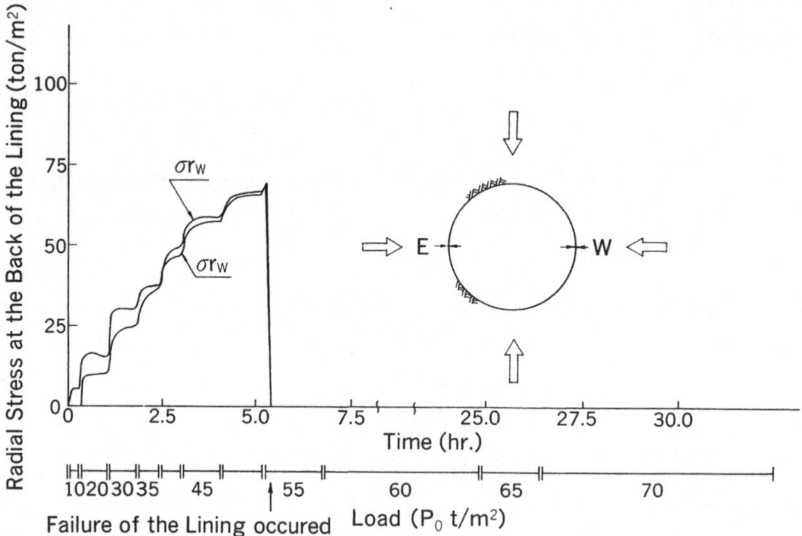

Fig. 5. Radial Stress-Time Curves (Case 2)
Radialspannungs-Zeitkurven (Fall 2)

c) Case 3, Combination of the rock bolts and lining

Partial deterioration (cracking) of the lining occurred at $P_o = 40$ t/m² and
compressive-shear failure of the lining took place at $P_o = 50$ t/m². Before the
failure of the lining, the load-deformation behavior of the tunnel was approximately similar to case 2 (lining support) and after the lining failure, σ_r was reduced to approximately 0 kg/cm², as shown in Fig. 6. In the range of R ⩾ 8 %,
at the same value of R, the increasing rate of P_o in comparison to the unsupported case became almost equal to the sum of P_o increase in cases 1 and 2.
However, in the case of actual application, it may be difficult to allow such a
large deformation because of the lining deterioration and a fear of cave-in.

d) Case 4, Combination of rock bolts and lining with slits

Based on the results of the previous test cases, in order to improve the stabilizing effect of each supporting element, a test using a combination of rock bolts

and lining with slits was conducted. The 4 slits (contraction joints) of 13 mm width and 90° intervals were made along the axis of the tunnel as shown in Fig. 7.

In this case, before the slits closed at R = 4 %, the load-deformation behaviour was approximately similar to that in case 1 (rock bolts support). After the close of the slits, the stabilizing effect increased in comparison to that of the sum of the rock bolts support and lining support individually as follows:

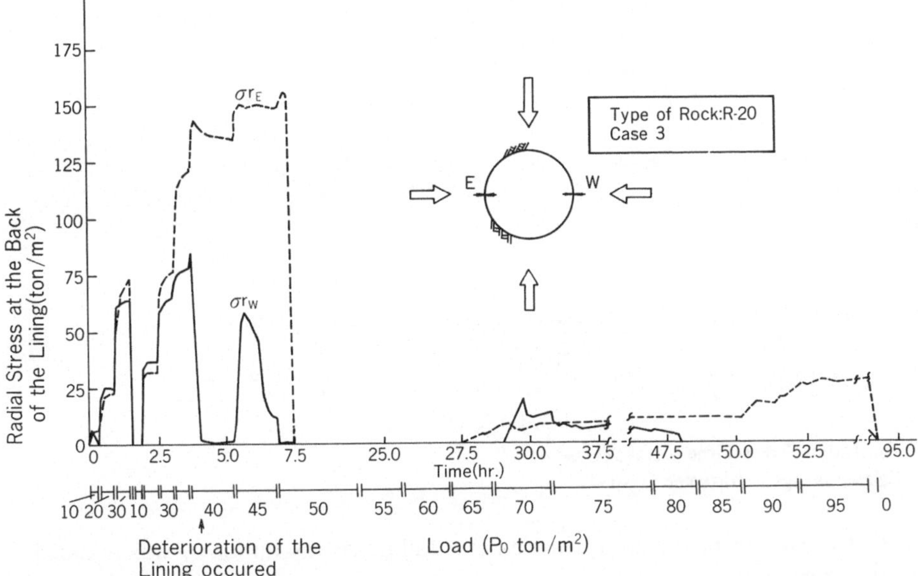

Fig. 6. Radial Stress-Time Curves (Case 3)
Radialspannungs-Zeitkurven (Fall 3)

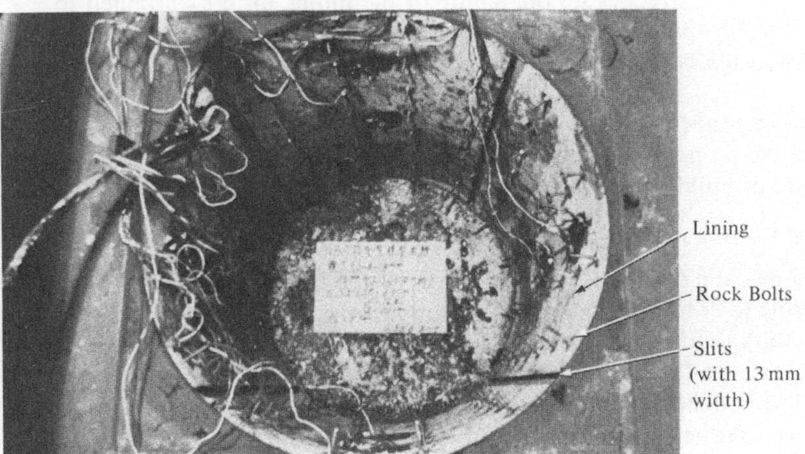

Fig. 7. Combination of Rock Bolts and Lining with Slits
Kombination von Felsankern und Auskleidung mit Schlitzen

1. Before the close of the slits, σ_r was nearly equal to 0 kg/cm² and the stabilizing effect of the rock bolts was excellent.

2. With the close of the slits, a sudden increase of σ_r was observed (see Fig. 8). In this step, the stabilizing effect of the lining as a ring structure was adequate and the stabilizing effect of the rock bolts was lost (due to the reduced tension of the rock bolts).

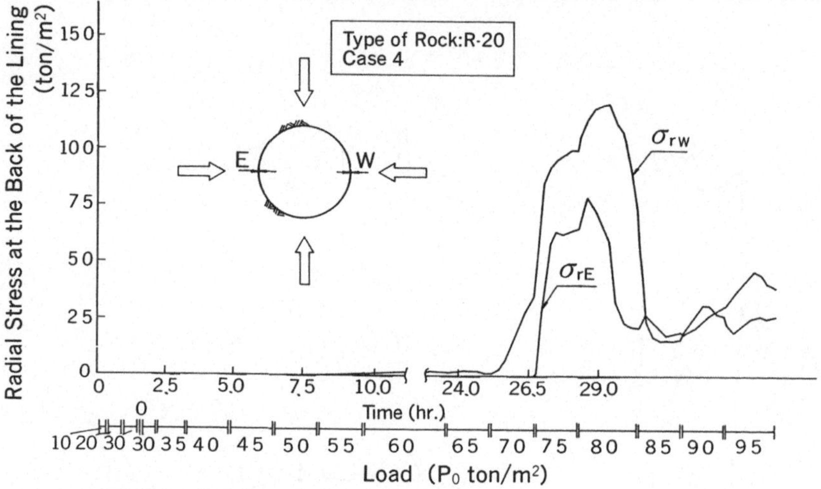

Fig. 8. Radial Stress-Time Curves (Case 4)
Radialspannungs-Zeitkurven (Fall 4)

3. However, after the compressive-shear failure of the lining, σ_r was reduced and the tension of the rock bolts increased again.

This behaviour seemed to indicate that the rock bolts stabilizing effect once more became operative.

As mentioned above, before the failure of the lining, until P_o attained to approximately 1.8 times the value at which the failure took place in case 3 i. e. combination of the rock bolts and lining without slits, the tunnel sustained stability.

From these results, it seems to be very useful to provide slits in the axial direction of the lining for the purpose of improving the lining resistance as a ring structure and of building up more effective supports.

Influence of loading methods upon stability

Fig. 9 shows the deformation-time curves of the tunnel under preloading in the cases using rock bolts support and no support. As indicated in this figure, when rock bolts support was utilized, a considerable stabilizing effect was observed, furthermore the final values of R was in the range of 6 ~7 % (approximately 1/2 of R in case 1, as mentioned in a)) and the cracking zone around the tunnel was also reduced in comparison to case 1. However, the load-deformation behaviour of the tunnel using rock bolt support was superior to that with no support regardless of whether the load was applied before or after the tunnel excavation.

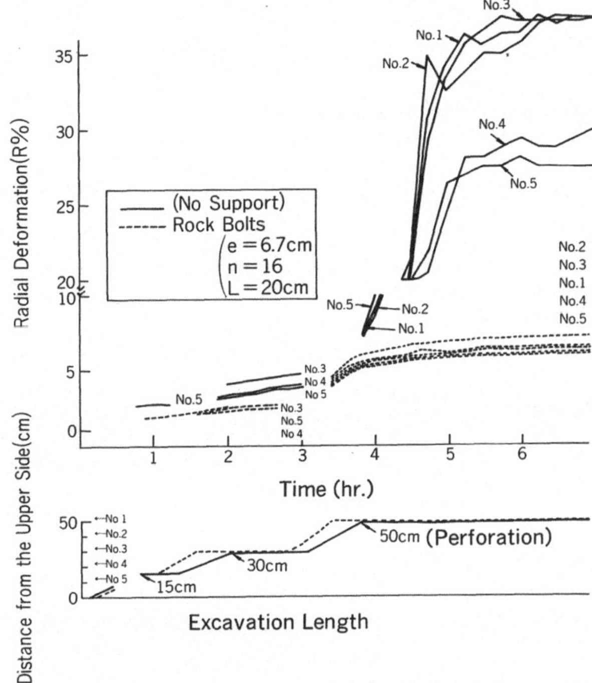

Fig. 9. Deformation-time Curves of Tunnels under Preloading
Verformungs-Zeitkurven für Tunnel unter Vorbelastung

Numerical Study

1. Calculation Conditions

The computer program used here was designed for structural analysis of non-linear elastic materials in plane-strain structures. In this model calculation, an evaluation is given to predict a deformation behaviour of the tunnel by taking a strain-softening characteristics into consideration.

Physical properties of the rocks

Strain-softening, a decrease of strength during further shearstraining after a peak value (see Fig. 10), is causing progressive type failures which are important in soft rock. In order to simulate such a characteristic, from the stress-strain relationship of the rock mediums, the value of cohesion (C) and initial modulus of elasticity (deformability, D_o) were determined by the following method (also see Fig. 10):

Type-A: C and D_o based on the uniaxial compressive test of rock mediums

Type-B: C' (= C/3) and D_o' (= $D_o/6$), which were reduced initially in consideration of strain-softening characteristics of rock mediums

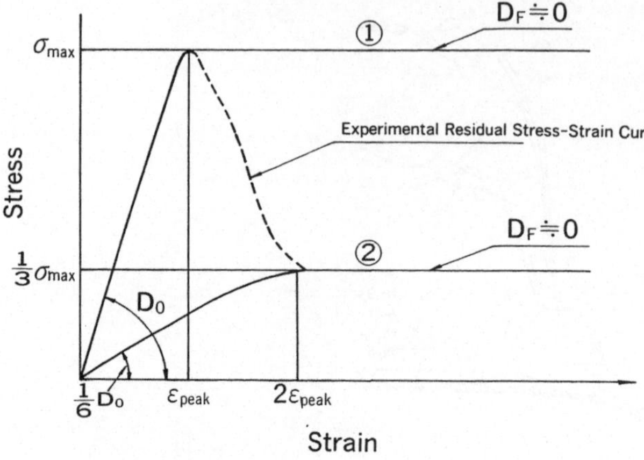

Fig. 10. Stress-Strain Curves of Rock
Spannungs-Dehnungs-Kurven für Fels

Supporting elements

Rock bolts were replaced by bar element with constant value of the modulus of elasticity.

Lining was assumed to be elasto-plastic material.

Fracture criterion

By using the Mohr-Coulomb's envelope as shown in Fig. 11, the following fracture criterion was applied:

$$R_f = \text{Min.} \ (d_1/D_1, d_2/D_2)$$

in which R_f: fracture severity

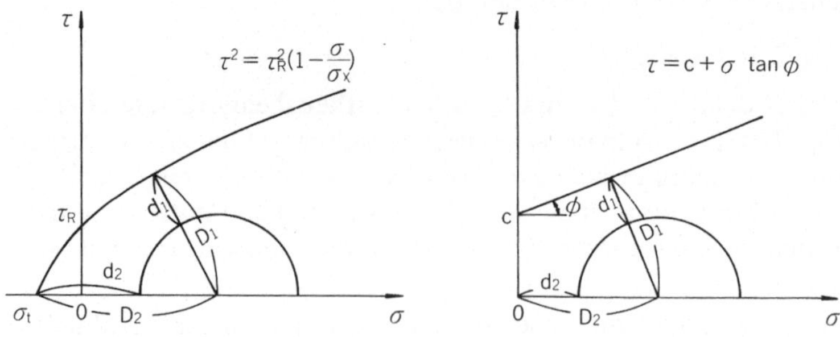

Fig. 11. Fracture Criterion for Rock Masses and Fractured Zones
Bruchkriterium für Felsmassen und Bruchzonen

Non-linear stress-strain behavior of the rock mediums with the increment of load was expressed as functions of R_f and deformability of the materials as follows::

$$D/D_o = f(R_f, D_f/D_o)$$

in which D: modulus of deformability (at optional stress conditions)
$\quad\quad$ D_o: modulus of deformability (at initial stress conditions)
$\quad\quad$ D_f: modulus of deformability (after the failure)

2. Calculation Results

Fig. 12 shows the typical mesh pattern of the Finite Element Model of the tunnel.

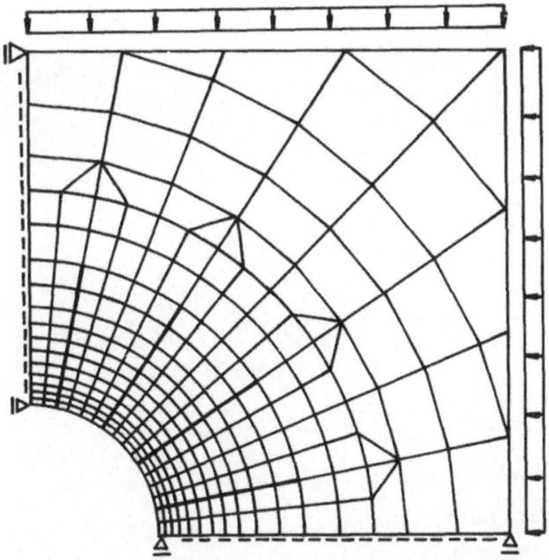

Fig. 12. Finite Element Model of Tunnel
Tunnelmodell nach der Methode der finiten Elemente

The calculation results are summarized as follows:

Load-deformation behavior

Fig. 13 (a) and Fig. 13 (b) indicate the theoretically predicted load-deformation curves ($P_o \sim R$ curves).

a) Influence of properties of rock mediums upon stability

As shown in Fig 13 (a), the load-deformation curves ($P_o \sim R$ curves) of the tunnel with three types of rock mediums (i. e. R-10, R-20 and R-30, as mentioned in Table 2) were calculated in order to compare with the experimental $P_o \sim R$ curves.

From the results, when rock bolts support was installed, the experimental $P_o \sim R$ curves tended to agree well with the calculated ones using C and D_o in the range of R $\leqslant$ 1 $\sim$1.5 %. However, in the range in which R is more than approximately 1.5 %, the difference ot the types of rock strongly influenced the load-deformation behaviours as follows:

1. In the case of rock mediums with $\phi = 10°$ (R-10) and $\phi = 30°$ (R-30), the experimental results tended to be approaching to and separate from respectively the calculated $P_o \sim R$ curves using C' and D_o'.

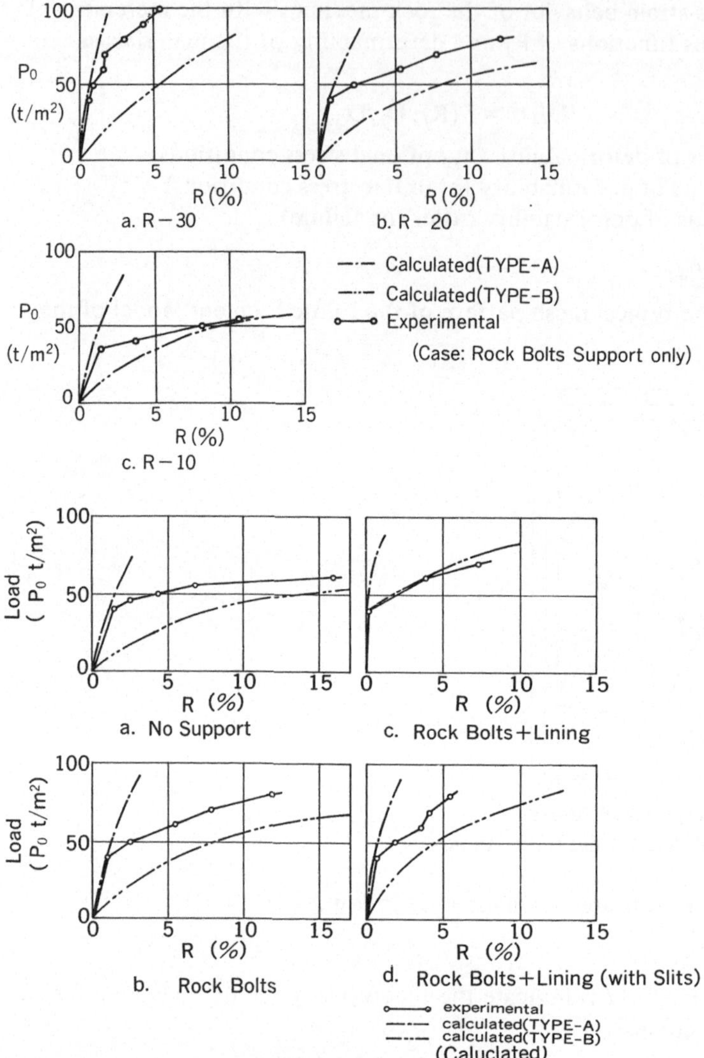

Fig. 13. (a). Load-Deformation Curves (Calculated);
(b). Load-Deformation Curves (Calculated)
(a). Lastverformungskurven (berechnet);
(b). Lastverformungskurven (berechnet)

2. In the case of rock mediums with $\phi = 15 \sim 20°$ (R-20), the experimental results tended to be approximately parallel with the calculated $P_O \sim R$ curves using C' and D_O'.

These behaviours mean that for tunnelling in soft, swelling rock, and when large scale deformation is predicted, it seems very important to adequately evaluate the physical properties of the rock. This can be achieved by utilizing the strain-softening characteristics.

b) Influence of supporting conditions upon stability

From the calculated results considering rock mediums of $\phi = 15 \sim 20°$ (R-20), the following stabilizing effects were obtained by the installation of various supporting elements (see Fig. 13 (b)).

1. In the case of no support, the experimental $P_O \sim R$ curve tended to be approaching to the calculated one using C' and D_O'. This seemed to be based on the reduction of physical properties of the rock with the strain-softening characteristics.

2. In the case of rock bolts support, the experimental $P_O \sim R$ curves tended to be parallel with the calculated one using C' and D_O'. This seemed to indicate that the reduction rate of physical properties of the rock with the increase of load-deformation was less than that in the case of no support.

This was demonstrated by the experimental results that, as illustrated above (see Fig. 4), by the installation of the rock bolts support, the cracking zone around the tunnel was reduced relatively in comparison with no support.

3. In the case of combination of rock bolts and lining, the compressive-shear failure of the lining took place at $P_O = 40 \sim 60$ t/m^2 and just before the moment of the failure of the lining, R was approximately $0.1 \sim 0.2$ %. These theoretically calculated values appeared to agree well with experimental ones.

4. In the case of combination of rock bolts and lining with slits, from the experimental results as mentioned in Section Model Test, stabilizing effect of the lining increased after the close of the slits. Accordingly, increasing rate of the radial deformation was reduced in the range of $R \geqslant 4$ %.

However, from the calculated results, no considerable influence with the close of the slits was obtained upon the load-deformation behaviors.

Loosening zone

Theoretically predicted load-loosening zones using R_f are illustrated in Fig. 14 (a) and 14 (b). In this numerical study, the loosening zones were defined as the areas of $0 \leqslant R_f < 0.2$, in which the stress conditions corresponded to 80 % of the ultimate uniaxial compressive strength of the rock mediums.

As shown in these figures, by considering the supporting elements i. e. rock bolts and lining, the loosening zone around the tunnel was reduced relatively in comparison with the unsupported case. This seemed qualitatively to be similar to the relationship between the cracking zone of the rock mediums and the supporting conditions in experiments.

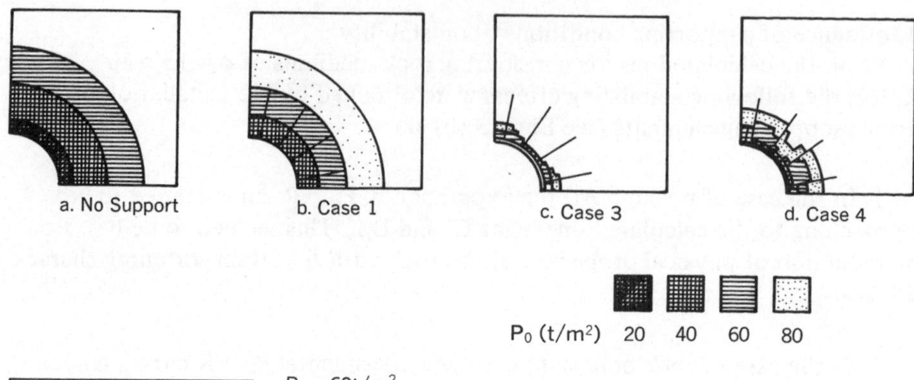

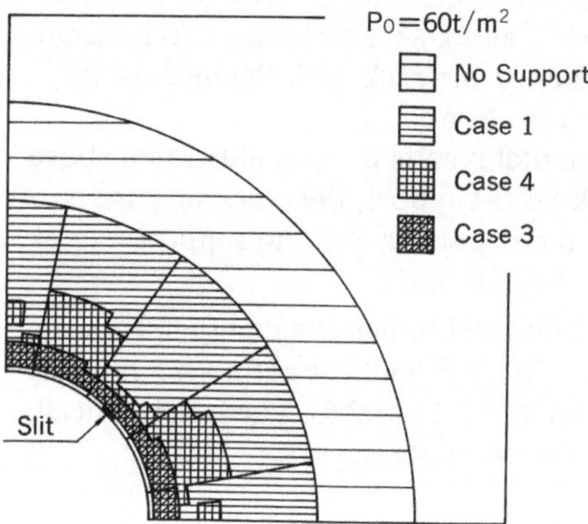

Fig. 14. (a). Development of Loosening Zone Supposed by Analyses;
(b). Development of Loosening Zone Supposed by Analyses
(a). Entwicklung der durch Analyse angenommenen Lockerungszone;
(b). Entwicklung der durch Analyse angenommenen Lockerungszone

Conclusion

From the above described experimental und numerical studies, the following remarks on design and practical application of NATM for soft rock are presented.

1. Deformation behavior of the tunnel such as radial deformation and loosening zone are strongly influenced by the physical properties (especially C and ϕ) of rock.

2. Even in the case of the soft rock with C = 2 ~3 kg/cm², q_u = 5 ~10 kg/cm² and ϕ = 15 ~20°, the stabilizing effect of rock bolts support can be ensured. As a result, radial deformation and loosening zone may be reduced as compared with unsupported case.

3. When a large amount of deformation is predicted, it seems to be very useful to provide slits (contraction joints) in axial direction of the lining for the purpose of improving the lining resistance and of building up more effective support.

4. The FEM analysis is available to predict the above mentioned deformation behaviour of tunnels. However in soft rocks with small ϕ and large scale deformation, it is found to be important to take adequately the effect of strain-softening characteristics into consideration.

Although at this time, there are also quite a few other problems on the prediction of deformation behavior of the tunnel, it should be recommended to advance continuous improvements and modifications on the evaluation of rock and supporting elements for a better performance in the actual application.

References

Nakahara, Y., Okabayashi, N., Tazawa, Y., et al: Model Tests on the Effect of Rock Bolts and Thin Linings as Tunnel Supports in Soft Rock. Annual Report of Kajima Institute of Construction Technology, *27* (1979).
— — — : An Analytical Study on the Effect of Tunnel Supports by Model Tests in Soft Rock. Annual Report of Kajima Institute of Construction Technology, *28* (1980).

Address of the authors: *Yujiro Tazawa*, Kajima Institute of Construction Technology,
No. 19—1 Tobitakyu 2—chome, Chofu-shi, Tokyo 182, Japan.

Rock Mechanics, Suppl. 11, 173–186 (1981)

Rock Mechanics
Felsmechanik
Mécanique des Roches
© by Springer-Verlag 1981

Ein Beitrag zur Wirkungsweise von Systemankerungen bei tiefliegenden Gebirgshohlraumbauten

Von

R. Poisel

Mit 12 Abbildungen

Zusammenfassung — Summary

Ein Beitrag zur Wirkungsweise von Systemankerungen bei tiefliegenden Gebirgshohlraumbauten. Am Beispiel des Scheiteltunnels der Tauernautobahn kann gezeigt werden, daß besonders bei Gesteinen geringerer Festigkeit die Annahmen, daß die Systemankerung einen dreidimensionalen Spannungszustand am Ausbruchsrand schaffe und den Scherwiderstand des Gebirges vergrößere, nicht ausreichen, um in einer Rechnung die große Wirkung der Systemankerung bei tiefliegenden Gebirgshohlraumbauten zum Ausdruck zu bringen. Bezieht man in die Vorstellungen über die Vorgänge in der Laibung eines Hohlraumes nicht nur die Spannungs-Verformungsbeziehung, die Bruchbedingung etc., sondern auch den Bruchmechanismus ein, läßt sich daraus eine weitere Wirkungsweise der Systemankerung bei Hohlraumbauten in Gesteinen ableiten, deren Festigkeit jener der Phyllite gleichkommt, die im oben erwähnten Tunnel angefahren worden waren.

Die Annahme erscheint berechtigt, daß bei solchen Gesteinen in der Laibung eines Hohlraumes ebenso wie im Druckversuch nach Überschreitung der Festigkeit ein Scherbruch entsteht. Sowohl Druckversuche an außermittig belasteten Gesteinsprismen, als auch spannungsoptische Experimente erlauben den Schluß, daß nach der Bildung eines Scherbruches Zugrisse entstehen, die größere Verschiebungen am Scherbruch erst möglich machen.

Daraus kann gefolgert werden, daß ein Teil der Systemankerung als Zugbewehrung wirkt. Mit der Hintanhaltung des Aufgehens von Zugrissen und damit der Verschiebungen an den Scherbrüchen wird die Zerstörung des Gebirgstragringes verhindert.

A Contribution to the Mode of Action of System Bolting in Deep Underground Rock Excavations. Taking the "Tauerntunnel" as an example it may be shown that the assumptions that system bolting produces a threedimensional state of stress in the tunnel wall and dowels the rock, are not sufficient to express the enormous effect of system bolting particularly with rocks of lower strength in terms of a calculation. A simultaneous consideration of the stress-strain relation, the failure criterion, and the fracture mechanism as well, leads to the notion of a further mode of action of system bolting in excavations in rock of similar strength to that of the phyllites in the above mentioned tunnel.

There is reason to assume that in those rocks the shear failure observed in compression tests also occurs in the excavation wall as soon as the strength of the rock mass has been exceeded. Experiments both carried out on eccentrically loaded rock prisms and in photoelas-

0080–3375/81/Suppl. 11/0173/$ 02.80

ticity show that tension cracks occur in the excavation wall after the development of a shear failure. Only these tension cracks make possible major translations along the failure plane.

Thus, it may be concluded that system bolting partially works as a tensile reinforcement. As system bolting prevents tension cracks and, by that translations along the shear failures, it preserves the rock arch around the tunnel.

Im allgemeinen wird angenommen, daß die Wirkung der Systemankerung tiefliegender Gebirgshohlraumbauten im wesentlichen in der Schaffung eines dreidimensionalen Spannungszustandes am Ausbruchsrand (also in der Stützung der Hohlraumlaibung) und in der Vergrößerung des Scherwiderstandes des Gebirges besteht. Versucht man aber, die Wechselwirkung zwischen Gebirge und Ausbau z. B. beim Scheiteltunnel der Tauernautobahn rechnerisch zu erfassen, zeigt sich, daß besonders bei Gesteinen mit geringeren Festigkeiten, ähnlich jener der in diesem Tunnel angefahrenen Phyllite, die in der Praxis beobachtete enorme Wirkung der Anker in einer solchen Rechnung nicht zum Ausdruck kommt; sie kommt selbst dann nicht zum Ausdruck, wenn man, einem Vorschlag *Seebers* und *Kellers* (1979) folgend, bei der Ermittlung der Verdübelungs-

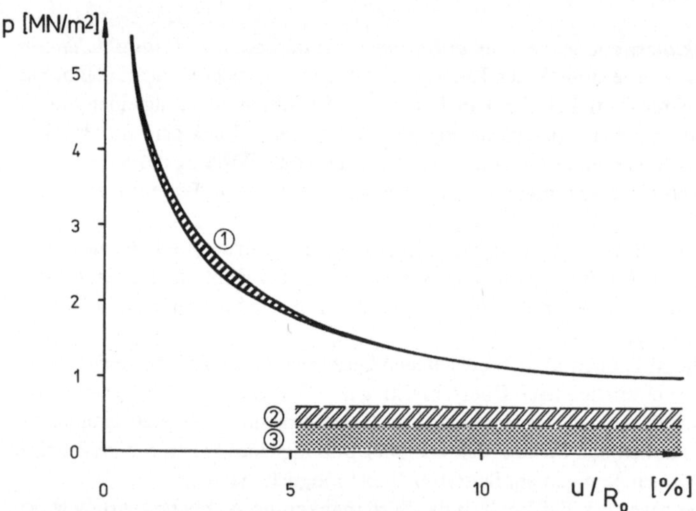

Abb. 1. Rechnerisch ermittelte Gebirgskennlinie für den Querschnitt bei Station 2 300 m des Scheiteltunnels der Tauernautobahn (Baulos Nord)
p Ausbauwiderstand
u/R₀ auf den Hohlraumradius bezogene Verschiebung des Hohlraumrandes
(1) Verdübelungswirkung der Anker nach *Seeber* und *Keller* (1979);
(2) Stützwirkung der Anker
(3) Stützwirkung des Spritzbetons ⎫ aus Meßergebnissen rückgerechnet;
Calculated confinement-convergence curve for the cross-section at station 2 300 m of the "Tauerntunnel" (northern contract section)
p support resistance
u/R₀ convergence divided by tunnel radius
(1) dowelling effect of system bolting after *Seeber* and *Keller* (1979)
(2) confining effect of system bolting
(3) confining effect of shotcrete lining ⎫ calculated back from measurements

wirkung der Anker eine Triaxialfestigkeit des Gesteins berücksichtigt und bei der Berechnung der Stützwirkung die endliche Länge der Anker vernachlässigt, was ja günstigere Werte ergibt (Abb. 1).

In einer früheren Arbeit (*Poisel*, 1979) wurde bereits darauf hingewiesen, daß man nicht nur die Spannungs-Verformungsbeziehung, sondern auch den zugehörigen Bruchmechanismus von Gesteinen für Überlegungen und Berechnungen heranziehen müßte. Jede Spannungs-Verformungsbeziehung geht auf einen bestimmten Bruchmechanismus zurück; sie dürfte daher nur dann in Überlegungen und Berechnungen Eingang finden, wenn zugleich auch der Bruchmechanismus, der zu dieser Beziehung geführt hat, berücksichtigt wird.

Die Übertragung von Bruchmechanismen, die in Druckversuchen beobachtet werden, auf die Laibung eines Hohlraumes erscheint aber nur dann zielführend, wenn die Spannungsverteilung in der Probe mit den Spannungsverhältnissen in der Hohlraumlaibung vergleichbar ist. Im besonderen sollte der Einfluß zu großer oder zu geringer Reibung an den Krafteinleitungsflächen auf die Spannungsverteilung in der Probe möglichst ausgeschaltet werden. Untersuchungen von *Peng* und *Johnson* (1972) zeigten, daß die Umfangsdehnungen eines Probekörpers über die ganze Probenhöhe gleich groß sind, wenn man zwischen Probekörper und Pressenplatten Scheiben aus einem Metall legt, das dasselbe Verhältnis von Querdehnungszahl zu E-Modul aufweist wie der Probekörper. Die Konstanz der Umfangsdehnungen ist ein Hinweis darauf, daß sich der Spannungszustand über die Höhe des Probekörpers nicht ändert, daß also weder zu große Reibung an den Krafteinleitungsflächen eine seitliche Stützung der Endbereiche des Probekörpers bewirkt, noch infolge zu geringer Reibung an den Krafteinleitungsflächen der Probekörper zur Ausbildung eines Spaltbruches neigt. Diese Belastungsweise wird von den oben zitierten Autoren "Uniform Loading" genannt.

Die Ergebnisse solcher Versuche lassen sich etwa in dem in Abb. 2 dargestellten Schema zusammenfassen. Auf der Abszisse dieses Diagramms wurde stellvertretend für die Sprödigkeit bzw. die Festigkeit der Winkel der inneren Reibung aufgetragen. Dieser wird ja i. a. mit höherer bzw. niedrigerer Sprödigkeit größer bzw. kleiner (z. B. *Hucka* und *Das*, 1974). Auf der Ordinate wurde das Verhältnis zwischen Seitendruck beim Bruch und Bruchspannung aufgetragen, wobei nur Verhältnisse betrachtet wurden, die sich auf den Spannungszustand in der Laibung eines Hohlraumes übertragen lassen. Gesteine hoher Festigkeit gehen im einaxialen Druckversuch und auch noch bei geringen Seitendrücken (z. B. *Jaeger*, 1960) durch einen Spaltbruch zu Bruch und in Gesteinen mittlerer Festigkeit kommt es zur Bildung eines durchgehenden Scherbruches. Eine allgemein angenommene Bezeichnung für den Bruchmechanismus von Gesteinen geringer Festigkeit gibt es leider noch nicht. Da das Wort „plastisch" in verschiedenen Fachbereichen weitgehend verschieden definiert ist, wird der an sich anschauliche Begriff „Plastifizieren" leider immer wieder mißverstanden. *Kovári* und *Tisa* (1974) schlagen vor, für diesen Zustand den Begriff „duktiles" Verhalten zu verwenden (Anisotrope Gesteine können auch zwei der genannten Gruppen angehören: ein dünnblättriger Glimmerschiefer wird unter der Hauptbeanspruchung normal auf die Schieferungsfläche über die Ausbildung eines Scherbruches zu Bruch gehen, während sich im selben Gestein bei Hauptbeanspruchung parallel zur Schieferung ein Spaltbruch ausbilden wird).

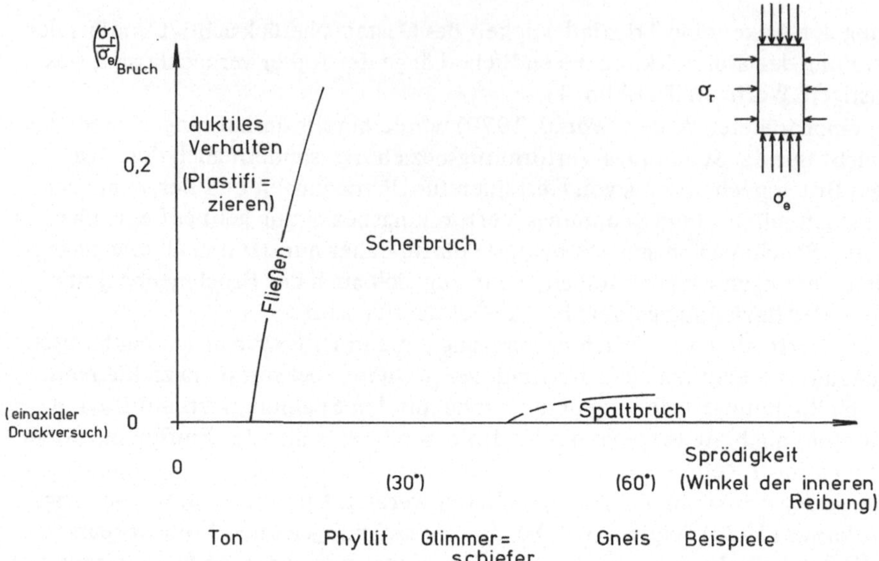

Abb. 2. Bruchmechanismen von Gesteinen in Triaxialversuchen bei geringen Seitendrücken und Anwendung des "Uniform Loading"
Fracture mechanisms of rocks under triaxial compression (low confining pressure) at the use of "uniform loading"

Sobald nun der Einfluß der mittleren Hauptspannung, der auf das Prinzipielle dieser Beziehung gering ist (z. B. *Paterson*, 1978, S. 41/42), vernachlässigt wird, kann man diese Zusammenhänge auch auf die Laibung eines Hohlraumes übertragen. Dabei zeigt sich, daß „plastische Zonen" eigentlich nur in Gesteinen zu erwarten sind, deren Bruchmechanismus tatsächlich das „Plastifizieren" ist, wie bei dem in Abb. 2 als Beispiel gewählten Ton. (*Mandl*, 1980, berichtet übrigens, daß sogar im Sand Brucherscheinungen auf ganz schmale Zonen beschränkt bleiben, während die dazwischenliegenden Bereiche mehr oder weniger Starrkörperbewegungen ausführen. Erst kinematische Zwangsbedingungen führen zur Bildung neuer Bewegungsbahnen). Spröde Gesteine, wie z. B. Gneise oder dichte Kalke, deren Bruchmechanismus im einaxialen Druckversuch der Spaltbruch ist, neigen, wie ja bekannt, zum Bergschlag.

Die gedankliche Übertragung des Bruchmechanismus von Gesteinen mittlerer Festigkeit auf die Laibung eines Hohlraumes, nämlich die Bildung eines durchgehenden Scherbruches, führte zur Annahme, daß bei Überschreitung der Druckfestigkeit des Gesteins auch in der Laibung eines Hohlraumes ein Scherbruch auftreten muß. Verschiebungen an diesem Scherbruch, also Deformationen überbeanspruchter, hohlraumnaher Felspartien im Post-Failure-Bereich, werden erst möglich sein, wenn sich jener Bruchkörper, der in den Hohlraum drängt, von seinem bergseitigen Hinterland „gelöst" hat (Abb. 3, *Poisel*, 1979).

Dieser Bewegungsablauf tritt auch bei außermittig gedrückten Gesteinsprismen auf, an denen die Wechselwirkung zwischen gebrochenen und noch nicht gebrochenen Bereichen untersucht wurde (*Poisel*, 1979). Solche außermittig belastete Prismen sind mehr kinematischen Zwangsbedingungen unterworfen als mittig belastete Probekörper. Man zwingt ja das Material im ersteren Falle, nach

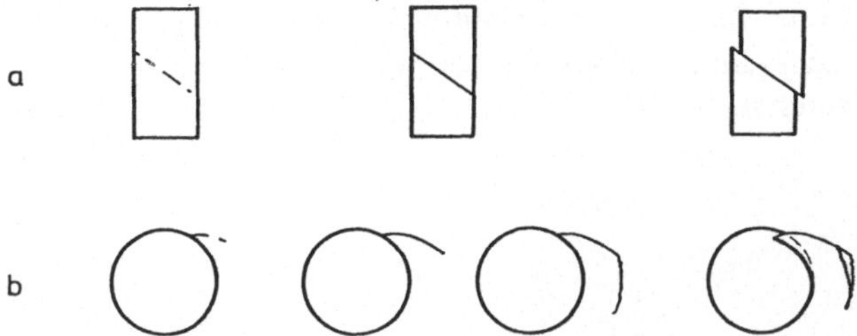

Abb. 3. Gegenüberstellung aufeinanderfolgender Stadien der schematisch dargestellten Bruchvorgänge
a — eines mittig belasteten Probekörpers, b — der Laibung eines Hohlraumes; aus *Poisel, R.*, (1979).
Comparison of successive stages of schematically sketched fracture processes
a — of a centrically loaded rock specimen, b — of a tunnel wall; from *Poisel* (1979).

einer Seite hin auszuweichen. Die am stärksten beanspruchte Seitenfläche solcher Prismen weist daher eine wesentlich höhere Bruchdehnung auf, als mittig belastete Probekörper. Die Übertragung der Ergebnisse aus konventionellen Druckversuchen auf das Gestein in der Laibung eines Hohlraumes, das noch mehr kinematischen Zwangsbedingungen unterworfen ist, erscheint daher nicht immer zielführend. Das Auftreten großer Konvergenzen im Stollen bedeutet demnach zumindest nicht immer, daß das betreffende Gestein gebrochen oder „plastisch" geworden ist.

Ein Beispiel für das Aufgehen eines Zugrisses im Anschluß an die Bildung eines Scherbruches in der Laibung eines gefrästen Stollens zeigt Abb. 4.

Den prinzipiellen Einfluß des Gefüges auf das Zusammenspiel zwischen Scherbrüchen und Zugrissen zeigen die Abb. 5 und 6. Beim Scheiteltunnel der Tauernautobahn (Abb. 5) erfolgte der Scherbruch entlang der Schieferungsflächen (diese Vermutung sprach ja schon Herr Dr. *W. Demmer* aus). Beim Arlberg-Straßentunnel (Abb. 6) dagegen gingen ersichtlich die Schieferungsflächen als Zugrisse auf. Im besonderen scheint eine, in diesem Abschnitt wenige Meter von der südlichen Tunnelulme entfernt durchziehende Störungszone das Aufreißen eingeleitet zu haben (die Vermutung, daß diese Störungszone, die beim weiteren Vortrieb an der Tunnelbrust zu sehen war, beim Zustandekommen dieses Scherbruches eine Rolle spielte, äußerte schon der aufnehmende Geologe, Herr Dr. *J. Kaiser*). Die Vermutung liegt nahe, daß auch das weitere Abreißen entlang dieser Störungszone erfolgte. Abb. 7 zeigt jedoch ein Beispiel dafür, daß das nicht unbedingt gelten muß. Trotz des fortgeschrittenen Stadiums ist noch deutlich das Zusammenspiel von Scherbrüchen und Zugrissen zu erkennen und der Verlauf dieser Zugrisse zeigt, daß zwar der erste Anstoß zum Einreißen von einer Gefügefläche ausging, die Zugrisse aber dann im großen und ganzen der Umfangsrichtung des Hohlraumes folgten (offenbar wurden sie nach ihrer Initierung in einen Kluftkörper „hineingezwungen", um dann wieder entlang einer Gefügefläche zu laufen u.s.w. Diese Abbildung entstand bei Modellversuchen zum zeitlichen Ablauf des Verhaltens von Tunneln in geklüftetem Fels von Dr. *P. K. Kaiser* und M. Sc. *A. Guenot* am Department of Civil Engineering der Universität von Alberta. Wie Herr Dr. *P. K. Kaiser* freundlicherweise mitteilte, werden die Ergebnisse dieser Untersuchungen demnächst im International Journal of Rock Mechanics and Mining Sciences veröffentlicht).

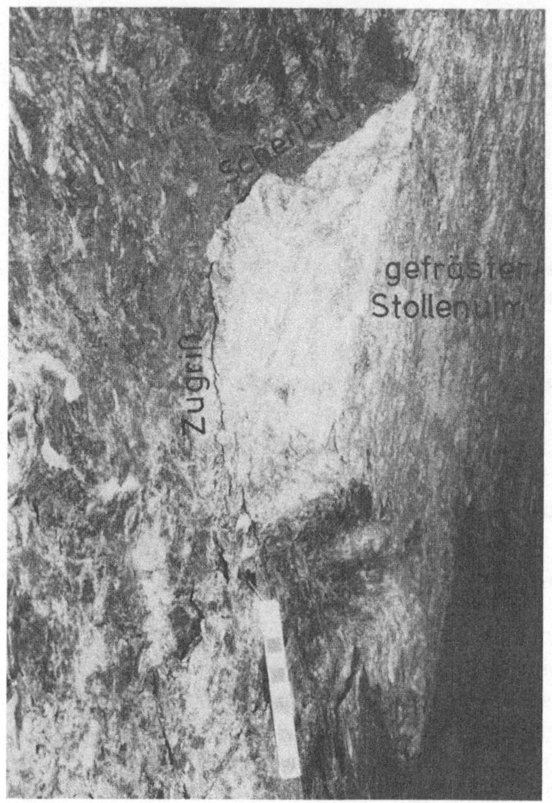

Abb. 4. Scherbruch-Zugriß-Kombination im phyllonitischen Glimmerschiefer (Schieferung ungefähr parallel zum Stollenulm) des Beileitungsstollens Walchen, Station 5 850 m, des Kraftwerkes Sölk der STEWEAG (Blickrichtung schräg aufwärts, Länge des Maßstabes 10 cm) Combination of a shear failure and a tension crack in a phyllonitic mica schist (schistosity approximately parallel to the excavation surface); (Walchen diversion gallery, station 5 850 m, Sölk hydroelectric power station, STEWEAG; line of sight obliquely up, length of gauge 10 cm)

Ein Zusammenspiel von Scherbrüchen und Zugrissen (wenn auch in einem fortgeschrittenen Stadium) ist auch in einer Darstellung von *Feder* (1978, Abb. 10) zu erkennen (Abb. 8). Der Umstand, daß Abb. 7 Bruchbilder von Versuchen mit isotropem Primärdruck zeigt, Abb. 8 hingegen Beobachtungen bei Versuchen mit anisotropem Primärdruck wiedergibt, läßt darauf schließen, daß der Bruchmechanismus an sich von der Qualität des Primärdruckes nicht beeinflußt wird.

Spannungsoptische Versuche sollten zeigen, ob auch nach Ausbildung eines Scherbruches in der Laibung eines Hohlraumes tatsächlich Zugspannungen auftreten und welchen Verlauf ein eventuell entstehender Zugriß nimmt. In eine ge-

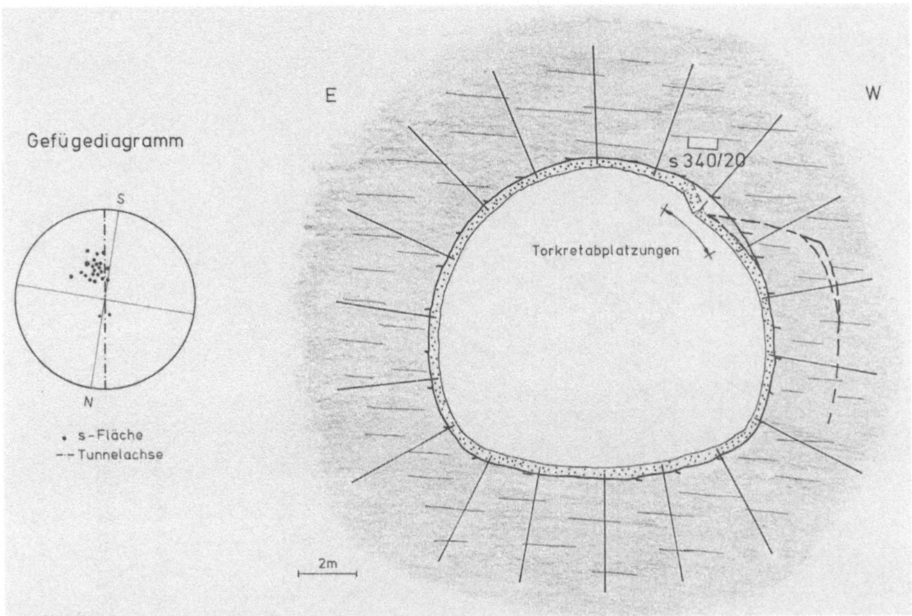

Abb. 5. Querschnitt bei Station 2 300 m des Scheiteltunnels der Tauernautobahn, Baulos Nord (Gestein: karbonatischer Graphitphyllit)
Tauern Tunnel, northern contract section, cross-section at station 2 300 m (rock: carbonatic graphite phyllite)

lochte Kunstharzplatte wurde einer logarithmischen Spirale folgend (z. B. *Kastner* 1962, S. 80 ff.) ein Schlitz gesägt (Primärriß). In ihn wurden Teflonstreifen so eingezogen, daß eine Kraftübertragung über den Riß hin möglich war. Dann wurde diese Platte unter allseitig gleichen Druck gesetzt. Die dabei auftretende Isochromatenform am Scherbruchende (Abb. 9a) ist jenen Bildern ähnlich, die bei reiner Scherung einer Platte mit einem zur Scherrichtung parallelen Riß, dem sogenannten Mode II, entstehen (Abb. 9b), (z. B. *Rossmanith*, 1979).

Die Spannungsverteilung in der in Abb. 10 eingezeichneten radialen Richtung, die sich bei Auswertung des spannungsoptischen Bildes (Abb. 9a) ergibt, läßt daran denken, daß auch die von *Müller, Greiner* und *Jagsch* in einem Tunnel und zwei Stollen sowie die von *Sauer* in Modellversuchen gemessenen Spannungen (*Müller-Salzburg, Sauer, Vardar*, 1978) auf Bruchvorgänge in der Hohlraumlaibung zurückzuführen sind. Die Regelmäßigkeit der Schwankungen der gemessenen Werte läßt sich allerdings mit dieser Vorstellung allein nicht erklären.

Bei einem Vergleich der Ergebnisse von Versuchen mit verschiedenen Scherbruchlängen konnte kein Kriterium für jene Länge gefunden werden, bei der das Aufgehen eines Zugrisses (Sekundärriß) unter sonst gleichen Bedingungen am wahrscheinlichsten ist. Da für diesen Ort des ersten Anstoßes zum Einreißen in der Laibung eines Hohlraumes offenbar Inhomogenitäten lagebestimmend sind, wurde in einem ersten Versuch der Verlauf eines, bei einer willkürlich gewählten Länge des Scherbruches entstehenden Zugrisses untersucht.

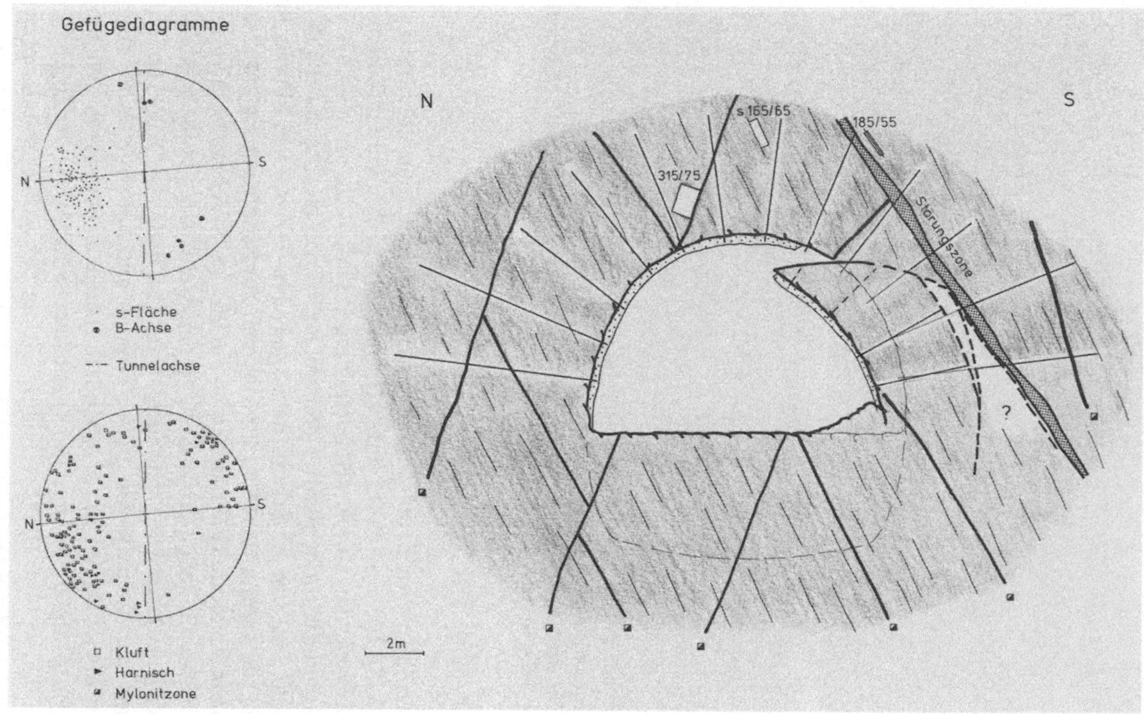

Abb. 6. Querschnitt bei Station 450 m des Arlberg-Straßentunnels, Baulos West (Gestein: dünnblättriger, mürber Granatglimmerschiefer)
Arlberg Tunnel, western contract section, cross-section at station 450 m (rock: thinly foliated, soft garnet mica schist)

Abb. 7. Modellversuch an gelochten Blöcken aus Kohle mit ausgeprägter Schieferung; Belastung in der Ebene normal auf die Bohrlochachse isotrop;   ↕ Orientierung der Schieferung, Länge des Maßstabes 15 cm; aus *Guenot* (1979)
Model test with holed blocks of coal with distinct foliation; isotropic loading; ↕ orientation of foliation, length of gauge 15 cm; from *Guenot* (1979)

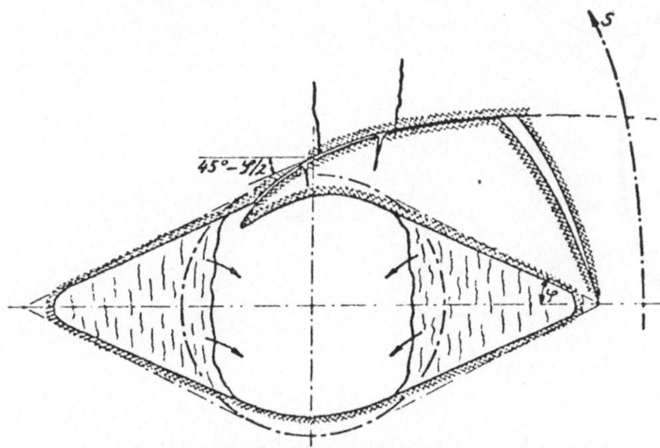

Abb. 8. Schematische Darstellung des Bruchmechanismus festen Gebirges in Hohlraumumgebung bei anisotropem Primärdruck; aus *Feder* (1978)
Schematic sketch of the failure mechanism of hard rock mann under anisotropic loading; from *Feder* (1978)

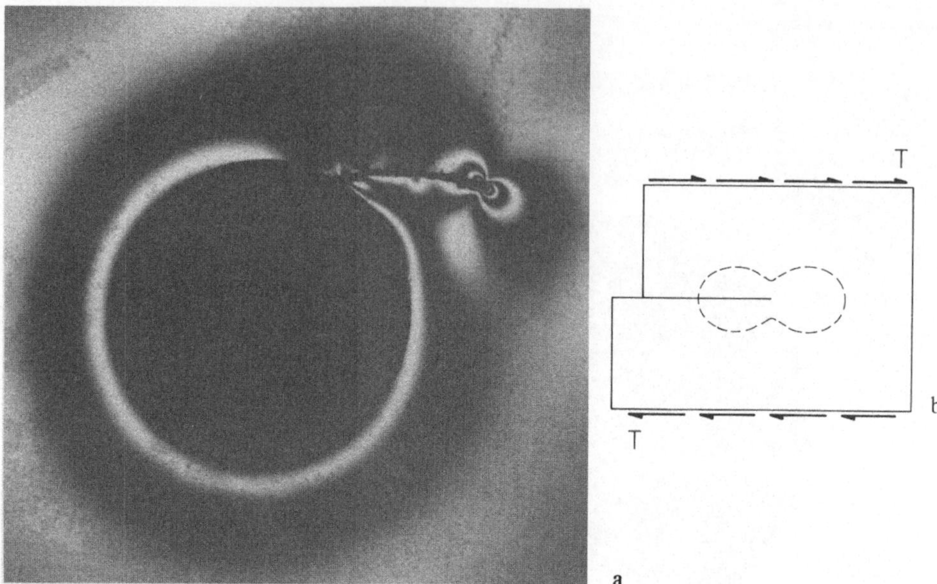

Abb. 9a. Isochromatenbild in einer gelochten, isotrop belasteten Kunstharzplatte mit „Primär·
riß" (vgl. Text)
b. Schematische Darstellung der 2. Art der Beanspruchung eines Risses (sliding mode, mode
II) und der dabei auftretenden Isochromatenform (– –)
a. Fringe pattern in a holed, isotropically loaded polyester sheet with "primary crack" (see
text)
b. Schematical sketch of a crack subjected to sliding mode loading (mode II) and of the resulting fringe pattern (– –)

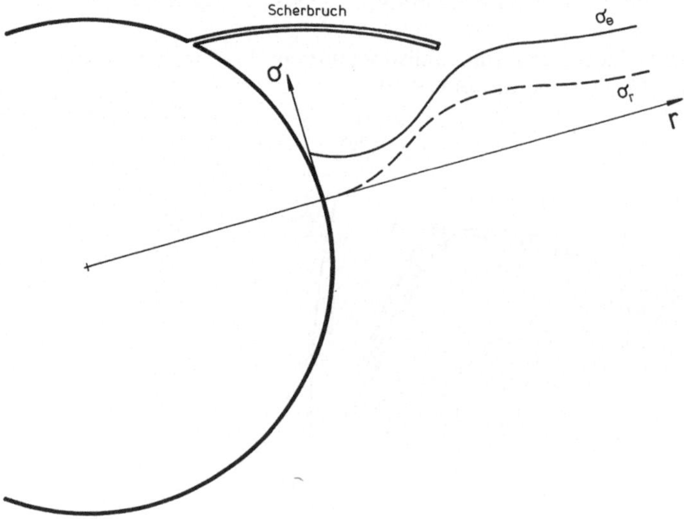

Abb. 10. Spannungsverteilung in einer gelochten, isotrop belasteten Kunstharzplatte mit „Primärriß" (vgl. Text)
Stress distribution in a holed, isotropically loaded polyester sheet with "primary crack"
(see text)

Die Auswertung des spannungsoptischen Bildes (Abb. 9a) im Bereich um das Scherbruchende ergibt die Richtung dieses Zugrisses. Wird in diesem Modell das Einreißen eines Zugrisses durch Sägen eines Schlitzes simuliert (Abb. 11a), ist an der neuen Rißspitze jene Isochromatenform zu erkennen, die bei einer Rißaufweitung, dem sogenannten Mode I, entsteht (Abb. 11b), (z. B. *Klein*, 1974). Die Richtung, in der die Rißfortpflanzung zu erwarten ist, entspricht in diesem Fall (überwiegender Mode I) ungefähr der Richtung zu der in Abb. 11a mit einem

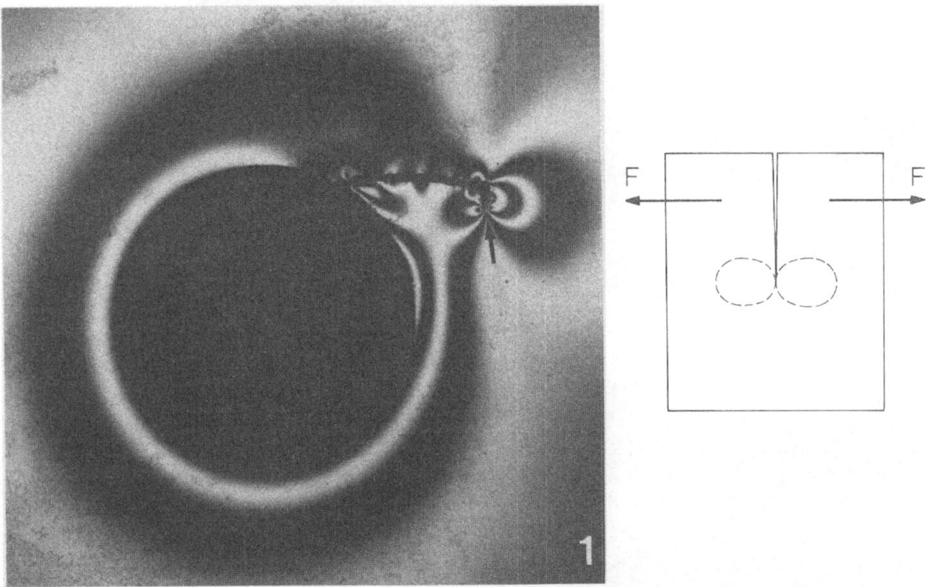

Abb. 11a. Isochromatenbild in einer gelochten, isotrop belasteten Kunstharzplatte; 1. Stadium des Einreißens eines „Sekundärrisses" (vgl. Text)
b. Schematische Darstellung der 1. Art der Beanspruchung eines Risses (opening mode, mode I) und der dabei auftretenden Isochromatenform (− −)
a. Fringe pattern in a holed, isotropically loaded polyester sheet; stage 1 of "secondary crack" (see text).
b. Schematical sketch of a crack subjected to opening mode loading (mode I) and of the resulting fringe pattern (− −)

Pfeil bezeichneten Isochromateneinschnürung. Die Methode, den Verlauf eines Zugrisses durch Schneiden eines Schlitzes zu ermitteln, wählte z. B. schon *Bombolakis* (1964). Verfolgt man diesen Zugriß schrittweise, erkennt man zunächst die Tendenz des Einlenkens des Risses in die Umfangsrichtung des Hohlraumes, also in die Richtung der größten Druckspannung (Abb. 12a und b). In weiterer Folge macht sich eine Tendenz des Einschwenkens zum Hohlraum hin bemerkbar (Abb. 12c und d). Die Spannungsintensität, die etwa proportional zur Größe der Isochromatenschleifen an der Rißspitze ist, nimmt dabei ab.

                    R. Poisel:

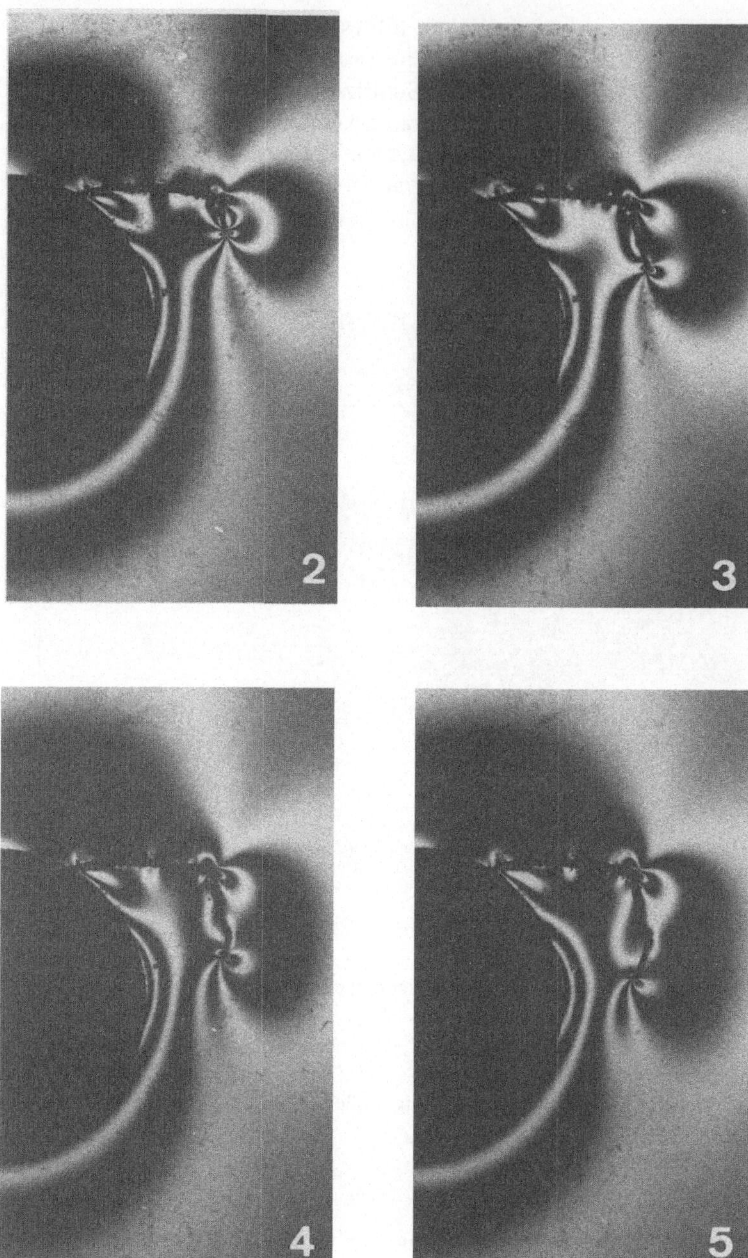

Abb. 12 (2—5). Isochromatenbilder in einer gelochten, isotrop belasteten Kunstharzplatte; Weiterentwicklung des „Sekundärrisses" (vgl. Text)
Fringe patterns in a holed, isotropically loaded polyester sheet; further development of "secondary crack" (see text)

Mit diesem Stadium erscheint die Grenze der direkten Übertragbarkeit der Schlußfolgerungen aus den spannungsoptischen Modellversuchen auf die Vorgänge in der Laibung eines Hohlraumes bereits überschritten. Die durch die Zugbeanspruchung hervorgerufene Schwächung des Gebirges in diesem Bereich läßt zwar die Bildung eines weiteren Scherbruches erwarten, es ergibt sich jedoch kein direkter Hinweis auf eine zwangsläufige Entstehung jenes dritten Bruches, der den Ausbruchkeil nach unten begrenzt.

Die Spannungskonzentration an jener Stelle des Lochrandes, die der Rißspitze am nächsten liegt, stammt vom Primärspannungszustand des Modells zufolge des Einziehens der Teflonfolien. Die Subtraktion des Eigenspannungszustandes vom Spannungszustand zufolge des allseitig gleichen Druckes ergab keine Spannungskonzentration am Lochrand, was auf die Entstehung eines vom Hohlraumrand ausgehenden Scherbruches hingedeutet hätte.

Die spannungsoptischen Versuche haben jedenfalls gezeigt, daß auch nach dem Zustandekommen eines Scherbruches in der Laibung eines Hohlraumes Zugspannungen auftreten. Führen diese zur Bildung eines Zugrisses, erfolgt die Rißausbreitung ungefähr in der Richtung des Umfanges des Hohlraumes.

Bezieht man also in die Vorstellungen von den Vorgängen in der Laibung eines tiefliegenden Felshohlraumes auch Überlegungen über den Bruchmechanismus der Gesteine in der Hohlraumlaibung ein, so zeigt sich, daß bei Gesteinen mittlerer Festigkeit erst dann ein Bruch des Gebirgstragringes möglich ist, wenn sich jener Bruchkörper, der nach der Bildung eines Scherbruches in den Hohlraum drängt, von seinem bergseitigen Hinterland gelöst hat. Daraus darf man folgern, daß die Systemankerung neben der Stützung des Gebirges am Ausbruchrand und der Verdübelung des Gebirgstragringes auch die Funktion einer Zugbewehrung übernimmt. Durch die Erhöhung des Widerstandes gegen ein Aufreißen des Gebirges verhindert sie das Aufgehen von Zugrissen und damit Verschiebungen an den Scherbrüchen. Sobald die Ankerung diese Aufgabe nicht mehr erfüllen kann, kommt es zur Bildung eines Ausbruchkeiles, in weiterer Folge zu dessen Ausquetschung und damit zur Zerstörung des Gebirgstragringes.

Dank

Herrn Dipl.-Ing. Dr. *R. Beer*, Leiter der Abteilung für experimentelle Spannungs- und Dehnungsmessung des Institutes für Baustatik und Festigkeitslehre der Technischen Universität Wien, danke ich herzlich für die Herstellung der spannungsoptischen Modelle und für die Beratung bei der Durchführung und Auswertung der Versuche. Ebenso möchte ich Herrn Doz. Dr. *H. P. Rossmanith* danken, der mir in vielen Diskussionen wichtige Hinweise und Anregungen auf dem Gebiet der Bruchmechanik gegeben hat.

Literatur

Bombolakis, E. G.: Photoelastic Investigation of Brittle Crack Growth within a Field of Uniaxial Compression. Tectonophysics *1* (4), 343–351 (1964).
Feder, G.: Versuchsergebnisse und analytische Ansätze zum Scherbruchmechanismus im Bereich tiefliegender Tunnel. Rock Mechanics, Suppl. *6*, 71–102 (1978).

Guenot, A.: Investigation of Tunnel Stability by Model Tests. M. Sc. Thesis, Univ. Alberta, 1979.

Hucka, V., Das, B.: Brittleness Determination of Rocks by Different Methods. Int. J. Rock Mech. Min. Sci. *11*, 389–392 (1974).

Jaeger, J. C.: Rock Failure at Low Confining Pressures. Engineering *189*, 283–284 (1960).

Kastner, H.: Statik des Tunnel- und Stollenbaues. Berlin: Springer 1962.

Klein, G.. Bestimmung von Spannungsfaktoren bei gemischten Beanspruchungsarten am Beispiel eines Risses in der Umgebung eines Kreisloches. Diss. Karlsruhe (1974).

Kovári, K., Tisa, A.: Höchstfestigkeit und Restfestigkeit von Gesteinen im Triaxialversuch. Mitteilung Nr. 26, Inst. f. Straßen- und Untertagebau, ETH-Zürich (1974).

Mandl, G.: Blockkurs Bruchtektonik (veranstaltet vom Institut für Geowissenschaften der Universität Salzburg und von der Österreichischen Gesellschaft für Geomechanik). Salzburg, 1980.

Müller-Salzburg, L., Sauer, G., Vardar, M.: Dreidimensionale Spannungsumlagerungsprozesse im Bereich der Ortsbrust. Rock Mechanics, Suppl. 7, 67–85 (1978).

Paterson, M. S.: Experimental Rock Deformation — The Brittle Field. Berlin, Heidelberg, New York: Springer 1978.

Peng, S., Johnson, A. M.: Crack Growth and Faulting in Cylindrical Specimens of Chelmsford Granite. Int. J. Rock Mech. Min. Sci. 9, 37–86 (1972).

Poisel, R.: Ein Beitrag zur Mechanik des Gebirges um einen tiefliegenden Hohlraum im Post-Failure-Bereich. Rock Mechanics *12*, 61–76 (1979).

Rossmanith, H. P.: Analysis of Mixed Mode Isochromatic Crack-Tip Fringe Patterns. Acta Mechanica *34*, 1–38 (1979).

Seeber, G., Keller, S.: Beitrag zur Berechnung und Optimierung von Felsankern im Tunnelbau. Rock Mechanics, Suppl. 8, 59–74 (1979).

Anschrift des Verfassers: Dipl.-Ing. *Rainer Poisel*, Institut für Grundbau, Geologie und Felsbau der Technischen Universität Wien, Karlsplatz 13, A-1040 Wien, Österreich.

Rock Mechanics, Suppl. 11, 187–201 (1981)

Rock Mechanics
Felsmechanik
Mécanique des Roches
© by Springer-Verlag 1981

Kritische Zonen beim Auffahren oberflächennaher Tunnel nach der Neuen Österreichischen Tunnelbauweise (NÖT)

Von

R. Katzenbach und **H. Breth**

Mit 12 Abbildungen

Zusammenfassung – Summary

Kritische Zonen beim Auffahren oberflächennaher Tunnel nach der Neuen Österreichischen Tunnelbauweise. Angesichts der Wirtschaftlichkeit und Flexibilität der NÖT kommt diese Bauweise im innerstädtischen Tunnelbau nunmehr auch bei weitgespannten Querschnitten und bei nur geringer Firstüberdeckung zur Anwendung, wodurch die Tragfähigkeit des Bodens oberhalb des Abschlagbereiches bis an die Grenzlast ausgeschöpft wird. Die Sicherheit des Tunnels im Vortriebszustand hängt letztlich davon ab, inwieweit mit der gewählten Vortriebsweise die räumliche Lastabtragung über dem noch nicht gesicherten Abschlag gewährleistet ist. Um die Bedingungen hierfür kennenzulernen, wurde die räumliche Lastabtragung beim Vortrieb im Frankfurter Ton beispielhaft untersucht. Die Voraussetzungen für eine solche Untersuchung, ausreichende Kenntnis der Bodeneigenschaften, wirklichkeitsnahes Berechnungsmodell und die Möglichkeit zur Überprüfung des Berechnungsergebnisses mit Messungen sind in Frankfurt erfüllt.

Der Verformungsablauf in einem ausgewählten Querschnitt läßt sich mit dem gewählten dreidimensionalen Berechnungsmodell gut nachvollziehen. Wie auch aus Messungen bekannt, wird der Boden über der Firste beim Herannahen des Vortriebs verdichtet und erst beim Durchfahren des Tunnels aufgelockert. Dieser Vorgang konnte auch mit der Rechnung nachgewiesen werden. Die Auflockerung erstreckt sich bis in eine Höhe von etwa einem dreiviertel Tunneldurchmesser. Über dem Abschlag läßt sich im Boden ein dreidimensionales Gewölbe nachweisen, das sich auf der Spritzbetonschale und im Gebirge abstützt. Um den Tunnel herum bildet sich eine Zone, in der der Boden bis an die Grenze seiner Festigkeit beansprucht wird. Diese Zone tritt beim Vortrieb nach der NÖT zwangsläufig auf. Sie läßt sich nicht verhindern. Sie wird vom Stützgewölbe abgeschirmt. Die Höhe des Stützgewölbes hängt von der Ausdehnung der hochbeanspruchten Zone und mit ihr vom Tunnelquerschnitt, der Tiefenlage des Tunnels, der Festigkeit des Bodens und der Ringschlußzeit ab. Die Studie ist als Diskussionsgrundlage über die Standsicherheit seicht liegender Tunnel gedacht.

Highly Stressed Areas at Tunnel Driving Under Low Overburden. In view of the economy and flexibility of NATM meanwhile this construction method is applied to large tunnel profiles and even to tunnels with low cover in urban tunnelling. This evolution causes that the bearing capacity of the soil above the actual round is exploited to the limit load. The safety of the tunnel during tunnel driving depends last not least on the possibility to activate a threedimensional load transfer mechanism above the actual round which is not yet supported.

0080–3375/81/Suppl. 11/0187/$ 03.00

By example of tunnelling in Frankfurt Clay the conditions of this threedimensional load bearing process were studied. The preconditions for such a study, sufficient knowledge of the soil properties, realistic calculation model and the possibility to compare the computations with measurements, are fulfilled in the case of Frankfurt subsoil.

The nonlinear deformation behaviour of the clay depends on the actual state of stress and the stresspath as well. The analysis was carried out step-by-step in order to check for each state of tunnel driving, if the soil is loaded or unloaded and in which part of the ground the shear strength of the clay is reached. Corresponding to the tested state of stress, the actual deformation parameters for the next round are new defined. The so-called "dynamic" process of tunnel driving (*L. Müller-Salzburg*) is simulated by successive removing of those elements which are situated within the full section. The shotcrete lining is simulated by activating the corresponding elements in that moment, when the actual ring closure is executed.

The deformation progress in a chosen cross section can be simulated quite well by means of the threedimensional computation model. Just as known from measurements, by the numerical calculation could be shown that the soil above the roof is compressed as long as the tunnel face has not yet reached the observation section. Then, when tunnel driving crosses the observation section, the soil above the roof is loosened. The loosening zone extends to a height of one and a half tunnel radiuses. Above the actual round a threedimensional arch can be pointed out. The abutments of this arch are the stable soil in front and aside the round, backwards the already closed ring with shotcrete.

Around the tunnel a zone arises, where the soil is stressed to the limit of its strength. This zone is typical for tunnel driving by NATM and cannot be avoided. The zone is screened by the arch. The height of the threedimensional load bearing arch depends on the dimension of the highly stressed zone and with it from the tunnel profile, the depth of the tunnel, the soil strength and the ring closure time. The present study is thought to be a basis for further discussions about the safety of tunnels with low cover.

1. Einleitung

Beim 27. Geomechanik Kolloquium 1978 schlug Prof. *L. Müller* vor, die dreidimensionale Tragwirkung des Gebirges im Bereich der Ortsbrust mit einer wirklichkeitsnahen Berechnung zu untersuchen. Letztlich ist es die räumliche Lastabtragung, die es ermöglicht, im Lockergestein einen Tunnel aufzufahren und den Boden für eine kurze Zeit bis zur Versiegelung mit Spritzbeton ungesichert stehen zu lassen. Die in den letzten Jahren gewonnenen Erfahrungen mit seicht liegenden Tunneln bestätigen, daß die Sicherheit eines Tunnels maßgeblich davon abhängt, inwieweit mit der gewählten Vortriebsweise die räumliche Lastabtragung in dem kurzfristig ungesicherten Bereich gewährleistet ist. Die Dimensionierung eines Tunnels kann sich daher nicht alleine auf die Bemessung der Stahl- und Betonbauteile beschränken. Dies umso mehr, als über Schäden oder gar Verbrüche bei seicht liegenden innerstädtischen Tunneln nach deren Fertigstellung noch nicht berichtet wurde, hingegen Tagbrüche, die in unmittelbarem Zusammenhang mit der Tunnelherstellung standen, bekannt geworden sind.

Es erscheint daher angebracht, den Boden und auch die kritische Phase im Tunnelvortrieb in die Sicherheitsbetrachtung einzubeziehen. Dies auch im Hinblick darauf, daß mittlerweile Tunnelprofile mit mehr als 100 m^2 — in Einzelfällen bis 200 m^2 — Ausbruchsquerschnitt aufgefahren werden und für die Firstüberdeckung aus standfestem Boden nicht selten weniger als ein halber Tunneldurchmesser verbleibt. Für derartige Verhältnisse liegen aus den Probestrecken, die zu Beginn des innerstädtischen bergmännischen Tunnelbaus aufgefahren wurden, keine Erfahrungen vor. Auch ist es außerordentlich schwierig, aus den seinerzeit gewonnenen Erkenntnissen ohne brauchbares Übertragungsmodell Rückschlüsse auf die Standsicherheit der nunmehr aufgefahrenen großen Querschnitte zu ziehen. Die Tendenz im innerstädtischen Tunnelbau, die NÖT wegen ihrer Wirtschaftlichkeit und hohen Flexibilität auch in Grenzbereichen zur Anwendung zu bringen, die vor einigen Jahren noch als nicht ausführbar galten, verleitet dazu, die Tragfähigkeit des Bodens bis zur Grenze auszuschöpfen.

Die Fragestellungen sind in Abb. 1 dargestellt: Ringdicke, Geländesetzung und Mindestüberdeckung der Firste aus standfestem Boden. Um hierfür einen Beitrag liefern zu können, wurde die räumliche Lastabtragung über der Firste während des Tunnelvortriebs untersucht.

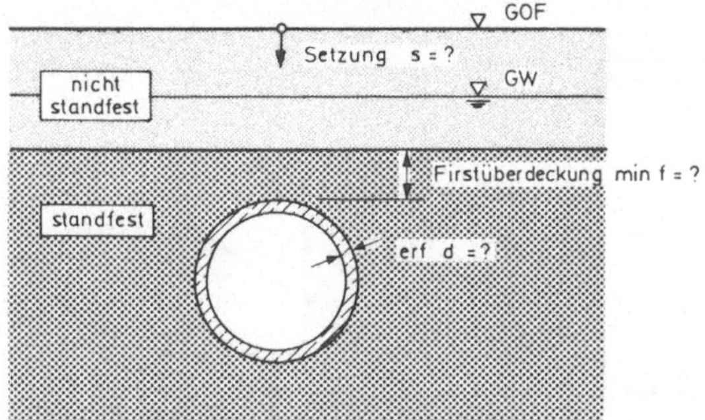

Abb. 1. Fragestellungen im innerstädtischen Tunnelbau
Questions on urban tunnelling

Voraussetzungen für eine derartige Studie sind

a) die ausreichende Kenntnis der Verformungs- und Festigkeitseigenschaften des Bodens

b) ein wirklichkeitsnahes Berechnungsmodell, das dem komplexen Kräftespiel an der Ortsbrust und der Wechselwirkung zwischen Gebirge und Auskleidung gerecht wird und

c) die Möglichkeit, die Rechenergebnisse mit Messungen vergleichen zu können und an der Gegenüberstellung die Brauchbarkeit der labormäßig ermittelten Bodenkennwerte und des gewählten Berechnungsverfahrens nachzuweisen.

Die genannten Voraussetzungen sind in Frankfurt erfüllt: Seit nahezu 20 Jahren wird das Verformungsverhalten des dortigen Tons im Zusammenhang mit den verschiedensten Tiefbaumaßnahmen untersucht (*Breth* et al. 1970). Sowohl das für den Ton angewandte Stoffgesetz als auch das Berechnungsverfahren haben sich bewährt (*Czapla* et al. 1978). Außerdem wird seit Beginn des bergmännischen Tunnelbaus in Frankfurt das Verformungsverhalten des Tons beim Tunnelvortrieb über die Beweissicherung hinaus meßtechnisch verfolgt (*Atrott*, 1972; *Breth*, 1977; *Breth/Chambosse*, 1975; *Chambosse*, 1972; *Krimmer*, 1976; *Müller-Salzburg* et al. 1977). Es liegt eine große Zahl von Meßergebnissen vor. Aus diesen Gründen wurde für die Studie ein Vortrieb im Frankfurter Ton untersucht.

2. Der Frankfurter Baugrund

Unter quartären Kiesen und Sanden beginnt in 5 bis 8 m Tiefe der Ton. Der
Ton ist vorverdichtet, gerissen und von wasserführenden Hydrobiensanden und
Kalkbänken durchzogen. Während des Vortriebs wird das Grundwasser bis unter
die Tunnelsohle abgesenkt. Wegen der Risse im Ton streuen die an Proben ermittelten Verformungen, weshalb versucht wurde, sein Verhalten mit einem einfachen, inkrementellen, nichtlinearen Stoffmodell zu beschreiben (*Duncan* et al.
1970). Das Verformungsverhalten des Tons hängt sowohl vom Spannungsweg als
auch vom Spannungszustand ab. In der Berechnung wird daher zwischen Erstbelastung und Ent- und Wiederbelastung unterschieden (Abb. 2). Beim letzteren
verhält sich der Ton wesentlich steifer als bei der Erstbelastung (*Amann*, 1975;
Stroh, 1974; *Rückel*, 1979).

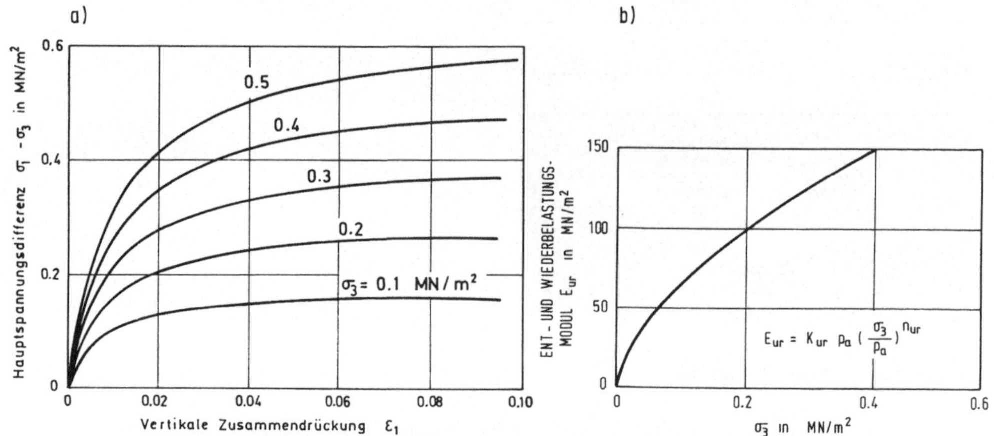

Abb. 2. Verformungsverhalten des Frankfurter Ton
a) Spannungs-Dehnungslinie bei Erstbelastung
b) Spannungsabhängiger Ent- und Wiederbelastungsmodul
Deformation behaviour of Frankfort Clay
a) Stress-strain relationship at primary load
b) Stress-dependend modulus of elasticity at un- and reloading

In Abb. 3 ist das Verformungsverhalten des Frankfurter Tons dem des
Keupersandsteins in Nürnberg und dem Münchner Flinzmergel gegenübergestellt.
Der Vergleich verdeutlicht, daß beim Tunnelvortrieb in Frankfurt mit größeren
Verformungen als in Nürnberg und München zu rechnen ist.

3. Berechnungsverfahren

Angesichts des komplexen Verformungsverhalten des Tons ist eine schrittweise Analyse des Spannungsweges für jedes Bodenelement notwendig, um im
aktuellen Spannungszustand prüfen zu können, ob es gegenüber den vorangegangenen Rechenschritten entlastet, belastet oder die Scherfestigkeit des Tons

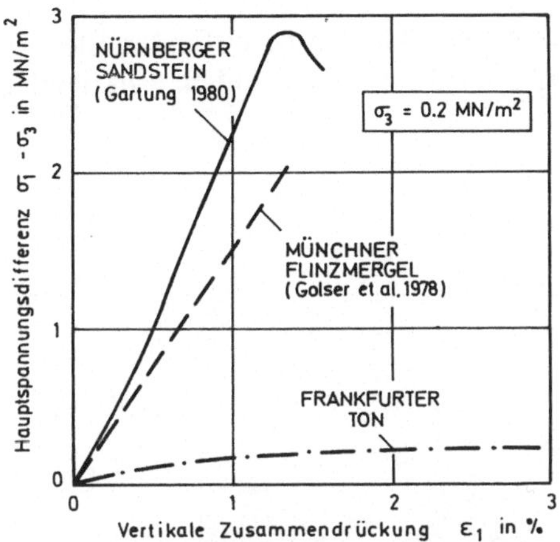

Abb. 3. Verformungsverhalten des Frankfurter Tons, des Münchner Flinzmergels und des Nürnberger Sandsteins
Deformation behaviour of Frankfort Clay, Munich Flinz Marl and Nuremberg Sandstone

erreicht wurde. Dementsprechend werden für den nachfolgenden Rechenschritt die Verformungsparameter in jedem Bodenelement neu ermittelt.

Für die dreidimensionale Studie wird aus dem Gebirge ein Quader herausgeschnitten, dessen Abmessungen so gewählt werden, daß die Randflächen ausreichend weit vom interessierenden Berechnungsquerschnitt in Strukturmitte entfernt liegen. Einen Anhaltspunkt über die notwendigen Abmessungen des Quaders geben die Geländenivellements: Danach macht sich die Setzungsmulde in Vortriebsrichtung wie auch quer zum Vortrieb bis in einen Abstand von 10 Tunnelradien von der Ortsbrust bemerkbar. Der untersuchte Gebirgskörper wurde in 990 sechs- und achtknotige Volumenelemente unterteilt, was zu einem Gleichungssystem mit ca. 3700 Unbekannten führte. Der 6.70 m weite Tunnel liegt 11.35 m unter Gelände.

Die Berechnung beginnt damit, daß in jedem Bodenelement der in-situ-Spannungszustand und die zugehörigen Anfangsverformungsparameter ermittelt werden. Der Ruhedruckbeiwert wurde zu $K_0 = 0,8$ gewählt (*Breth* und *Stroh*, 1974). Vorhandene Gebäudelasten lassen sich bei der Berechnung des in-situ-Zustandes berücksichtigen. Der nach *Müller-Salzburg* (1979) „dynamische" Vorgang des Tunnelvortriebs wird in der Berechnung so nachgeahmt, daß die Bodenelemente innerhalb des Ausbruchsquerschnitts sukzessive entfernt werden. Abb. 4 zeigt beispielhaft drei der insgesamt 15 in der Rechnung simulierten Vortriebsstadien. Jeder Abschlagschritt wird simuliert, indem aus dem aktuellen Spannungszustand der Ausbruchelemente durch Integration der Elementspannungen äquivalente Knotenkräfte ermittelt werden. Diese Kräfte werden wegen der Wegnahme der gegenseitigen Abstützung der Bodenelemente mit umgekehrten Vorzeichen auf die jeweils freigelegten Ausbruchflächen aufgebracht. Mit der hier angewandten Simulationstechnik ist es möglich, sowohl die ursprünglich vorhandenen Eigenspannungen als auch die bei den vorangegangenen Vortriebsstadien eingetretenen Spannungsänderungen zu berücksichtigen. Die

Versiegelung mit Spritzbeton wird dadurch erfaßt, daß den betreffenden Elementen nach und nach die Verformungseigenschaften des allmählich erhärtenden Spritzbetons zugewiesen werden.

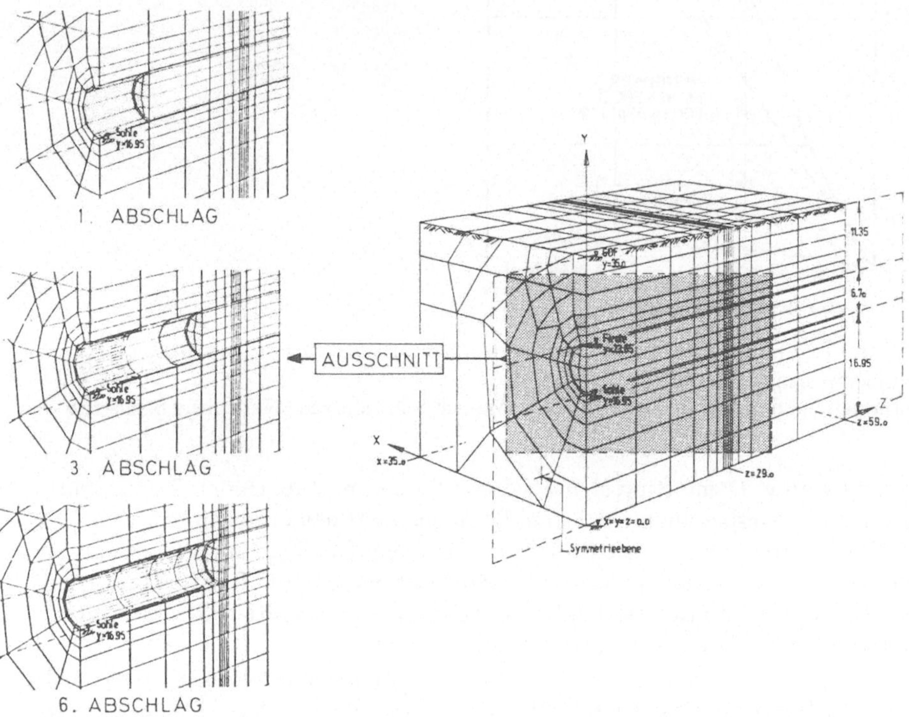

Abb. 4. Simulation des Tunnelvortriebs: drei der insgesamt fünfzehn berechneten Bauzustände
Simulation of tunnelling: three out of fifteen computed excavation steps

4. Ergebnisse

4.1. Verformungen

Die Abb. 5 und 6 zeigen die Vertikalverformung in zwei Bauzuständen als Linien gleicher Setzung bzw. Hebung in der Geländeoberfläche, in der Vortriebsebene, die gleichzeitig Symmetrieebene ist, in der Stirnfläche des Quaders und im Berechnungsquerschnitt in Strukturmitte. Auffallend ist, daß sich die Hebung auf den Bereich unmittelbar unterhalb des Tunnels beschränkt. Da die Hebung in Vortriebsrichtung bereits in weniger als einem halben Tunneldurchmesser vor der Ortsbrust ausklingt, läßt sich bereits aus diesen Abbildungen ablesen, daß sich das Gewölbe, das den Ausbruchsbereich überspannt, nicht weit vor der Ortsbrust abstützt. Infolge der größeren Steifigkeit des Tons bei Entlastung erreicht die Sohlhebung nur etwa 30 % der Firstsenkung. Wie in der Natur beobachtet, stellt sich in der Geländeoberfläche das größte Setzmaß in einem Abstand von mehr als einem Tunneldurchmesser hinter dem aktuellen Abschlag ein.

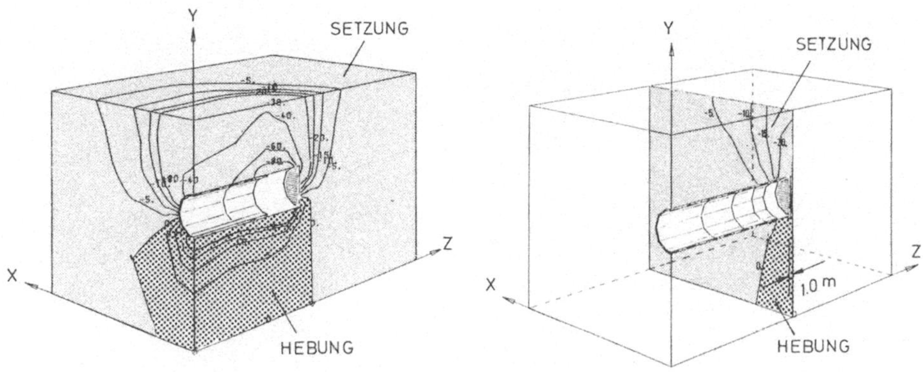

Abb. 5. Vertikalverformung (in mm) an der Geländeoberfläche und in der Symmetrieebene
Vertical displacements (in mm) at ground level and centre area

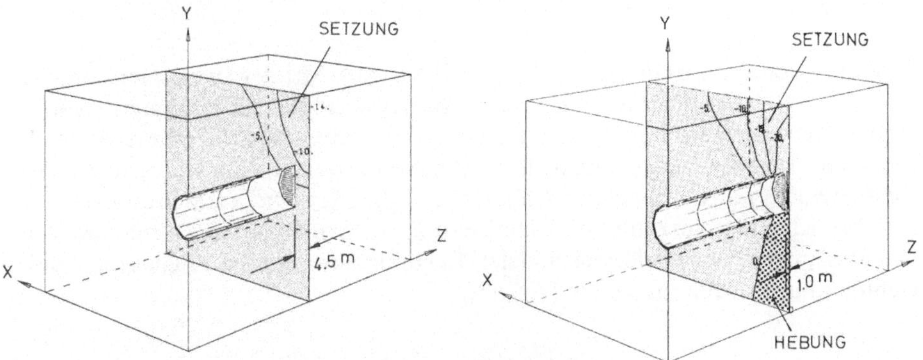

Abb. 6. Vertikalverformung (in mm) im Berechnungsquerschnitt
Vertical displacements (in mm) in the calculation cross section

Einen Eindruck vom Verformungsvorgang infolge eines Abschlags vermitteln die Verschiebungsvektoren in der Vortriebsebene (Abb. 7). Deutlich ist das allseitige Hineinwandern des Bodens in den frisch aufgefahrenen Hohlraum zu erkennen, wie es auch von den dreidimensionalen Modellversuchen mit Gelatine bzw. bindigem Kunstboden und auch von Feldmessungen her bekannt ist (*Chambosse*, 1972; *Lögters*, 1974; *Sauer*, 1976).

Abb. 8 zeigt in einem Vertikalschnitt zwischen Tunnelfirste und Geländeoberfläche die Setzung in verschiedenen Vortriebsstadien. Dabei sind die Messungen im Baulos 17 in Frankfurt den Ergebnissen der dreidimensionalen Berechnung gegenübergestellt. Solange der Tunnel den Meßquerschnitt nicht erreicht hat, ist die Setzung in der Geländeoberfläche am größten und nimmt mit der Tiefe ab. Dadurch kommt es zu einer Verdichtung des Bodens oberhalb der Firste. Unmittelbar vor dem Durchfahren des Meßquerschnittes kehrt sich die Verformungstendenz um (Abb. 8a). Diese Umkehrung der Verformungscharakteristik, eine Folge der räumlichen Lastabtragung nahe der Ortsbrust, ließ sich erst in der

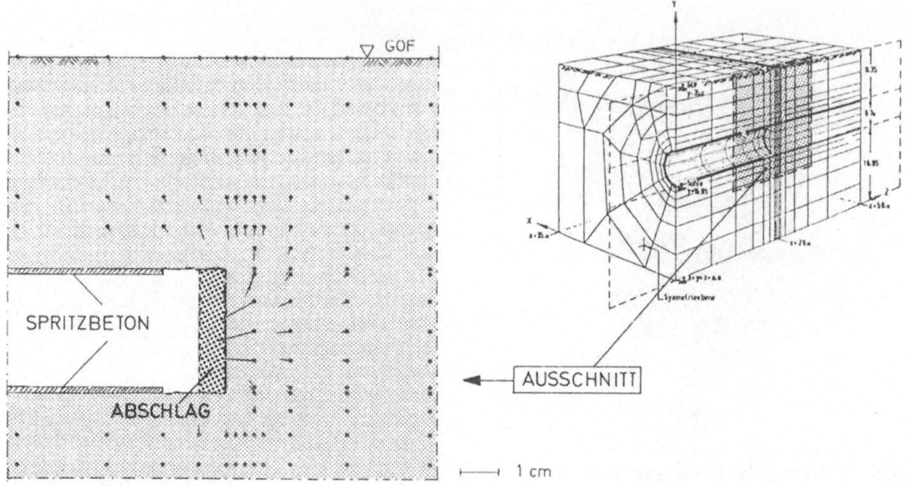

Abb. 7. Verschiebungsfeld in der Symmetrieebene
Displacement vectors in the centre area

dreidimensionalen Studie nachvollziehen (Abb. 8b). Mit der zweidimensionalen
Rechnung war dies nicht möglich: Selbst bei Anwendung der inkrementellen
Rechentechnik tritt schon bei den ersten Lastschritten die größte Setzung an der
Firste auf, weil die Lastabtragung in Vortriebsrichtung, die zur Verdichtung des
Firstbereiches führt, unberücksichtigt bleibt (Abb. 8c). Die Verdichtung des
Firstbereichs trägt aber mit zur Stabilisierung der Ortsbrust bei. Durch ihre Ver-
nachlässigung in der zweidimensionalen Rechnung kommt die Tragwirkung des
Gebirges nur unvollkommen zu Wirkung.

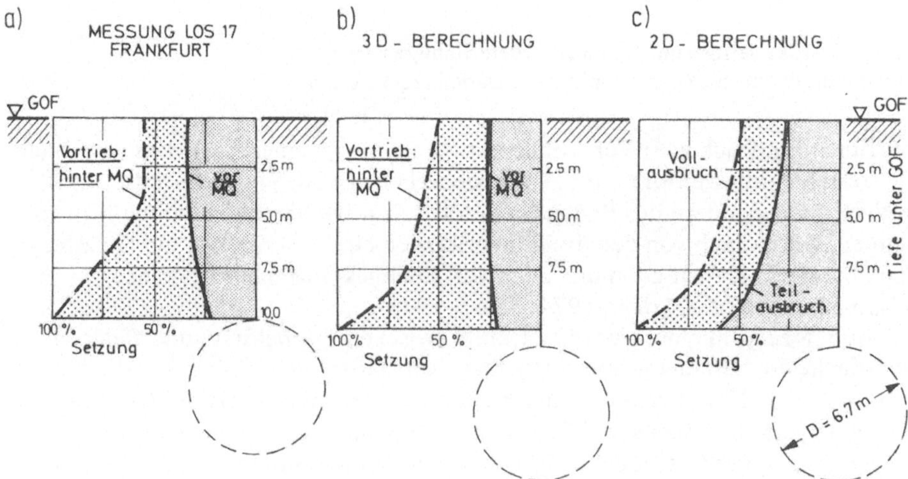

Abb. 8. Gemessene und berechnete Entwicklung der Setzung zwischen Firste und Geländeoberfläche während des Vortriebs
Measured and computed development of the settlements between roof and ground level
during tunnelling

Deutlicher als an der Firstsenkung läßt sich die wechselnde Beanspruchung
im Firstbereich an der Volumendehnung ablesen. Eine Zunahme der Volumendehnung bedeutet Verdichtung, eine Abnahme Auflockerung. Eine Auflockerung ist im gerissenen Ton insofern kritisch, als es mit der Aufweitung der Risse
zu einem Festigkeitsverlust kommen kann. Abb. 9 zeigt in einem Vertikalschnitt
zwischen Firste und Geländeoberfläche die Volumendehnung in zwei Vortriebsstadien. In Abb. 9a befindet sich die Ortsbrust einen Meter vor dem betrachteten
Vertikalschnitt: es kommt im gesamten Firstbereich zu einer Verdichtung. Sobald der Tunnel die Schnittebene durchstößt, erfährt der Boden nahe der Firste
eine Auflockerung, darüber wird er weiterhin verdichtet. Die Auflockerung ist
unschädlich, solange sie mit keinem wesentlichen Festigkeitsverlust vor der
Spritzbetonversiegelung bzw. vor dem Ringschluß verbunden ist.

Abb. 10 gibt einen Vergleich der berechneten Längs- und Quermulde an der
Geländeoberfläche mit den in Frankfurt beim Tunnelvortrieb gemessenen Setzungen. Die Streuung der Messung ist nicht allein auf wechselnde Bodenverhält-

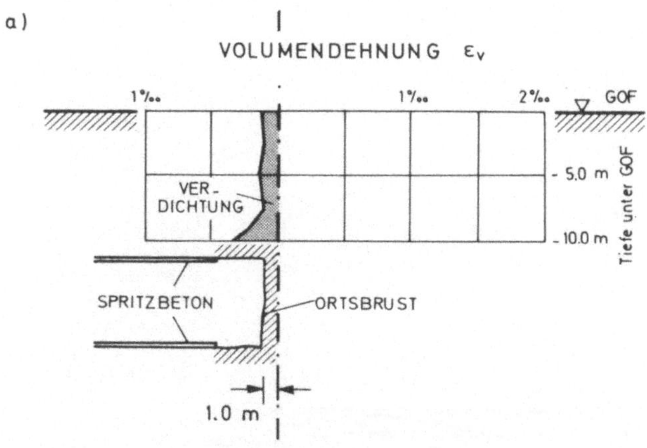

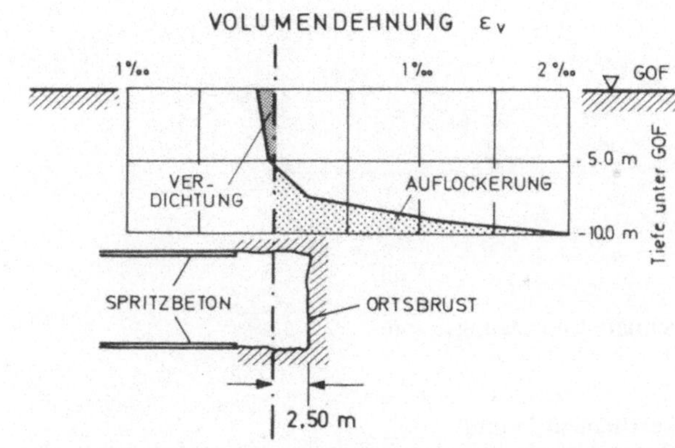

Abb. 9. Volumendehnung zwischen Firste und Geländeoberfläche für zwei Vortriebsstadien
Volumetric strain between roof and ground level at two excavation steps

nisse, sondern auch auf abgewandelte Vortriebstechniken, unterschiedliche Tiefenlage und Weite der Tunnel zurückzuführen.

Angesichts der zufriedenstellenden Übereinstimmung von berechneten und gemessenen Verformungen kann davon ausgegangen werden, daß von der Studie auch ein Aufschluß über die Spannungsumlagerungen und die Ausbildung kritischer Zonen im Abschlagsbereich erwartet werden darf.

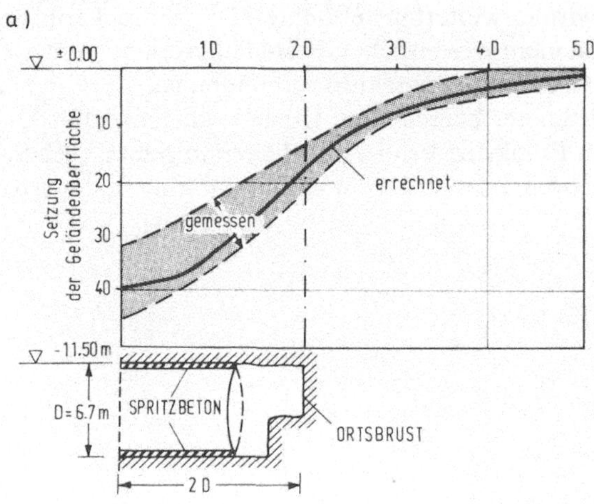

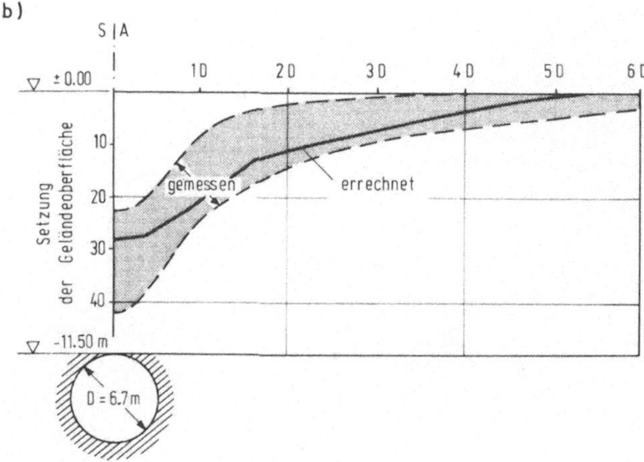

Abb. 10. Gemessene und berechnete Endsetzung in mm
a) Längsmulde
b) Quermulde
Measured and computed total settlement in mm
a) Longitudinal section
b) Cross section

4.2. Spannungen

Nachfolgend wird versucht, das den Abschlagsbereich überspannende Traggewölbe an den Linien gleicher Spannungsänderung in zwei ausgewählten Ebenen, der Vortriebsebene in der Symmetrieachse und der Querschnittsebene in Strukturmitte vorzuführen.

In Abb. 11 sind die Spannungsänderungen in Querrichtung, in vertikaler Richtung und in Längsrichtung aufgetragen. Auffallend ist, daß unmittelbar vor der Ortsbrust nicht nur die Längsspannung, sondern auch die Vertikal- und Horizontalspannung abnimmt. Dies dürfte auf die geringe Bodensteifigkeit in diesem Bereich als Folge der hohen Ausnutzung der Scherfestigkeit und auf die große Dehnung in Längsrichtung zurückzuführen sein, die durch die horizontale Entspannung der Ortsbrust verursacht wird. Über und auch unter dem Abschlag nimmt die horizontale Druckspannung zu, was auf eine Lastabtragung in Längs- und Querrichtung schließen läßt. Über der Firste und unter der Sohle nimmt die Vertikalspannung nahe dem Abschlag ab. Hinter dem Abschlag nimmt die Vertikalspannung hinter dem zuletzt eingebrachten Spritzbetonring zu, ebenso ist eine Zunahme der Vertikalspannung vor der Ortsbrust in dem noch nicht abgetragenen Boden zu verzeichnen. Der Abschlagsbereich ist von einem flachen Gewölbe überspannt, das sich rückwärts auf der Spritzbetonschale abstützt und im übrigen sein Widerlager im Gebirge findet. Daraus läßt sich folgern, daß über der Firste ausreichend standfester Boden vorhanden sein muß, der dem Zuwachs an Längs- und Querdruckspannungen standhält. Des weiteren ist zu erkennen, daß bei weit vorauseilendem Kalottenvortrieb oder geringmächtiger Firstüberdeckung das Traggewölbe so flach wird, daß die Lastabtragung nurmehr vorwiegend in Querrichtung erfolgen kann, was zu einer erhöhten Beanspruchung des Bodens über der Firste führt. Die große Bedeutung des schnellen Ringschlusses für die Ausbildung des Traggewölbes ist unverkennbar (*Müller-Salzburg*, 1979).

4.3. Ausnutzung der Scherfestigkeit

In Anlehnung an die Sicherheitsdefinition nach *Fellenius* wird die Ausnutzung der Scherfestigkeit als Verhältnis

$$S = \mathrm{tg}\,\varphi_{mob} / \mathrm{tg}\,\varphi_{vorh}$$

definiert. Unter dem mobilisierten Reibungswinkel wird die Steigung der Tangente an den aktuellen Hauptspannungskreis in der Mohr'schen Spannungsebene verstanden.

Abb. 12 zeigt in vier Teilbildern die Linien gleichen Ausnutzungsgrads in dem zuvor erläuterten Bauzustand. Abb. 12a gibt einen Gesamtüberblick, Abb. 12b zeigt einen Ausschnitt der Symmetrieebene. Um den Tunnel bildet sich eine Zone aus, in der die Scherfestigkeit des Bodens voll ausgenutzt ist. Die Lastabtragung über der Firste wird kritisch, wenn die tragfähige, kohäsive Decke

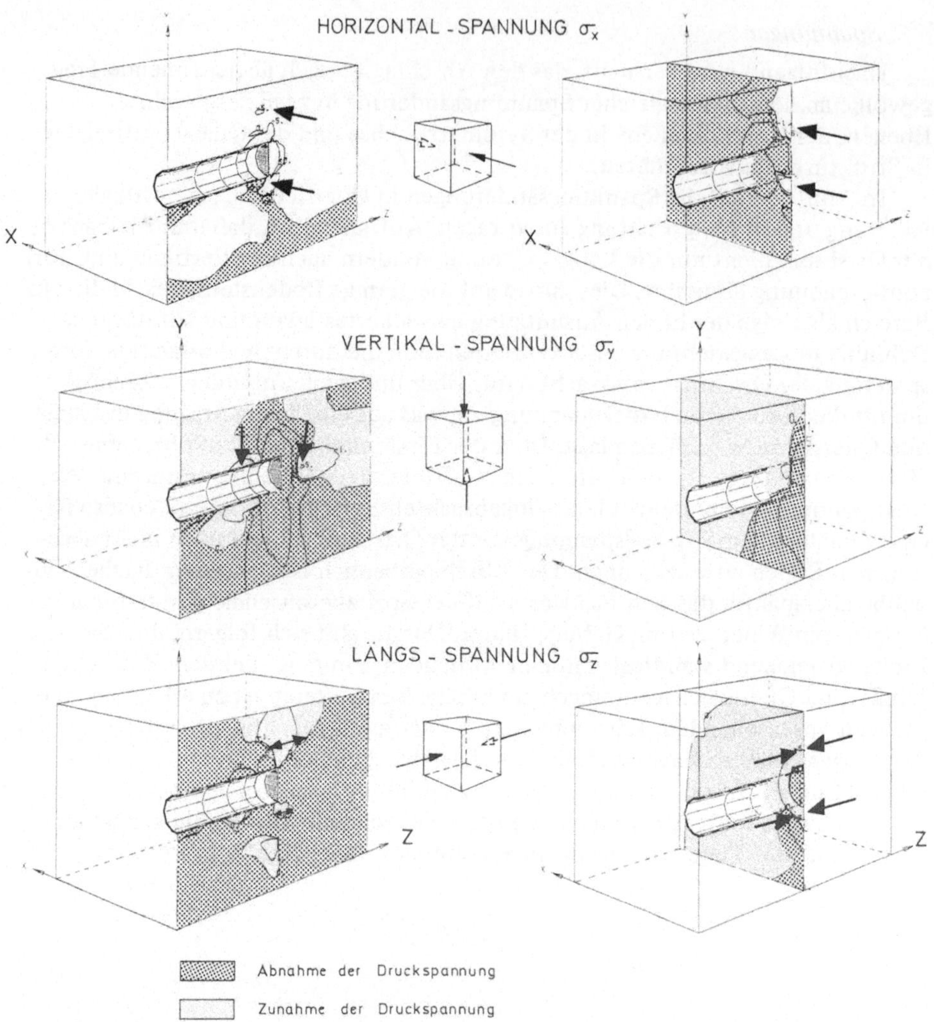

Abb. 11. Spannungsänderung infolge eines Abschlags
Stress variation caused by one round

dünn ist und das Gewölbe in dieser sich nicht ausbilden kann und sich deshalb in der Überlagerung Unterstützung sucht.

Vor der Ortsbrust bildet sich die plastische Zone als kreisförmiger, horizontal liegender Pfropfen aus, der kontinuierlich mit dem Tunnelvortrieb mitwandert (Abb. 12c). Die seitliche Ausstrahlung zeigt Abb. 12d. Dort ist die plastische Zone auf einen kleinen Bereich über dem Abschlag begrenzt, wodurch die seitliche Abstützung des Traggewölbes ermöglicht wird.

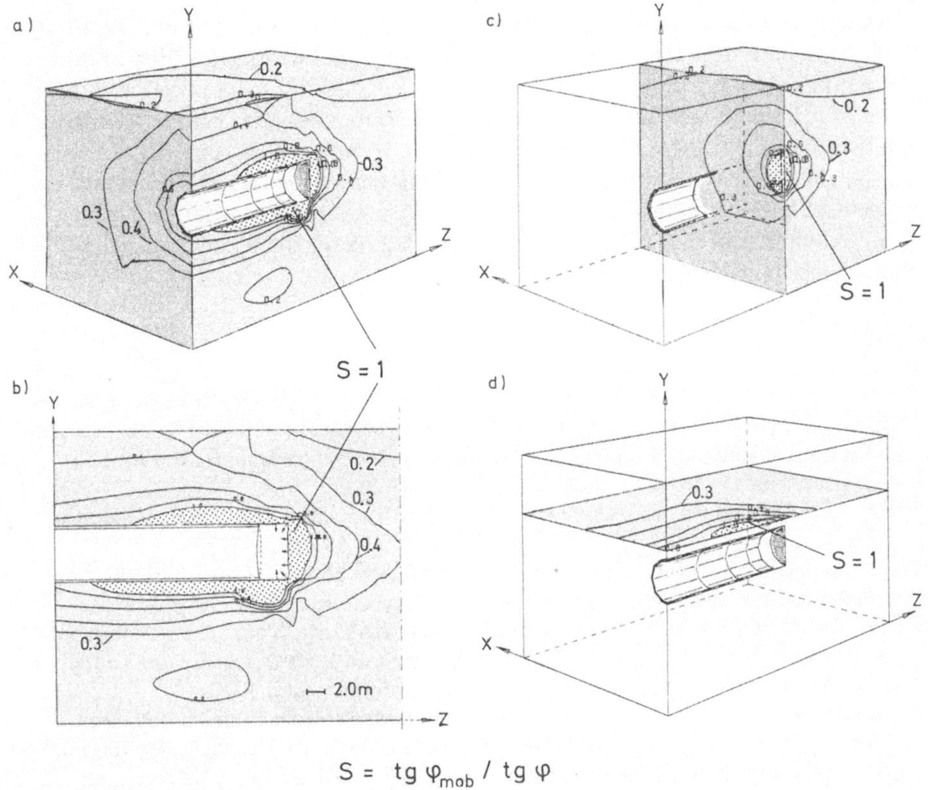

$$S = \mathrm{tg}\,\varphi_{mob} \,/\, \mathrm{tg}\,\varphi$$

Abb. 12. Ausnutzung der Scherfestigkeit
Stress level

5. Schlußfolgerung

Die Studie ist als Diskussionsgrundlage über die Standsicherheitsanalyse
seicht liegender Tunnel gedacht. Die Erfahrungen aus der Tunnelbaupraxis und
die dreidimensionale Berechnung zeigen, daß sich bei einem bergmännischen
Vortrieb nach der NÖT in einem wenig standfesten Boden eine hochbean-
spruchte Zone um den Tunnel ausbildet, die bei einer zu geringen Firstüberdek-
kung im Sinne von Abb. 1 zu einem labilen Gleichgewichtszustand im Gebirge,
im ungünstigsten Fall zu einem Tagbruch führen kann.

Der hoch beanspruchte Bereich befindet sich nach der Untersuchung über
der Firste zwischen dem geschlossenen Tragring aus Spritzbeton und der Ortsbrust. Daraus läßt sich folgendes ableiten:

Die Entstehung dieser hoch beanspruchten, den Tunnel umschließenden
Zone ist mit dem Vortrieb nach der NÖT zwangsläufig verbunden. Sie läßt sich
nicht verhindern. Ihre Ausdehnung und damit die Weite und Stichhöhe des
Stützgewölbes hängen vom Ausbruchsquerschnitt, der Tiefenlage des Tunnels,

der Festigkeit des Bodens und nicht zuletzt von der Ringschlußzeit ab. Die Firstüberdeckung muß deshalb so gewählt werden, daß sich das Traggewölbe in ihr
ausbilden kann.

Die Studie zeigt, wie die zu fordernde Firstüberdeckung im Einzelfall abgeschätzt werden kann. Abschließend sei darauf hingewiesen, daß eine Untersuchung, wie sie hier vorgestellt wurde, nur dann gerechtfertigt ist und einen
Aussagewert hat, wenn die Verformungs- und Festigkeitseigenschaften des
Bodens bekannt sind und die Streubreite der Bodenkennwerte aus Laborversuchen abgeschätzt werden kann.

Literatur

Amann, P.: Über den Einfluß des Verformungsverhaltens des Frankfurter Tons auf die Tiefen-
wirkung eines Hochhauses und die Form der Setzungsmulde. In: Mitt. der Versuchsanstalt
für Bodenmechanik und Grundbau der Technischen Hochschule Darmstadt, Heft *15*,
Darmstadt, Juni 1975.

Atrott, G.: Die Anwendung der „Neuen Österreichischen Tunnelbauweise" beim U-Bahnbau
in Frankfurt am Main. Baumaschine und Bautechnik *19*, 65–71 (1972).

Breth, H.: Tunnelling in Soft Ground, Opening Address. Spec. Session 1. Proc. 9th Int. Conf.
on Soil Mechanics and Foundation Engineering, Tokyo, July 1977.

Breth, H., Schultz, E., Stroh, D.: Das Tragverhalten des Frankfurter Tons bei im Tiefbau auftretenden Beanspruchungen. Mitt. der Versuchsanstalt für Bodenmechanik und Grundbau
der Technischen Hochschule Darmstadt, Heft *4*, Darmstadt, April 1970.

Breth, H., Stroh, D.: Das Verformungsverhalten des Frankfurter Tons beim Aushub einer
tiefen Baugrube und bei der anschließenden Belastung durch ein Hochhaus. Vorträge der
Baugrundtagung 1974 in Frankfurt-Höchst, pp. 51–70, DGEG Essen 1974.

Breth, H., Chambosse, G.: Settlement Behaviour of Buildings Above Subway Tunnels in
Frankfurt Clay. Settlement of Structures. London: Pentech Press 1975.

Chambosse, G.: Das Verformungsverhalten des Frankfurter Tons beim Tunnelvortrieb. Be-
richte über Messungen in der Frankfurter Innenstadt. Mitt. der Versuchsanstalt für Bodenmechanik und Grundbau der Techn. Hochschule Darmstadt, Heft *10*, Darmstadt, Februar
1972.

Czapla, H., Katzenbach, R., Rückel, H., Wanninger, R.: Manual zum Finite Element Pro-
grammsystem STATAN-15 Version Bodenmechanik und zum interaktiven graphischen
Datenverarbeitungssystem PLOSYS. Darmstadt, 1978.

Duncan, J. M., Chang, C. Y.: Nonlinear Analysis of Stress and Strain in Soils. Journal of the
Soil Mechanics and Foundations Division, ASCE 1970, Vol. 96, SM 5, pp. 1629–1653.

Gartung, E.: Beitrag zur Bestimmung der geotechnischen Eigenschaften schwach verfestigter
Keupersandsteine. Veröff. d. Grundbauinstituts der LGA Bayern, Heft *38*, Nürnberg
1980.

Golser, J., Hackl, E., Jöstl, J.: Tunnelling in Soft Ground with the New Austrian Tunnelling
Method (NATM). Proc. 9th Int. Conf. on Soil Mechanics and Foundation Engineering,
Spec. Session 1, Tokyo, July 1977.

Krimmer, H.: Erfahrungen bei der Weiterentwicklung der Spritzbetonbauweise im Frankfurter
U-Bahnbau. Rock Mechanics, Suppl. *5*, 209–222, Wien, New York: Springer 1976.

Lögters, G.: Das räumliche Verformungsgeschehen beim Vortrieb oberflächennaher Tunnel-
röhren. Veröff. d. Inst. für Boden- und Felsmechanik, Univ. Karlsruhe, Heft *59*, 1974.

Müller-Salzburg, L.: Die Bedeutung der Ringschlußlänge und Ringschlußzeit im Tunnelbau.
Proc. 4th Int. Congress on Rock Mechanics, Montreux, Vol. 1, pp. 511–519, Balkema
1979.

Müller-Salzburg, L., Sauer, G., Chambosse, G.: Berechnungen, Modellversuche und in-situ-Messungen bei einem bergmännischen Vortrieb in tonigem Untergrund. Bauingenieur *52*, 1–8 (1977).

Rückel, H.: Beitrag zur Berechnung von Gründungsplatten. Eine vergleichende Studie. Mitt. der Versuchsanstalt f. Bodenmechanik und Grundbau der Techn. Hochschule Darmstadt, Heft *21*, Darmstadt, August 1979.

Sauer, G.: Spannungsumlagerungen und Oberflächensenkungen beim Vortrieb von Tunneln mit geringer Überdeckung. Veröff. d. Inst. f. Boden- und Felsmechanik, Univ. Karlsruhe, Heft *67*, 1976.

Stroh, D.: Berechnung verankerter Baugruben nach der Finite Element Methode. Mitt. d. Versuchsanstalt f. Bodenmechanik u. Grundbau der Techn. Hochschule Darmstadt, Heft *13*, Darmstadt, Juni 1974.

Anschrift der Verfasser: Dipl.-Ing. *Rolf Katzenbach*, Prof. Dr.-Ing. *Herbert Breth*, Institut für Bodenmechanik und Grundbau der Technischen Hochschule Darmstadt, Petersenstraße 13, D-6100 Darmstadt, Bundesrepublik Deutschland.

Rock Mechanics, Suppl. 11, 203–213 (1981)

Rock Mechanics
Felsmechanik
Mécanique des Roches
© by Springer-Verlag 1981

Ursache und Vermeidung von Schäden im Tunnelbau

Von

J. Golser und E. Hackl

Mit 5 Abbildungen

Zusammenfassung — Summary

Ursache und Vermeidung von Schäden im Tunnelbau. Der Beitrag beschränkt sich auf Schäden, die dem Bereich der Vortriebs- und Stützungsmaßnahmen zuzuordnen sind. Die häufigsten Schäden sind Verbrüche sowie unzulässige Deformationen, die zusätzliche aufwendige Stützungen oder Reparaturarbeiten erfordern.

Ursachen sind meist nicht vorhersehbare oder nicht richtig eingeschätzte geotechnische Verhältnisse, falsche Wahl von Vortriebs- und Stützmethoden, mangelhafte Planung und Bauausführung sowie falsche Einschätzung von Risikofaktoren. Vielfach werden auch die Möglichkeiten von Baumethoden überschätzt, insbesonders wenn extrem schwierige geotechnische Verhältnisse zu bewältigen sind. Schließlich haben Bauvertrag und Risikoverteilung zwischen Auftraggeber und Auftragnehmer mit den darauffolgenden wirtschaftlichen Zwängen einen wesentlichen Einfluß auf den Bauablauf.

Im Erkennen der Schadensursachen liegt auch die Vermeidung von Schäden im Tunnelbau. An Hand praktischer Beispiele sollen die häufigsten Schäden und deren Ursachen erläutert werden.

Reasons and Avoidance of Damages in Tunnelling. This contribution deals only with damages which are related to excavation and support works.

The most frequent damages are fallouts or collapses and excessive deformations which cause additional costly supports or other remedial measures.

Reasons for damages are non foreseeable or wrongly interpreted geological-geotechnical conditions, wrong choices of excavation and support methods, faulty designs and executions and wrong estimations of risk factors. Frequently the applicability of tunnelling methods is overestimated, specifically when extremely difficult geological conditions prevail. Finally the contractual concept and the share of risks between owner and contractor with the related economical constraints play an important role for the execution of works.

The knowledge of the reasons for damages is essential for their avoidance. With the help of practical examples the most frequent damages are shown and their reasons discussed.

0080–3375/81/Suppl. 11/0203/$ 02.20

Vorbemerkungen

Der vorliegende Beitrag behandelt Schäden, welche während des Vortriebes und im Zuge der damit erforderlichen Ausbauarbeiten auftreten. Schadensfälle an später eingebauten Ausbauelementen wie Betongewölbe oder andere Schäden, wie z. B. Langzeitschäden, schadhafte Abdichtungen usw. werden hier nicht behandelt.

Zu den auffallendsten Schäden zählen Verbrüche und Wassereinbrüche sowie unzulässig große Deformationen. Unter unzulässig großen Deformationen mögen Verformungsgrößen verstanden werden, welche bei sachgemäßer Ausführung und bei vertretbaren Kosten vermeidbar sind, sowie welche durch Vernachlässigung der Forderungen des modernen Tunnelbaues nach weitestgehender Schonung des Gebirges bzw. Erhaltung der Gebirgstragfähigkeit entstehen; derartige Verformungen haben kostenintensive Überfirstungen, Bauzeitverlängerungen, zusätzlichen Stützmittelaufwand und andere Sanierungsmaßnahmen zur Folge. Um sich der Vermeidung von Schäden zuwenden zu können, müssen zunächst deren Ursachen erkannt werden; die Vermeidung der Schäden selbst liegt dann in der Beseitigung der Ursachen, welche vielfach in der Nichtbeachtung von grundlegenden Prinzipien des Tunnelbaues begründet sind.

Grundsätzlich liegen die Ursachen der hier angesprochenen Schäden entweder im Bereich des Planungsstadiums oder in dem der Baudurchführung. In beiden Fällen überwiegt der Einfluß der jeweils gegebenen geotechnischen Verhältnisse (Geologie, Hydrologie, Tektonik), welche entweder zu wenig erkundet oder falsch interpretiert wurden. Vielfach lassen sich die Ursachen nicht klar zuordnen, indem meist mehrere Komponenten zusammenwirken.

Indem das Gebirge (Fest- oder Lockergestein), in welchem der Hohlraum herzustellen ist, selbst maßgebliches Bauelement ist, kommt der richtigen Erfassung der technologischen Eigenschaften desselben in Planung und Ausführung grundlegende Bedeutung zu.
Nachdem die Planung meist nur auf Erkundungs- und Interpretationsergebnisse angewiesen bleibt, fällt der laufenden geotechnischen Beurteilung während der Baudurchführung eine ausschlaggebende Begleitfunktion zu, welche als Fortsetzung (Ergänzung) der Planungsleistung verstanden werden muß.

Eine Vielzahl von Schäden firmieren daher unter dem Titel „geologisch bedingter Ursachen", womit entweder vorhersehbaren, aber nicht erkannten geotechnischen Verhältnissen oder tatsächlich vorweg nicht abschätzbaren Gegebenheiten, nicht rechtzeitig durch Anpassung der Vortriebs- und Ausbaumaßnahmen Rechnung getragen wurde.

Freilich ist eine Analyse eines Verbruchsherganges oft leichter als dessen Vorhersehung und Abwendung, womit zum Ausdruck kommt, welch bedeutenden Stellenwert die einschlägigen Erfahrungen von Planer und Unternehmer besitzen.

So kommt es, nicht unverständlich, daß die Geologie schlechthin auch dann oft den Kopf hinhalten muß, wenn andere Schadensursachen vorliegen. In guten geologischen und hydrologischen Verhältnissen sind Schäden auch viel seltener. Im Bauvertrag muß selbstverständlich die Unvorhersehbarkeit von ungünstigen geotechnischen Bedingungen, ihre allenfalls nicht rechtzeitige Erkennungsmöglichkeit, berücksichtigt werden, nicht zuletzt auch deshalb, um dem Unternehmer von einem unzumutbaren Risiko zu bewahren. Die laufende Beurteilung der Verhältnisse an der Ortsbrust stellt ein zusätzliches Element in der Risikobeurteilung dar, welches im Gebirgstunnelbau weitgehend den Mineuren obliegt. Den Aussagen des Bauvertrages mit der damit einhergehenden Beschreibung der zu erwartenden geotechnischen Verhältnisse, kommt wegen der darauf abgestellten Wahl der Vortriebs- und Ausbaumaßnahmen maßgebliche Funktion zu; durch Fehleinschätzungen sind damit indirekt auch Schadensursachen möglich.

Als Beispiel für den Einfluß geotechnischer Gegebenheiten im Stadium für die Festlegung einer Tunneltrasse, sei der derzeit im Bau befindliche Bosruck-Autobahntunnel angeführt, wofür die Linienführung mit einem langen Basistunnel bereits gesetzlich festgelegt war:

Die äußerst ungewissen Verhältnisse in den Haselgebirgsstrecken und die zu erwartenden Wassererschwernisse mit den sehr schwer abschätzbaren Risken hinsichtlich Bauzeit und Baukosten führten zur Suche nach einer mit weniger Risiko behafteten Trasse. Die damit gewählte und nunmehr im Bau befindliche Trasse liegt derart im Bereich des bestehenden Eisenbahntunnels, sodaß sie einerseits den Entwässerungseffekt desselben nützt aber andererseits die geologische Prognosemöglichkeit besser ermöglicht. Die bislang vorliegenden Erfahrungen zeigen, daß diese Lösung richtig war, obwohl verkehrswirtschaftliche Untersuchungen als auch eine etwas längere Trassenführung mit höherem Scheitelpunkt allein betrachtet für eine Basistunnellösung gesprochen hätten.

Beispiel aus dem städtischem Untertagebau

Im folgenden wird über einen Schadensfall berichtet, dessen wesentliche Ursache nach Auffassung der beiden Verfasser bereits in einer frühen Planungsphase zu suchen ist. Beim Vortrieb einer eingleisigen U-Bahnröhre kam es gleich nach dem Anfahren aus dem Startschacht zu einem Tagbruch mit großem Wassereinbruch.

Die Wahl der Anlageverhältnisse berücksichtigte, daß über einen großen Teil der Tunnelstrecke ein dünnes Mergeldach über der Tunnelfirste liegen sollte; über dem Mergel waren hauptsächlich quartäre Böden mit einem Grundwasserstand von 7 m über Tunnelfirste gegeben. Dem Mergeldach wurde nun die Funktion einer tragfähigen Abdichtung gegen das obere Grundwasser zugedacht, sodaß unter dessen Schutz ein Vortrieb nach der Neuen Österreichischen Tunnelbauweise unter Verwendung von leichten Stahlbögen und Spritzbeton möglich sein sollte. Besonders zu erwähnen ist, daß man diesem Mergeldach über der

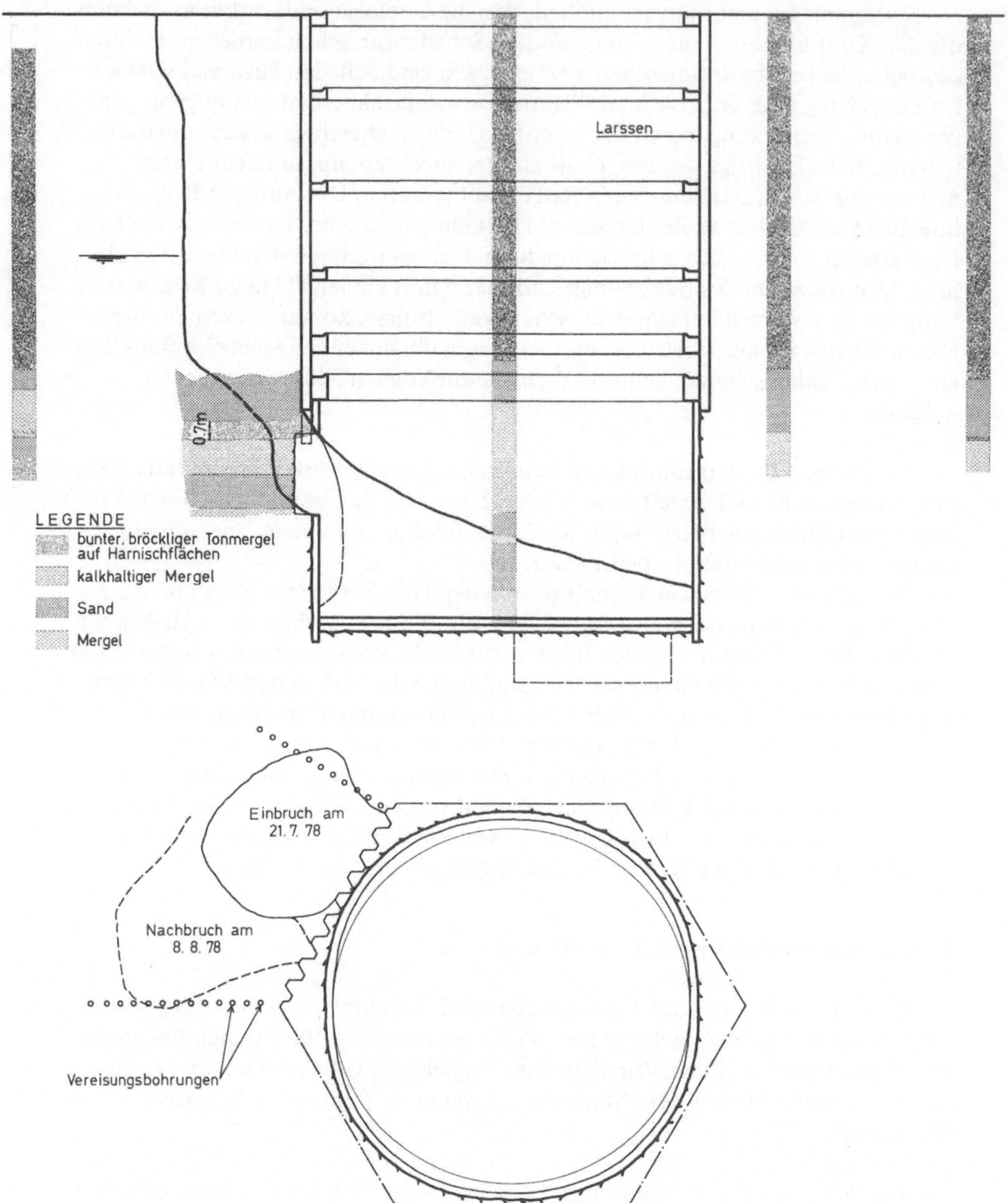

Abb. 1. Längsschnitt und Grundriß des Startschachtes (Verbruchsituation)
Longitudinal section resp. plan of situation of shaft of access (situation of failure)

künftigen Tunnelfirste eine Mindeststärke von 1,2 m zuordnete (man beachte
diese dezitierte Angabe!), wobei sich rechnerisch tatsächlich nachweisen läßt,
daß ein Mergeldach dieser Stärke mit den angegebenen Bodenkennwerten aus-
reicht, um die ihm zugedachte Funktion auch zu erfüllen. Obwohl der Vortrieb
plangemäß sehr vorsichtig aufgenommen wurde, kam es dennoch ohne jede
Vorwarnung gleich zu einem Verbruch, der den Startschacht bis zum Grundwasserspiegel mit Wasser füllte.

Zur Sanierung wurde der entstandene Krater von ober her soweit als möglich
mit Beton verfüllt und nachdem ebenfalls von Übertag durch Injektionen dem
Grundwasser der weitere Weg in den Tunnel versperrt war, konnte der Schacht
wieder ausgepumpt werden. Gleichzeitig mit den Sanierungsarbeiten wurden
eine Reihe von zusätzlichen Erkundungsbohrungen durchgeführt, wobei sich
herausstellte, daß das Mergeldach im Verbruchsbereich nur 0,8 m stark war.
Weiters mußte man erkennen, daß der in diesem Bereich angetroffene Mergel
nicht jenen Vorstellungen entsprach, welche man dem Projekt und damit
rechnerischen Ermittlungen zugrundegelegt hatte, sondern daß dieser ein stark
durchklüfteter bunter Mergel mit wesentlich reduzierten Festigkeitseigenschaften war.

Die Abb. 1 zeigt die Situation und den Umfang des Verbruches; man erkennt
die abgetauchte Kontaktzone des Mergels mit dem darüberliegendem Quartär,
welche als Schwächestelle den Verbruch verursachte. Das Wiederauffahren des
Verbruches erfolgte unter dem Schutz eines Eisschirmes, wobei mit viel Zeitaufwand die erheblichen Betonmassen, welche zur Verfüllung des Verbruches
verwendet wurden, zu durchörtern waren.

Da vergleichbare Vorkommnisse in jüngster Zeit im U-Bahnbau mehrfach
beobachtbar waren, erscheint eine Überprüfung der Anlageverhältnisse ange-
raten: man gewinnt den Eindruck, daß fallweise die Einschätzung der geotechnischen Voraussetzungen offensichtlich zu optimistisch war. Linienführungen
werden nach fahrdynamischen Gesichtspunkten, wie Energieverbrauch und nach
Rolltreppenlängen usw. optimiert, wobei man aber auch den Aspekten der
Geologie und Hydrologie entsprechenden Wert in der Beurteilung zukommen
lassen muß; eine Verschiebung in der Bewertung zu ungunsten der Geotechnik
ist mit dem Einkauf eines erhöhten Risikos verbunden. Eine Tieferlegung der
Trasse im geschilderten Falle um 1 bis 2 m würde derartige Risken wesentlich
reduziert bzw. praktisch ausgeschaltet haben. Linienführungen, welche derart
knapp an der Grenze des theoretisch noch Ausführbaren liegen, erschienen nur
dann vertretbar, wenn Dichte und Methoden der geologischen Vorerkundung,
vergleichbare Unstetigkeiten und Störungen im geologischen Kleinbereich bereits im Planungsstadium bekannt sein ließen. — Eine derart anspruchsvolle
geologische Vorerkundung ist bekanntlich jedoch kaum möglich und selten sinnvoll: die Abbildung 2 zeigt Verhältnisse, welche aus einer üblichen geologischen
Vorerkundung interpretierbar wären, (man beachte die Bohrergebnisse) bzw.
welche Verhältnisse mit dem Tunnelvortrieb tatsächlich angetroffen wurden
(in den Längsschnitten eingetragen); die Unterschiede mögen für den Geologen
nicht allzu gravierend erscheinen, sind jedoch für die Bauausführung von we-
sentlichem Einfluß.

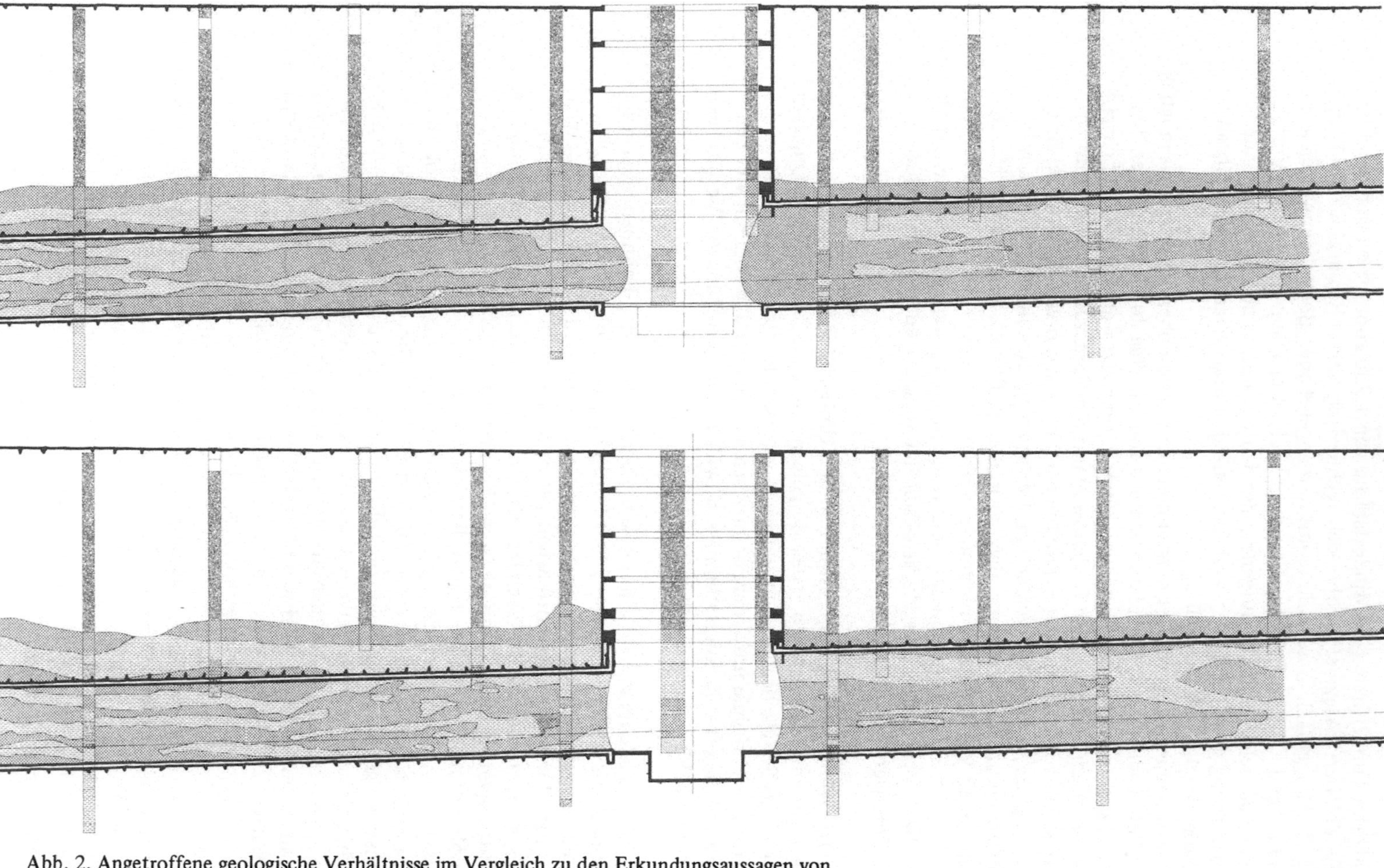

Abb. 2. Angetroffene geologische Verhältnisse im Vergleich zu den Erkundungsaussagen von Bohrungen

Given geological situation in comparison with results of drilling

Was hätte der Unternehmer in diesem Fall zur besseren Vorerkundung beitragen können? – Vorauszusetzen wäre, daß überhaupt Zweifel über die Stärke des Mergeldaches und über die technologische Qualität desselben aufgekommen wären.

Die einzig zweckmäßig im Zuge des Vortriebes durchführbare Maßnahme wären dichte Vorausbohrungen, welche von der Vortriebsbrust schräg aufwärts auszuführen wären; damit allerdings wäre das Mergeldach systematisch durchlöchert worden, wodurch wegen des darüberliegenden Wasserstockwerkes erst recht Verbrüche provoziert worden wären.

Dieses Beispiel verdeutlicht die Wichtigkeit, mit welcher Sicherheitsbetrachtungen für den Untergrund, sei es Fest- oder Lockergestein, angestellt werden müssen. Der Gründungsboden bei Fundierungen bzw. das den herzustellenden Hohlraumbau umgebende Gebirge (Boden) müssen als Teil des gesamten Bauwerkes mit in die Sicherheitsbetrachtungen einbezogen werden. Gerade weil es bekanntlich in den fels- und bodenmechanischen Betrachtungen schwierig ist zu eindeutigen quantitativen Aussagen zu gelangen, sind die daraus resultierenden größeren Unsicherheiten zu berücksichtigen. Für den aufgezeigten Fall des städtischen Untertagebaues bedeutet dies, gestützt auf einschlägige Erfahrungen in grundsätzlichen Entscheidungen, wie bei der Wahl der Anlageverhältnisse sich etwas mehr der sicheren Seite zuzuwenden, will man ein erhöhtes Risiko nicht bewußt in Kauf nehmen.

Beispiele aus dem Gebirgstunnelbau

Das Beispiel eines Straßentunnels in schwierigen geologischen Verhältnissen schildert einen Verbruch für dessen Ursache sowohl planerische als auch grundsätzliche Fehler in der Bauausführung zu beobachten waren. Der zweispurige Autobahntunnel war im Mergel vorzutreiben, welcher in der Portalzone als ziemlich gut einzustufen war (geschätzte einachsige Druckfestigkeit zwischen 50 und 100 N/cm^2); dann wurde das Gebirge allerdings zusehend ungünstiger und nach etwa 110 m Vortriebsstrecke standen total zermürbte, schwarze und sehr feuchte Mergel mit Tuffeinlagen an, deren Schichtflächen schwarz glänzend und glatt und die Bereiche um die Tuffeinschaltungen bis auf Sandkorngröße zerbrochen waren.

Der Vortrieb wurde mit voreilendem Kalottenausbruch und nachfolgendem Strossenabbau durchgeführt, wobei eine 6-klassige Gebirgsklassifizierung angewandt wurde. Der Ausbau erfolgte mit leichten I-Bögen im Abstand von rd. 1 m und mit 3 m langen Ankern, welche in Abständen von etwa 2 m in Kalotte und oberer Ulme gesetzt wurden (6 bis 8 Stk. je Ring), sowie durch Einbringen einer 15 cm starken, baustahlgitterbewehrten Spritzbetonschale, Messungen zur Erfassung des Gebirgsverhaltens waren nicht vorgesehen, auch wurden keine geologischen Aufnahmen im Zuge des Vortriebes durchgeführt. Die praktische Vertragsabwicklung erfolgte in weitestgehender Anpassung an die vorweg vorgenommene Klassifizierung mittels des prognostizierten geologischen Längenschnittes. Modifizierungen dieser Vorgangsweise, welche den tatsächlich angetroffenen geologischen Verhältnissen Rechnung getragen hätten, wie Berücksichtigung des Vorschlages des Auftragnehmers insbesondere längere Anker in größerer Anzahl zu verwenden, wurden vom Bauherrn abgelehnt; ebenso der Vorschlag zum Einbau eines Sohlgewölbes.

Erst nach weiterem Drängen wurden schließlich Konvergenzmessungen durchgeführt, welche jedoch dann viel zu spät erkennen ließen, daß die Deformationsgeschwindigkeiten nicht rasch genug abnahmen.

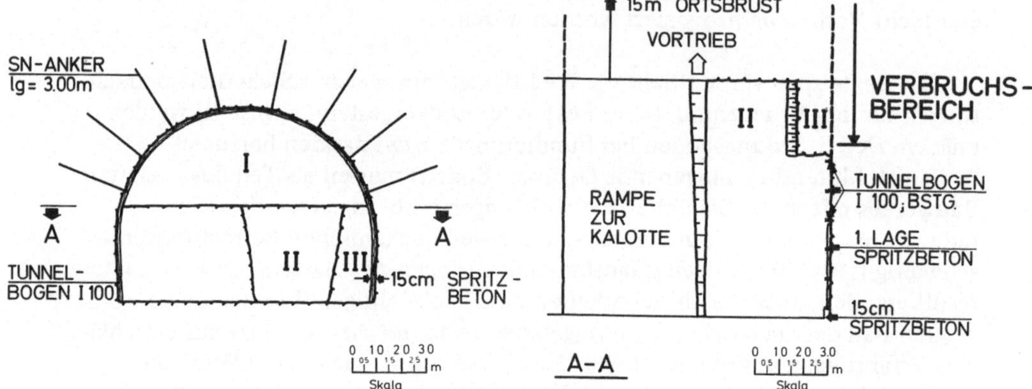

Abb. 3. Ausbruchs- und Ausbauvorgang im Verbruchsbereich (Querschnitt und Grundriß)
Excavation resp. sequences of driving in time of failure (cross section and plan of situation)

Es ereignete sich dann auch bald ein Verbruch über die gesamte Kalotte im bereits fertiggestellten Kalottenbereich (nicht an der Ortsbrust), beginnend an der Stelle wo gerade der Strossenabbau im Gang war (vgl. Abbildung 3). Neben der grundsätzlich unzureichenden Stützung der Kalotte für derart ungünstige Gebirgsverhältnisse wurde auch die Strosse auf 3 m Länge zum Einbau der Tunnelbögen geöffnet und um weitere 3 m insoferne aufgemacht, indem an der Ulme ein etwa 1 m breiter Felsstreifen stehenblieb. De facto waren also 6 m der Strosse offen, da dem verbliebenem Felsstreifen keine stützende Funktion mehr zugeordnet werden konnte, wie der von dort ausgehende Verbruchsbeginn bewies, der Verbruch erfolgte noch bevor der Abschlag geschuttert werden konnte. Die Kalotte eilte der Strosse um etwa 20 m voraus, ein Sohlgewölbe war nach den Instruktionen des Bauherrn immer noch nicht eingebaut. Weiters wurde auch die Spritzbetonqualität bei weitem nicht erreicht (was allerdings hier kaum zum Versagen führte), insbesondere jedoch war der Kontakt zwischen Spritzbeton und Gebirge mangelhaft, da das Baustahlgitter nicht nahe genug am Fels verlegt war und durch offensichtlich falsches Spritzen sowie durch zu feinkörnigen Spritzbeton das Baustahlgitter verlegt wurde, womit vielfach Hohlräume zwischen Spritzbetonschale und Gebirge gegeben waren.

Als Verbruchsursache sind hier (wie meist) mehrere Gründe aufzuzählen:

– Unterdimensionierung der Anker nach Länge und Dichte,
– fehlende in-situ Beobachtungen,

— mangelnde Flexibilität in der Anpassung des Vortriebsablaufes und des
  Stützmitteleinsatzes an wechselnde geologische Verhältnisse,
— fehlender Ringschluß,
— zu langes Öffnen der Strosse und
— mangelnder Kontakt der Spritzbetonschale mit dem Gebirge.

Diese Unzulänglichkeiten waren auch im gegebenem Falle auf mangelnde
Erfahrung zurückzuführen, indem es sowohl für Auftraggeber als auch Auftragnehmer der erste größere Tunnel in schwierigen geologischen Verhältnissen war,
welcher nach der Neuen Österreichischen Tunnelbauweise vorzutreiben war.

Als weiteres Beispiel aus dem Gebirgstunnelbau sei im folgenden über einen
Autobahntunnel berichtet, für welchen über einen Sondervorschlag des Unternehmers in den Portalstrecken ein Vortrieb mit einem Messerschild zur Anwendung kam.

Die geologischen Verhältnisse waren in den Ausschreibungsunterlagen etwa
wie folgt beschrieben: lehmiger Hangschutt mit Kies und Steinen, bindig, im
allgemeinen trocken und mitteldicht gelagert. Die Ausschreibung erfolgte nach
der Neuen Österreichischen Tunnelbauweise, wobei das anstehende Gebirge
nach der damaligen Klassifizierung in Güteklasse V (sehr druckhaft) eingeord-
net wurde.

Weiters war bedungen, daß der Vortrieb in Teilquerschnitten mit sofortiger
Sicherung aller freigelegten Flächen mit Spritzbeton zu erfolgen hat und daß
ein hohlraumloser Dielenvortrieb (bzw. das sofortige Verfüllen von eventuell
entstandenen Hohlräumen hinter der Verdielung) mit dem Belassen eines
zentralen Stützkörpers in der Kalotte sowie ein rascher Ringschluß durchzuführen ist.

Der vom Unternehmer in Vorschlag gebrachte Lanzenvortrieb sah 6 m lange
Lanzen (über 3 Führungsbögen geführt) vor, in deren Schutz das Betonieren von
2 m langen Ortbetonringen möglich sein sollte. Die angetroffenen Gebirgsverhältnisse erlaubten dann allerdings nicht das Vortreiben der Lanzen, indem der
Umfang durch diese hätte geschnitten werden können, sondern es mußte vor
den Lanzenschneiden geschrämt oder gebaggert werden. Dadurch jedoch ergaben sich hinter dem Schildmantel aus Lanzen unvermeidliche Hohlräume, wodurch eine kontinuierliche Stützung des Bodens nicht mehr gegeben war.

In weiterer Folge wurde der durch die Lanzen freigegebene Spalt von 10 cm
Stärke erst 12 bis 16 Stunden nach dem Vorschub der Lanzen verfüllt, sodaß
es zwischenzeitlich und unweigerlich zu starker, schädlicher Auflockerung der
Hohlraumumgebung kommen mußte.

Es ereignete sich dann gleich hinter dem Tunnelportal, unmittelbar hinter
dem Lanzenschild ein Verbruch im bereits betoniertem Abschnitt (vgl. Abbildung 4). Begünstigt wurde dieser Verbruch durch starke Regenfälle und durch
ein undichtes obertägiges Gerinne, wodurch der Boden im Verbruchsbereich
durchnäßt war. Verursacht wurde der Verbruch durch die mangelnde Bettung
des Bodens in dem zu spät verfüllten Spalt, was besonders bei ursprünglicher
gegebener äußerer Belastung gefährlich ist.

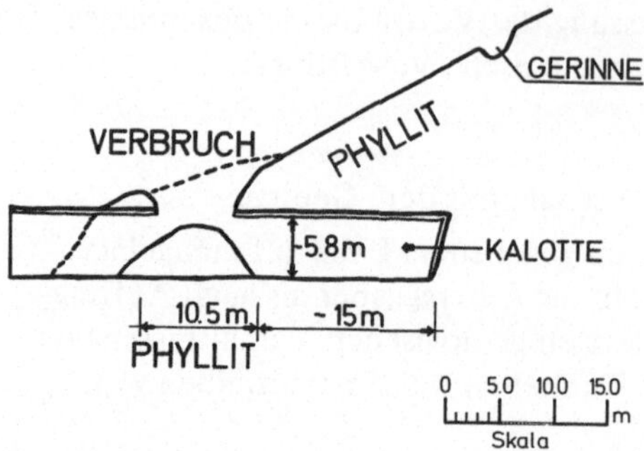

Abb. 4. Situation im Verbruchsbereich (Längsschnitt)
Plan of situation in time of failure (longitudinal section)

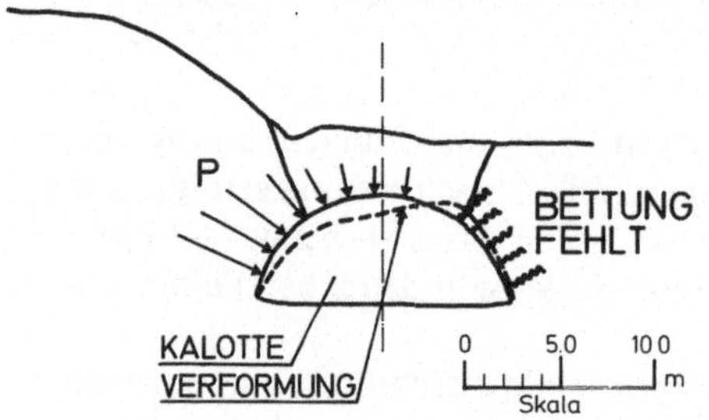

Abb. 5. Verbruch infolge Nachgebens der Bogenauflager
Failure as result of settlements of the footings of steel ribs

Ein zweiter Verbruch bis zur Oberfläche ereignete sich dann ca. 24 m vom
Tunnelportal entfernt an der Ortsbrust (vgl. Abbildung 5): im durchfeuchteten
Boden kam es vorher zu deutlichen Setzungen der Führungsbögen und in der
Folge wohl zu großer Auflockerung, wodurch über dem Schildmantel der
Lanzen größere ungestützte Längen in Tunnellängsrichtung aufgetreten sein
mußten; damit wurden wiederum größere Beanspruchungen im Bereich der Orts-
brust hervorgerufen.

Durch eine nicht sofortige und effektive Stützung entstehen ein- oder zwei-
achsige Beanspruchungen im umgebenden Gebirge, anstatt möglichst dreiachsige
Spannungszustände zu erhalten. Unmittelbare Verbruchsursache dürfte wohl
das Nachgeben der Auflager der Führungsbögen gewesen sein, bei denen eine
spezifische Pressung von rd. 200 N/cm² aufgetreten sein dürfte; das ist für einen
durchfeuchteten, lehmigen Hangschutt sicher zu viel.

Der weitere Vortrieb erfolgte dann nach der ausgeschriebenen Methode, er
gestaltete sich zwar nicht einfach, führte aber zu keinen weiteren spektakulären
Schäden. Die tiefere Ursache für solche Vorkommnisse liegt natürlich auch im
Konkurrenzkampf der Unternehmer um den Zuschlag der Bauaufträge, indem
sich diese über Vorschläge von technischen Alternativlösungen Kostenvorteile
erhoffen; dabei wird oftmals mit zuviel Optimismus ans Werk gegangen: etwas
unregelmäßigere oder ungünstigere geologische Verhältnisse (als man sich diese
aus den Unterlagen interpretiert hat) können dann zum Versagen der gewählten
Alternative führen.

Schlußbetrachtungen

Im Wissen um die Ursachen von Schäden im Tunnelbau liegt die Möglichkeit der Vermeidung derselben. Indem die häufigsten Ursprünge der hier behandelten Schadensursachen im Bereich der Planung und (oder) Bauausführung liegen und durch geotechnische Gegebenheiten bedingt sind, können folgende Feststellungen zur Vermeidung getroffen werden:

— Erfordernis einer optimalen geotechnischen Erkundung im Planungsstadium;
— Einbezug des Gebirges bzw. der geotechnischen Verhältnisse als wesentliches Bauelement in alle Planungsaspekte;
— Erstellung eines darauf begründeten Bauvertrages;
— begleitende geotechnische Beurteilung und meßtechnische Beobachtung der angetroffenen Verhältnisse;
— Flexibilität und einschlägige Erfahrung des Unternehmers bei der Baudurchführung.

Diese Feststellungen sind im Bewußtsein zu treffen, daß kein Untertagebauvorhaben ohne Risiko durchführbar ist. Es gilt aber dieses Risiko auf ein Minimum zu beschränken, wobei die zu treffenden Entscheidungen zwischen den Komponenten der technischen Möglichkeiten, der damit verbundenen Kosten und der Bauzeit zu fällen sein werden — jeweils allerdings von den darin einzubeziehenden Sicherheitsbetrachtungen beherrscht.

Dem Bauherrn kommt hierin wohl eine entscheidende Funktion zu, indem bei ihm die Verantwortung für die Schaffung der Planungsgrundlagen, für die Auswahl des Planers und damit für die Schaffung des Bauvertrages als auch für die Auswahl des Unternehmers liegt; darüberhinaus trägt er auch die Verantwortung für die geeignete Überwachung der Bautätigkeit des Unternehmers, wenngleich das diesem verbleibende Risiko nicht hoch genug zu bewerten ist.

Die in diesem Beitrag dargelegten Beispiele zeigen, wie in Planungs- und Ausführungsphasen eines Projektes folgenschwere Fehler gemacht werden können. Insbesonders Sünden gegen die wichtigsten Prinzipien des Tunnelbaues rächen sich unweigerlich, sei es in Form von Verbrüchen oder in Form von vermeidbaren Kostenüberschreitungen. Risikobeurteilungen in der Trassenfindung erscheinen besonders wichtig, wobei sicherlich unterschiedliche Bewertungen beim städtischen Untertagebau und dem Hohlraumbau im Gebirge zu treffen sind. Ganz ohne dem Wohlwollen der heiligen Barbara wird es allerdings selten abgehen.

Das es trotz der verständlichen Zurückhaltung der von Schäden betroffenen Bauherrn und Bauunternehmer möglich war diese Beispiele zu bringen, sei von den beiden Verfassern aufrichtig bedankt. Im Sinne der Erkenntnis, daß man aus Fehlern am besten lernt, sei damit gleichzeitig der Wunsch an die Fachwelt nach mehr Mut zu einschlägigen Veröffentlichungen verbunden.

Anschrift der Verfasser: Dipl.-Ing. *Johann Golser* und Dipl.-Ing. *Erich Hackl*, Ingenieurkonsulenten für Bauwesen, Ingenieurbüro GEOCONSULT, Sterneckstraße 55, A-5020 Salzburg, Österreich.

Rock Mechanics, Suppl. 11, 215–236 (1981)

Rock Mechanics
Felsmechanik
Mécanique des Roches
© by Springer-Verlag 1981

Sanierung eines wasserführenden Niederbruchkamines mit 300 m² Querschnittsfläche im Salzbergbau Altaussee

Von

M. Donel und **G. Feder**

Mit 15 Abbildungen

Zusammenfassung – Summary

Sanierung eines wasserführenden Niederbruchkamines mit 300 m² Querschnittsfläche im Salzbergbau Altaussee. Aus einem scheinbar harmlosen Firstenbruch in einem Sinkwerk nahe der oberen Grenze eines alpinen Salzstockes entwickelte sich ein Niederbruchkamin von etwa 300 m² Querschnittsfläche, der über 340 m Höhenunterschied bis obertage durchstieß und der zur Zeit der Schneeschmelze eine Wassermenge bis zu 700 m³ pro Stunde führte, die durch ihr Lösungsvermögen den Salzbergbau empfindlich traf.

Geomechanische Modellversuche über das Verhalten von Verschlußbauwerken innerhalb von Niederbruchkaminen und über die Injizier- und Dränierbarkeit des zum Teil grobstückigen und vertikal wasserdurchströmten, zum Teil schluffig-plastischen Kaminhaufwerkes führten zu einem Sanierungsprojekt und zum Baubeschluß.

Die Durchführung der im Detail beschriebenen, unter starkem Platz- und Zeitmangel stehenden und nicht ungefährlichen Arbeiten verlief mit dem erwarteten Erfolg.

Die mittlerweile eingetretenen Zuflüsse (etwa 200 l/s über längere Zeiträume) wurden von den ausgeführten Bau- und Injiziermaßnahmen störungsfrei und sicher abgefangen.

Tightening of a Water Bearing Chimneylike Breakdown of 3 300 sq.ft. Sectional Area in the Altaussee-Saltmine (Austria). A harmless seeming roof failure in a salt mine near an upper border of an alpine salt deposite enlarged to a chimneylike roof foundering of 3 300 sq.ft. sectional area and 1 000 ft. height until day surface. Snow melting season caused a 2 500 cu.ft./h water inrush in the salt mine through this chimney.

Geomechanical model tests have been carried out in view of behaviour of blocking structures within a rubbish filled and water bearing foundering chimney, as well in view of injecting possibility of the chimney filling. The project of repairing works was based on this test results.

This work was executed under stress due to danger of a second rock fall as well due to the lack of time and space. It is described here in detail and was finished with success.

Meanwhile a water inflow of 2 500 cu.ft./h has been successfully retained by means of the executed construction- and injection work.

0080–3375/81/Suppl. 11/0215/$ 04.60

Etwa die Hälfte der Österreichischen Salzförderung kommt aus dem Bergbau
Altaussee (Thomanek, 1967). Dieser befindet sich im Massiv des Sandlings,
eines Berges, der bereits um 1920 seinem Namen „Ehre" machte, als abrupt der
westliche Teil samt der dortigen Sandlingalm in den Laistlinggraben abrutschte,
eine mehrere Kilometer lange verwüstete Gleitbahn zurücklassend.

Die folgenden Ausführungen berichten über die Bewältigung eines über
mehrere Jahre hartnäckig den Salzbergbau gefährdenden Wassereinbruchs in das
Sinkwerk Lobkovicz mit Spitzenwerten von 740 m³/Std (200 l/sec).

Abb. 1. Ostansicht des Sandlings. Kilometerlange Abtreppungen im oberen Bereich. Ganz
links die vom Niederbruchkamin gebildete Pinge und der Bergsturz oberhalb davon
East side of Sandling. Salt mine about 500 m below ground surface.

1. Vorgeschichte

Das Sinkwerk Lobkovicz (Abb. 2) wurde um die Jahrhundertwende in Betrieb genommen, und etwa 1932 aus dem Laugbetrieb genommen, wobei der
Werkshimmel bereits auf wenige Meter an die Salzgrenze herangekommen war.
Während des weiteren Bestandes des Hohlraumes erwies sich dessen Himmel als
äußerst nachbrüchig, sodaß die niedergebrochenen Hurden zur Steinsalzgewin-
nung planmäßig genützt wurden. Offenbar wirkten bereits damals schon Ein-
flüsse unbemerkt aus dem Deckgebirge zusitzenden Wassers, denn 1957 brach
unerwartet ein Teil des Bodenstockes des Werkes Lobkovicz in das westlich unterhalb liegende Sinkwerk Backhaus 1 durch (Abb. 2). Damit entstand vorerst
eine ungestützte Gesamt-Himmelfläche von 60 x 120 m. Diese bestand aus Rot-
salzgebirge mit schräg einfallenden Schwarztoneinlagen.

Im Januar 1977 wurde nahe dem Westrand des Lobkovicz-Himmels ein örtlich konzentrierter, fortschreitender Niederbruch festgestellt, der in seinem Verhalten im Gegensatz zu den großflächigen Abschalungen (Hurden) stand, die

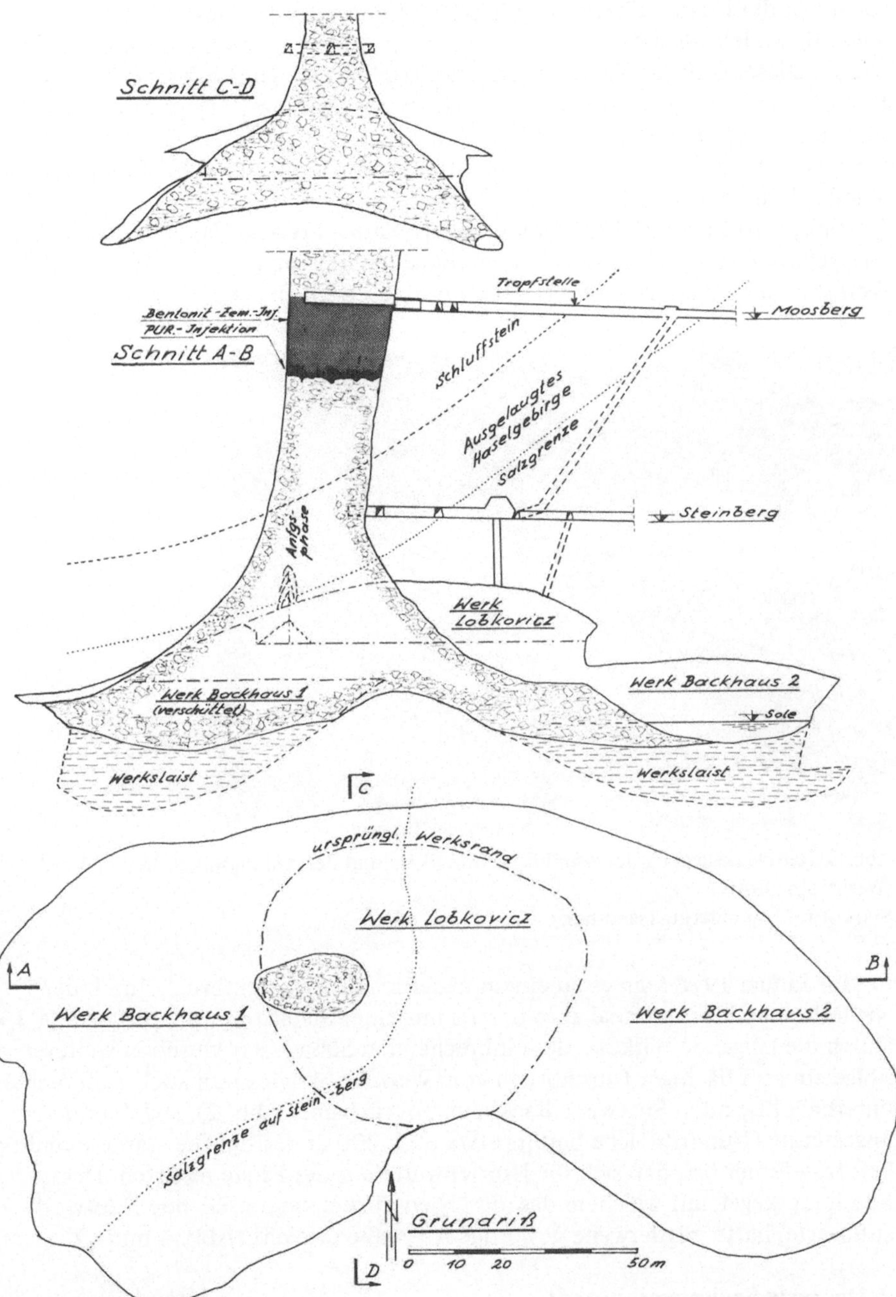

Abb. 2. Niederbruchkamin aus der Firste des Werkes Lobkovicz, einschließlich der endgültigen Sanierungsmaßnahmen
Roof foundering and piping in start (dotted line) and final state.

sonst von der Firste fallweise abgeworfen wurden. Auch war das Bruchmaterial
wesentlich kleinstückiger (Abb. 3), sodaß von einem „Sandregen" gesprochen
wurde. Dieser örtliche Niederbruch erwies sich als allmählich hochwachsender
Kamin mit etwa 6 m Durchmesser, dessen Höhe Anfang 1977 noch ausgeleuch-
tet und mit 30 bis 40 m abgeschätzt werden konnte, wobei der Eindruck er-
weckt wurde, daß das Hochwachsen durch Erreichen fester Schichten zum Stillstand gekommen war (Abb. 2).

Im späten Frühjahr 1977 floß erstmals Wasser (10—20 l/s) aus dem Schlot
aus, gemeinsam mit Gesteinsbrocken, die allmählich einen Schuttkegel bis zum
Werkshimmel bildeten (Abb. 3). Dann trat vorerst Ruhe ein.

Abb. 3. Haufwerkskegel unter dem Niederbruchkamin in der Anfangsphase Januar 1977
(Werksfoto ÖSAG)
Start of roof foundering (sand-rain)

· Im Januar 1978 kam es zu einem neuerlichen Wassereinbruch durch den
Niederbruchschlot, diesmal aber bereits mit einer Schüttung von 100 bis 200 l/s.
Durch die laugende Wirkung des einbrechenden Süßwassers wurde in weiterer
Folge ein großflächiger Durchbruch vom Werk Lobkovicz nun auch zum östlich
unterhalb liegenden Sinkwerk Backhaus 2 verursacht (Abb. 2), sodaß nun die
ungestützte Grundrißfläche bereits etwa 60 x 200 m betrug. Die starke Feuchtigkeit trug ferner bei, daß sich die Hurdenwürfe aus der Firste mehrten. Der
Böschungskegel, auf welchem das den Niederbruchkamin füllende Haufwerk
auflagerte, hatte mittlerweile gewaltige Ausmaße erreicht (Abb. 4 und 6).

2. Das erste Sanierungskonzept

In der 2. Hälfte 1978 wurde versucht, in der Höhe des Steinberghorizonts,
also etwa 17 m über dem Lobkovicz-Werkshimmel, den Niederbruchkamin durch
Zangenstrecken zu umfahren, um ihn von dort zu verschließen. Bereits im Vortrieb der Strecken mußte erkannt werden, daß die nasse steinig-schluffige, also

einem Murenmaterial ähnliche entgegendrängende Kaminfüllung die Errichtung eines damals geplanten Stahlbeton-Verschlußbauwerkes unmöglich machte (Abb. 5).

Abb. 4. Gegenwärtiges Ausmaß des Haufwerkkegels unter dem Niederbruchkamin. Maßstab ca. 1 : 1 000
Actual state of slope below the chimneylike breakdown

Abb. 5. Schluffig-steiniges plastisches Haufwerk im Niederbruchkamin (Werksfoto ÖSAG)
Silty-stony soil-mass in plastic condition, filling the lower part of foundering chimney

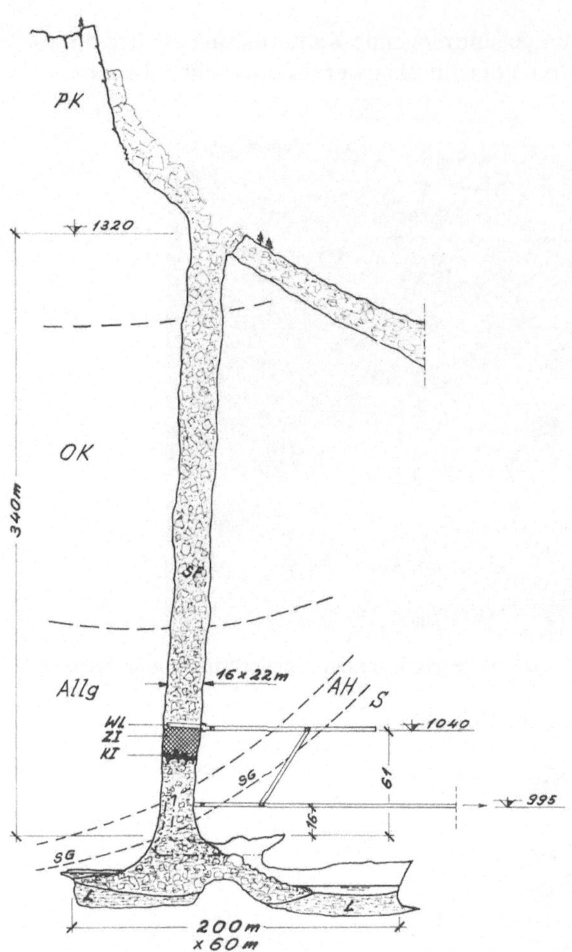

Abb. 6. Gesamtansicht des Niederbruchkamines über dem Werk Lobkovicz, einschließlich der endgültigen Sanierungsmaßnahmen. PK Plassenkalk: massig, aber mit Störungen durchsetzt; OK Oberalmer Kalk: geschichtet und sehr zerlegt; Allg Allgäuschichten: hier vorwiegend Schluffgestein; AH ausgelaugtes Haselgebirge; S Salzlagerstätte; L Laist; SG Salzgrenze; SF Schlotfüllung: zum Teil hohlraumreiches Blockwerk, zum Teil Schluff in jeder Konsistenzform; WL Zentrale Wasserlösungsstrecke; ZI Dichtpfropfen aus stabilisierter Bentonit-Zement-Injektion; KI Vorausabdichtung durch extrem rasch reagierende 1-Komponenten-PUR-Schaum-Injektion; W Wasserzulauf (vermutlich); -.- Anfangssituation
Tightening of foundering chimney. ZI Injected Cement-Bentonit suspension; KI Injected Polyurethan foam; WL Drainage system

In der 1. Hälfte 1979 wurde eine zweite Zangenstrecke um den Niederbruchkamin aufgefahren und zwar im Moosberghorizont, also etwa 62 m über dem Lobkovicz-Himmel, da man hoffte, dort auf günstigere Gebirgsverhältnisse zu stoßen. Es gelang dabei mit einer Zentralstrecke den ganzen Niederbruchkamin in seiner Ost-West-Achse zu durchörtern und damit fast 70 % der den Schlot durchflutenden Wassermenge abzuleiten. Ende Mai 1979 kam es aber zu einem

Nachsacken des den Schlot füllenden Haufwerkes um etwa 1,5 m, wobei diese Zentralstrecke völlig zerstört wurde (Abb. 14). Nur die außerhalb des Kamines um diesen herumführenden Zangenstrecken blieben (mit Ausnahme von einem Abschnitt im Westen) erhalten, aber das dort anstehende, durchfeuchtete Gebirge ließ eindeutig erkennen, daß die Errichtung und Auflagerung eines Verschlußbauwerkes unter diesen Verhältnissen nicht möglich ist. Obendrein hatte der Niederbruchkamin offenbar mittlerweile über 340 m Höhenunterschied hinweg die Tagesoberfläche erreicht und dort in einer jungen Bergsturzhalde einen 10 m tiefen Nachsackungstrichter gezogen (Abb. 1 und 6). Es wurde daraufhin dieses Sanierungskonzept aufgegeben.

3. Weitere Sanierungskonzepte

Aus der vorliegenden Situation wurden folgende neue Sanierungskonzepte vorgelegt:

Konzept A: Stabilisieren des Böschungskegels unterhalb des Niederbruchkamines (Abb. 4 und 6) durch Abflachung und befestige Strossen, wobei das dazu erforderliche Lockermaterial dem Niederbruchschlot entnommen werden soll. Weiterhin Abpumpen des durch den Schlot in die Werker eindringenden Wassers.

Konzept B: Von einer Umfahrungsstrecke um den Niederbruchschlot wesentlich oberhalb Moosberg soll mit Hilfe den Schlot durchquerender Strecken ein Stahlbetonträgerrost erstellt werden, der ein Nachsacken der auflagernden Schlotfüllung verhindert, in welcher dann durch entsprechende Drainagestrecken das Wasser abgefangen werden sollte.

Konzept C: Keine Stützmaßnahmen, sondern lediglich möglichst rasches Abfangen des Schlotwassers im Moosberghorizont durch eine in die Schlotfüllung injizierte Dichtscheibe mit darüber liegendem, wirkungsvollem Drainagesystem.

Das zuletzt genannte Konzept ergab sich aus geomechanischen Versuchsreihen des Verfassers *Feder*, der zu diesem Zeitpunkt als Sachverständiger der Bergbehörde in die Sanierungsplanung neu eingeschaltet wurde, in Zusammenarbeit mit den zuständigen Fachleuten der Österreichischen Salinen AG (ÖSAG) und des Österreichischen Schacht- und Tiefbauunternehmens (ÖSTU), welches als Generalunternehmen für die Sanierungsarbeiten beauftragt war. Diese Versuchsreihen ließen folgendes erkennen:

Versuchsreihe V. 1

Modellversuche in Lockerböden verschiedener Art zeigten folgendes Gebirgsverhalten und ergaben nachstehende Rückschlüsse (*Fagerer*, 1980; *Feder*, 1979):

V.1.1. Jeder „Gebirgstyp" besitzt als Materialeigenschaft einen „kritischen Durchmesser d_{kr} der nicht unterstützten Firstfläche" (Abb. 7a und b), bei dessen Überschreitung es zum kaminartigen Niederbruch kommt. (Ist diese Fläche kein Kreis, so gilt statt dessen der 4-fache hydraulische Radius, also 4 F/U *). Dieser kritische Durchmesser ist weitgehend nur von der Kohäsion

* *Terzaghi*, 1954

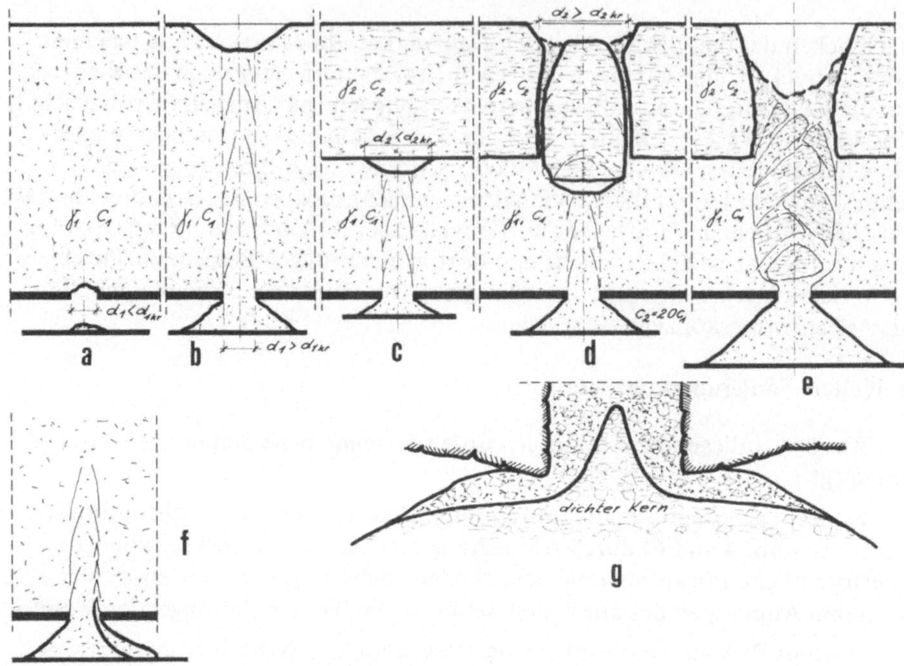

Abb. 7. Ergebnisse der Modellversuche
Model test results
a) Domal roof failure if d_1 is smaller than d_{kr}
b) Chimney-like roof foundering if d_1 is bigger than d_{kr} ($d_{kr} \approx 4\,c/\gamma$ with cohesion c and specific weight γ)
c—e) Failure mechanism if a growing up roof foundering reaches a zone with more cohesion.
f) Chimney-in-chimney mechanism due to slope slip.
g) Sedimentation of a tight silt core within the hill below the chimney muzzle

und vom Raumgewicht, kaum aber vom primären Spannungszustand oder von der inneren Reibung abhängig. Außer dem Gefügeeinfluß sind dabei im vorliegenden Fall der Einfluß der Feuchtigkeit auf die scheinbare Kohäsion und der des abwärtswirkenden Strömungsdruckes auf die scheinbare Erhöhung des „Raumgewichtes" von einschneidender Bedeutung. Damit erklärt sich der in der Anfangsphase relativ kleine Querschnitt des Niederbruchkamines (im Vergleich zum Werksgrundriß) als örtlicher Wassereinfluß vom Ausgelaugten her an der Stelle größter Salzgrenzennähe. Auch die damalige Beobachtung eines Sand-Wasser-Regens aus dem Schlot deutet darauf hin.

V.1.2. Ein hochwachsender Niederbruchkamin stabilisiert sich erst dann, wenn der sich unterhalb bildende Böschungskegel ein weiteres Ausfließen von Haufwerk aus dem Kamin verhindert.

Ist ein solcher oder analoger Rückstau nicht vorhanden, so frißt sich der Niederbruchschlot, wechselweise schaufelförmige Bruchflächen bildend, bis Obertage durch. Ist eine zugfeste Vegetationsschichte vorhanden, kommt es dort zu einer Querschnittsverkleinerung, wenn nicht, dann bildet sich ein Krater, der sich solange vergrößert, wie Material durch den Schlot abfließen kann (Abb. 7b).

Stößt ein durch nicht zugfestes Gebirge ohne Rückstau hochwachsender Niederbruchkamin gegen ein Deckgebirge mit größerer Kohäsion, so bildet sich unter der Kontaktzone ein (unterirdischer) Krater (Abb. 7c), der das festere Deckgebirge solange unterhöhlt, bis auch dessen kritischer Durchmesser erreicht ist, worauf der Kamin dann mit entsprechend größerem Durchmesser nach oben, aber auch nach unten weiterwächst (Abb. 7d), bis er mit dem größeren Durchmesser die Tagesoberfläche und die Hohlraumfirste erreicht.

Damit erklärt sich das Vergrößern des Schlotquerschnittes wie folgt: Die Salzgrenzfläche ist, wie dem Grundriß von Abb. 2 zu entnehmen ist, leicht gewellt. Das Ausgelaugte Haselgebirge folgt mit seiner oberen Kontaktfläche annähernd der gleichen Wellung und bildet somit mit dieser Fläche einen in der Fallinie verlaufenden „Graben", in dessen Sohlenlinie sich auch der Niederbruchkamin befindet. Das „Ausgelaugte" ist wasserdicht und führt an dieser Kontaktfläche etwas Wasser, was auch die Tropfstelle am Moosberghorizont (Abb. 2) erkennen läßt. Der oberhalb der wasserführenden Kontaktfläche befindliche Schluffstein blieb zunächst trocken und hatte damit einen wesentlich größeren kritischen Durchmesser als das durchfeuchtete und von den Sekundärspannungen in der Nähe der Hohlraumfirste durchknetete Ausgelaugte. Der Kamin mußte daher durch die erwähnte Kraterbildung den Schluffstein entsprechend breit unterhöhlen, ehe er mit entsprechend großem Durchmesser weiterwachsen konnte. Die Beobachtung, daß der Kamin in etwa 30 m ? Höhe stabil zu werden schien, scheint diese Erklärung zu bestätigen. Die später eingetretene starke Durchfeuchtung, die den Bruchvorgang deutlich beschleunigte, dürfte damit zusammenhängen, daß der hochwachsende Kamin den stark wasserführenden Oberalmer Kalk erreicht hatte (Abb. 6).

V.1.3. Ist einmal ein Niederbruchkamin durch einen von unten stützenden Böschungskegel stabilisiert, so verursacht eine Rutschung oder ein Grundbruch am Böschungskegel ein lokales Absenken des Haufwerkes im Niederbruchkamin, sodaß sozusagen ein „Kamin im Kamin" entsteht (Abb. 7f).

Damit erklärt sich, daß in ein- und demselben Horizont im Kaminhaufwerk nebeneinander Schluffsteinzonen und Kalkbrocken zu finden sind, die aus unterschiedlichen Höhenlagen des Deckgebirges stammen.

V.1.4. Ein Böschungskegel unterhalb des Niederbruchkamines dichtet sich im Kernbereich von selbst ab, wenn er von Schluff führendem Wasser aus dem Niederbruchkamin durchströmt wird. Das Schleppvermögen der raschen Vertikalströmung sinkt beachtlich ab, sobald diese auf der Basis des Böschungskegels in eine großflächige, langsame Horizontalströmung übergeht. Durch den damit anlaufenden Sedimentationsmechanismus steigt an der Böschung der Wasseraustritt immer höher. Die dabei entstehende typische Gestalt des dichten Kernes ist Abb. 7g zu entnehmen.

Die Wirklichkeit bestätigte dies. Mit der Zeit trat der Großteil des durch den Schlot strömenden Wassers im obersten Bereich des Böschungskegels aus. Dies ließ darauf schließen, daß die Laugwirkung auf das feste Salzlager unter dem Böschungskegel erfreulicherweise zurückgehen mußte. Leider bewirkte das nun auf dem Böschungskegel kaskadenartig abfließende Wasser eine solche Zunahme der Luftfeuchtigkeit, daß sich die Hurdenfälle deutlich mehrten. Alle Versuche, dieses Wasser in Gerinnen (Abb. 4) oder 1 m tief vergrabenen Rohrsträngen aus Kunststoff oder Stahl zu fassen, scheiterten durch die Gewalt der immer wieder auf den Böschungskegel aufprallenden tonnenschweren Hurdenwürfe.

Diese Begleiterscheinung führte zur Überzeugung, daß als dringendste Maßnahme das Abfangen des Wassers schon innerhalb des Schlotes anzusehen ist, weshalb das Sanierungskonzept A ausgeschieden wurde.

Infolge der Ergebnisse der Versuchsreihe V.1.2. schied nun aber auch das Sanierungskonzept B aus, da damit gerechnet werden muß, daß in diesem Gebirge jedes den Kamin überspannende Tragwerk durch die unterhalb entstehende Kraterbildung kurzerhand vom Kamin gefressen wird (Abb. 7d).

Somit verblieb nur die als Konzept C vorgeschlagene Möglichkeit einer am Kaminhaufwerk selbst auflagernden Wassersperre. Um sicherzugehen, daß eine solche Wassersperre im vorliegenden Gebirge und Niederbruchhaufwerk überhaupt herstellbar ist, waren noch die folgenden Versuchsreihen erforderlich, zu denen zusätzlich die Firmen INSOND, Salzburg (Feststoffinjektionen), und VÖEST Alpine Linz, Abteilung VRD (Kunststoffinjektionen), herangezogen wurden. Die Versuche wurden direkt im Bereich der Bergdirektion Altaussee durchgeführt.

Versuchsreihe V. 2

Möglichkeit von Abdichtungsinjektionen

Zur Schonung der Firste des Werkes Lobkovicz wurde die Wassersperre nicht im Steinberg- sondern im Moosberghorizont (Abb. 2) vorgesehen, der immerhin ca. 60 m über dieser Firste liegt. Das den Niederbruchkamin umgebende Gebirge besteht dort aus Schluffstein mit schwacher Bindung, der am Schlotrand in plastischer Konsistenz ansteht. Das Haufwerk im Niederbruchkamin besteht zum Teil aus Blöcken und Brocken des gleichen Materials, zum Teil aus grobstückigem Kalkhaufwerk. Waren einerseits der Schluffstein und die Schluffzonen praktisch nicht injizierbar, so hatte andererseits das ausgewaschene Kalkhaufwerk beachtliche wasserdurchströmte Hohlräume. Überdies bestand infolge der vertikalen Strömung und der bis dahin etwa 280 m großen Fallhöhe die Wahrscheinlichkeit eines raschen Druckaufbaues im Zuge der Injizierarbeit. Da für derart extreme Verhältnisse auch bei Einsatz von Umflutungsrohren noch keine bewährten Verfahren in Erfahrung gebracht werden konnten, waren Vorversuche erforderlich. Dazu wurde eine Testkammer mit durchsichtiger Flanke im Gefälle aufgestellt, mit den einzelnen Haufwerktypen der Schlotfüllung gefüllt und in Längsrichtung wirklichkeitsnahe mit Wasser durchströmt. Die in Strömungsrichtung gemessene Länge der Kammer betrug 2 m, der Querschnitt 40 x 60 cm. Im ersten Drittel des Wasserweges wurde das Haufwerk injiziert und dabei durch die Glaswand der Erfolg beobachtet.

V.2.1. Injektion in Schluff und Schluffgestein

Diese Materialien sind an sich kaum injizierbar, doch ging es im vorliegenden Fall nur um ein Abdichten der vorhandenen Adern. Das heißt: was nicht injizierbar ist, braucht hier nicht injiziert zu werden. Die verbleibende Filterströmung wurde in Kauf genommen, da im Schluff eine selbstdichtende Filterkuchenbildung zu erwarten ist — allerdings nur unter der Voraussetzung weitgehenden

Abb. 8. Schluff und Schluffsteinhaufwerk aus dem Niederbruchkamin, in der Testkammer
nach dem Aufreißen von Adern mit Druckwasser
Drainage and injecting tests for making sure the ability of finding out and blocking up water
veins in silty areas

Druckabbaues im Sickerwasser, da sonst wieder neue Adern aufbrechen. Die ausreichende Drainage war hier also mindestens ebenso wichtig wie die Injektion. Die Beobachtung, daß das aus dem Böschungskegel unter dem Niederbruchkamin austretende Wasser am Haufwerk nicht versickerte, sondern sich allmählich selbst das Bachbett abdichtete, bestätigte diese Überlegung.

Die Versuche wurden mit dem dem Niederbruchschlot entnommenen Material durchgeführt. Zunächst wurden durch Druckwasserbeaufschlagung absichtlich Wasseradern gebildet (Abb. 8). Es zeigte sich, daß bei jeder Druckstufe sich die Adern vergrößern, sie sich aber stabilisieren. Das Wasser wird wieder klar und erst bei einer Druckerhöhung kommt es wieder zur Vergrößerung der Aderquerschnitte oder zu Bildung neuer Adern. Von einer Stelle innerhalb des Schluffkörpers wurde nun durch Injektion versucht, die Wasseradern durch den Injizierdruck zu erreichen und zu blockieren. Dies wurde sowohl mit stabilisierter Zement-Bentonit-Suspension als auch mit dem Joosten-Verfahren ohne Schwierigkeit erreicht.

V.2.2. Injektion in durchströmtem, ausgewaschenem, grobstückigem Kalkhaufwerk

Stabilisierte Zement-Bentonit-Suspensionen wurden von der Strömung wie erwartet mitgerissen. Anknüpfend an Erfahrungen bei einem Wassereinbruch beim Bau der Wiener U-Bahn wurde zunächst geplant, durch Beimischen von Plastikschnurstücken eine Verklausung zu erreichen. Bei den vorliegenden Gebirgsverhältnissen waren aber nur wesentlich kleinere Injizier-Rohrdurchmesser einsetzbar. Es wurden daher andere Zusätze wie Papierschrott oder Textilfasern erprobt und mit letzteren erfolgversprechende Ergebnisse (Abb. 9) erzielt. Das Zumischen bedarf allerdings besonderer Erfahrung, die von der Fa. INSOND mitgebracht wurde. Das Joosten-Verfahren wurde gleichfalls versucht. Es war hier etwa an der Grenze seiner Leistungsfähigkeit angelangt (Abb. 10), doch bei erhöhter Pumpleistung durchaus noch geeignet.

Abb. 9. Injiziergut aus einem Zement-Bentonit-Textilfaser-Gemisch nach der Injektion in
wasserdurchströmtes grobstückiges Haufwerk
Tests for blocking up strong water stream in coarse stony rubble by injection of Cement-
Bentonit-Fibre mixtures

Abb. 10. Durchströmtes grobstückiges Haufwerk bei Injektion im Joostenverfahren
Tests for blocking up strong water stream in coarse stony rubble by Joosten process

Injektionen mit Polyurethan (PUR) scheiterten anfangs an der zu langen Reaktionszeit. Entsprechende Weiterentwicklungen der Rezepturen durch VÖEST-Alpine VRD führten aber selbst bei den vorliegenden niedrigen Wassertemperaturen zu überzeugenden Ergebnissen, wobei sogar die Rückwand der Testkammer durch den Aufschäumdruck zubruche ging (Abb. 11 und 12). Ein Parallelversuch mit einem ca. 3 m langen mit Haufwerk gefüllten Plexiglasrohr, der zur Feststellung des Sickerweges bis zur Schaumbildung diente, führte gleichfalls zum Bersten des Plexiglasrohres durch den Aufschäumdruck ca. 1 m unter der Injizierstelle.

Abb. 11. Durchströmtes grobstückiges Haufwerk während der Injektion von Einkomponenten-Polyurethan
Tests for blocking up strong water stream in coarse stony rubble by injection of Polyurethan (PUR)

Abb. 12. PUR-injiziertes Haufwerk nach dem Herauslösen aus der Testkammer
PUR injected coarse stony rubble after test

Bei diesen chemischen Injektionen wurde in die engere Wahl ein Einkomponentenpolyurethan gezogen, das durch den Kontakt mit Wasser reagiert. Damit
waren auch die bei chemischen Injektionen aufkommenden Bedenken hinsichtlich Umweltschutz und Lebensmittelgesetz behoben, da in diesem Falle nur ausreagiertes Material vom Wasser verschleppt werden kann. Dieses ist aber verläßlich physiologisch unbedenklich.

Da es sowohl der Schluff als auch der Kunststoffschaum erforderlich machten, einen Aufbau von größerem Wasserdruck zu verhindern, waren noch Versuche erforderlich, um eine stete Funktionstüchtigkeit der Drainagen sicherzustellen.

Versuchsreihe V. 3

Möglichkeit von Dauerdrainagen

Erfahrungen mit 1977 in den Niederbruchschlot eingebrachten Drainagerohren zeigten, daß bei geringer Wasserströmung plastischer Schluff in diese eindringt (Abb. 5) und sie verstopft. Für ein Gängigmachen der Rohre selbst wurde
eine mit Druckwasser und Preßluftstößen beaufschlagte Lanze mit Schneidspitze
erprobt. Das Ergebnis war zufriedenstellend.

Für ein Gängigmachen der Wasserwege vom Rohr zu den Wasseradern wurden Aufreißversuche mit Druckwasser in der Testkammer durchgeführt (Abb. 8),
die bereits unter 2.1. erwähnt wurden und gleichfalls zufriedenstellend ausfielen.
Zwischen 3 und 5 bar war ein Aufreißen mit Sicherheit zu erwarten. Die kräftigen perforierten Rammrohre, die im Grundomat-Verfahren von Fa. ÖSTU eingebracht werden konnten, waren für die Aufnahme solcher Druckstöße mit
Sicherheit geeignet.

Mit diesen 3 Versuchsreihen war nun wohl die Möglichkeit einer Abdichtung
und Entwässerung des Niederbruchkamines am Moosberghorizont sichergestellt.
Für die Wahl des Sanierungskonzeptes C war die Frage der Auswirkung von
weiteren Senkungen der Haufwerksäule im Schlot noch zu klären. Solche Senkungen können durch Rutschungen am Böschungskegel, auf dem das Schlothaufwerk auflagert (Abb. 2), entstehen oder durch Auflösung oder plastisches Ausweichen von Salz- und Tonblöcken im Inneren dieses Böschungskegels. Die Rutschungen sind die Folge von Strömungsdruck, die Volumsänderungen im Kegelinneren gleichfalls die Folge von Wassereinfluß. Wenn es also gelingt, das Wasser
weitgehend auf Moosberg zu fassen und abzuleiten, ist auch eine rasche Beruhigung der Senkungsvorgänge zu erwarten. Da die Übergangszone am Schlotrand
aus plastischem Schluff besteht, war im ungünstigsten Falle von Senkungsbewegungen während der Bauzeit ein Tiefergleiten der Dichtscheibe ohne Undichtwerden zu erhoffen, soferne sich über dieser kein nennenswerter Wasserdruck
aufbauen kann. Nachinjizieren wäre notfalls erforderlich geworden.

Die angeführten Versuchsreihen waren innerhalb von knapp 2 Monaten
positiv abgeschlossen und damit die Durchführbarkeit des Grundsatzkonzeptes
klargestellt. Mitte November lagen auch die Angebote dazu vor.

In Hinblick auf das nicht unerhebliche bergbautechnische und finanzielle Risiko eines derart extremen Bauvorhabens wurde der Baubeschluß hierfür von einem größeren Gremium bewährter Fachleute* der Österreichischen Salinen AG nach eingehender Diskussion aller Einzelheiten gemeinsam gefaßt. In dieses wurde nun auch der zuerst genannte Verfasser *Donel* als Experte für Injektionen, Bohrungen und Abdichtungen einbezogen. Das von ihm erarbeitete Ausführungsprojekt unterschied sich vom bisherigen Konzept vor allem in der Dicke der zu injizierenden Dichtscheibe, die bisher mit 5 m Mächtigkeit gedacht war und nun als 17 m mächtiger tragender Pfropfen ausgeführt werden sollte (Abb. 2 und 6). Außer zahlreichen Vorteilen brachte diese Lösung allerdings zunächst die Gefahr der Hohlraumausbildung unter dem Pfropfen im Falle von Senkungsbewegungen im Kaminhaufwerk. Je mächtiger der Pfropfen, desto größer ist der gerade noch ertragbare Hohlraum darunter und desto größer ist dann der Absackweg beim Überschreiten des kritischen Durchmessers (vgl. V. 1.2.) und dem davon ausgelösten Durchreißen des Gebirges am Kontakt um den Pfropfen. Das Anbahnen eines solchen Mechanismus kann aber in diesem Falle durch Extensometer rechtzeitig vorher erkannt und durch Injizieren des Hohlraumes verhindert werden.

Eine zweite Ergänzung ergab sich aus der Bereitschaft des für die Sanierungsarbeiten beauftragten Generalunternehmers ÖSTU, nochmals den Vortrieb einer den Niederbruchkamin durchquerenden Wasserlösungsstrecke (Abb. 14) trotz Absackgefahr zu riskieren, was durch die beachtliche Einsatzbereitschaft der Vortriebsmannschaft unter Leitung des Obersteigers *Polessnig* und durch entsprechende Sicherungsmaßnahmen ermöglicht wurde.

Nach Einarbeitung dieser Ergänzungen wurde das im folgenden beschriebene Ausführungsprojekt verwirklicht. Am 3. Dezember erfolgte die Auftragsvergabe an die beiden Subunternehmen für die Injizierarbeiten, INSOND, Salzburg (Feststoffinjektionen und sämtliche Bohrarbeiten in diesen extremen Gebirgsverhältnissen), und VÖEST-Alpine VRD-Kunststofftechnik, Linz (Kunststoffinjektionen). Wie die Ganglinie der Wasserschüttung im Schlot erkennen ließ, war dieser Termin gerade noch zeitgerecht.

4. Das endgültige Projekt und Ausführungsprinzip

Das mittlerweile ausgeführte Wasserlösungsbauwerk ist den Abb. 2 und 6 zu entnehmen. Der Vorteil des Pfropfens gegenüber der vorher geplanten Dichtscheibe liegt vor allem in der größeren Unempfindlichkeit gegen Setzungen der Haufwerkssäule, solange diese in Grenzen bleiben. Diese Grenzen sind aber wie erwähnt offenbar weit genug, um durch Extensometermessungen Warnungen auszulösen, sodaß rechtzeitig die vorbereiteten Maßnahmen zum Verfüllen eventueller Hohlräume getroffen werden können.

---

* Diesem Arbeitskreis gehörten folgende Fachleute an:
Gen. Dir. Dr. *G. Knezicek*; Gen. Dir. Stv. Dr. *K. Thomanek* (als ständiger Leiter dieses Arbeitskreises); Hofrat Dipl.-Ing. *H. Wimmer*; Hofrat Dipl.-Ing. Dr. h. c. *O. Schauberger*; Hofrat Dipl.-Ing. *W. Günther*; Hofrat Dipl.-Ing. *R. Neuhold*; Dipl.-Ing. *R. Golser*; TFOI *F. Schwaiger*; TFOI *F. Weißenbacher*; BRO *F. Haim*.

4.1. Erforderliche Arbeitsräume

Für die Durchführung der Injektionsarbeiten waren die vorhandenen, für andere Zwecke gebauten engen Grubenräume ungeeignet. Infolgedessen wurden 4 Arbeitskammern, die an den Zangenstrecken um den Niederbruchkamin im Moosberghorizont lagen, in solcher Größe vorgesehen, daß mit modernem Bohrgerät darin gearbeitet werden konnte (Abb. 13).

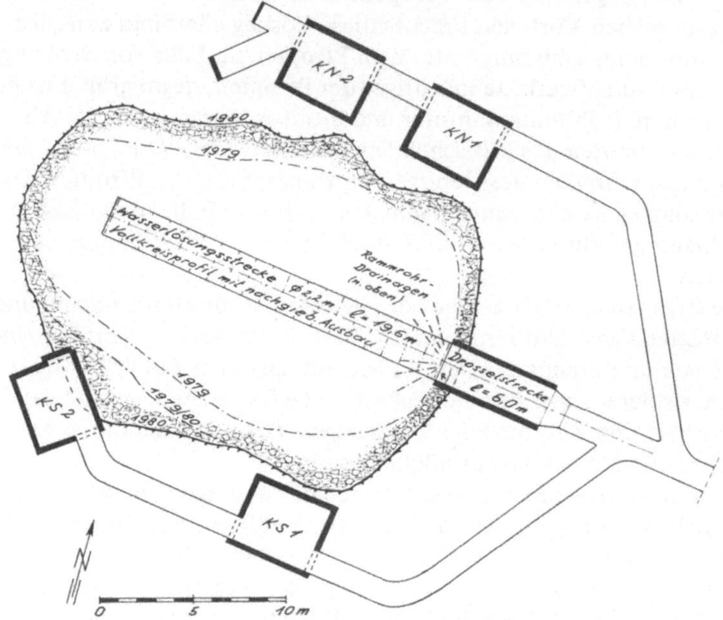

Abb. 13. Aufgefahrene Grubenräume zur Bohr- und Injizierarbeit sowie zur Wasserlösung
Mine openings for rock drilling and injection. Drainage gallery with antierosion lining in border area of chimney

4.2. Injektionsarbeiten

Für die Herstellung des Pfropfens, der mit 17 m Dicke insgesamt vorgesehen war, wurde ein Raster von 3 m Endpunktdistanz der unterschiedlich geneigten und auf die ganze Fläche verteilten Bohrungen vorgesehen, die mit stählernen Manschettenrohren besetzt wurden, umgeben von einer Mantelmischung aus Zement und Bentonit. Eine untere, etwa 1,0 m dick gedachte Lage aus Polyurethanschaum (PUR-Schaum der Firma VÖEST-Alpine) wurde entsprechend den Vorversuchen angeordnet. Diese Schicht sollte die Aufgabe haben, das teilweise vorhandene Blockwerk soweit zu schließen, daß eine nachfolgende Feststoff-Verpressung sich darauf Schritt für Schritt aufbauen kann. Weil die Lage des Blockwerkes im Niederbruchquerschnitt unübersichtlich war, mußte diese Injektion von PUR-Schaum über den ganzen Querschnitt vorgesehen werden.

Sodann wurde mit Manschettenabständen von 1,0 m die Verpressung von Feststoffen vorgesehen, und zwar so, daß die Füllung des Niederbruchkamines nach Möglichkeit schichtenweise von unten nach oben erfolgte, sodaß bei der vorhandenen Terminknappheit der gewünschte Effekt auch bei vorzeitigem Eintritt der größeren Wasserzuflüsse eintreten würde, wenngleich dann nicht mit der vollen Stärke des Profiles. Die Feststoff-Verpressung war als hochstabilisierte Mischung von Zement-Bentonit und Verflüssiger vorgesehen nach der Art der sogenannten Pasten (*Donel*, 1978; *Müller-Kirchenbauer*, 1968; *Steinfeld*, 1959; *Wallner*, 1976; *Wittke*, 1978). Dies war wegen der unterschiedlichen Verhältnisse, der unterschiedlichen Zusammensetzung der Schlotfüllung und auch wegen der relativ langen bergauf und bergab führenden Transportwege von der Verpreßstation bis ins Bohrloch angezeigt. Im übrigen mußte die Feststoff-Verpressung nicht nur das durchströmte Blockwerk versiegeln, mit ihr mußte auch erreicht werden, daß durch „Cracken" der vorhandenen Schluffschichten horizontal eingeschobene Feststofflagen entstanden, durch die eine spätere Erosion von Schluff verhindert wurde.

Die bereits erwähnte, den Niederbruchkamin durchquerende Wasserlösungsstrecke war mit nachgiebigem Vollkreisausbau und saugkopfähnlichem Verzug aus Baustahlgitter, Altschienen und Blechen vorgesehen. Sie war in Hinblick auf spätere Senkungen mit einer um 0,5 m höheren Sohlenlage als die anderen Strecken geplant (Abb. 15).

Der kritische Durchtritt durch die plastische Randzone des Niederbruchkamines war als starr ausgebaute „Drosselstrecke" geplant, in Hinblick auf eventuelle murenartige Schluffeinbrüche. Abb. 14 zeigt den Ausbau der Drosselstrecke und den Blick in das Kaminhaufwerk mit dem hier noch erhaltenen Ausbau der alten (1979) teilweise abgesackten Strecke (Zustand vor dem Auffahren der Wasserlösungsstrecke).

Abb. 14. Blick aus der fertig ausgebauten Drosselstrecke in Richtung der noch aufzufahrenden Wasserfassungsstrecke. Reste der alten, weiter im Schlotbereich zu Anfang 1979 abgesackten Wasserfassungsstrecke wurden dabei freigelegt
In front: antierosion lining in border area of chimney,
behind: chimney fill with old crushed supports

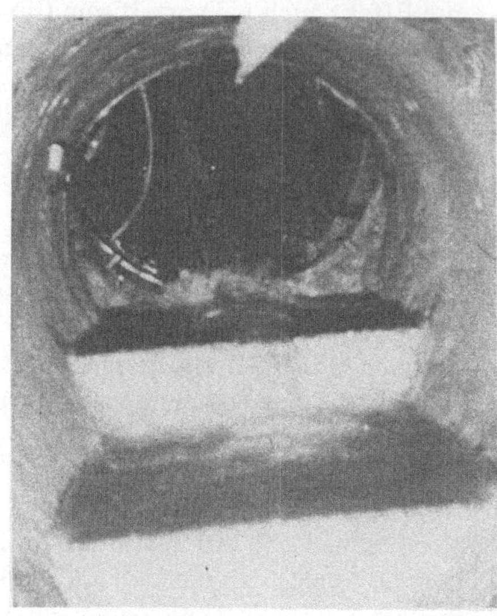

Abb. 15. Blick von der Drosselstrecke in die Wasserlösungsstrecke bei Beginn der Schneeschmelze

Drainage gallery, ready for next snow melt season

In der Drosselstrecke war auch die Wasserfassung in ein mit geschweißten PVC-Bahnen ausgekleidetes Gerinne vorgesehen, das zu einem Sammelbecken mit Rechen und einem vom Bergbaubetrieb erstellten Rohrsystem durch Gravitation bis Obertage führt.

4.3. Sicherungen

Im Laufe der Projektdurcharbeitung mit allen Beteiligten wurde es als notwendig erachtet, insbesondere wegen des Auffahrens der Wasserlösungsstrecke im Niederbruchkamin, verstärkte Sicherungen einzubringen, die Auskunft geben sollten über die rezenten Bewegungen des Niederbruchkegels während der Vortriebs- und Injektionsarbeiten. Hierzu wurden einige Bohrungen hergerichtet, die mit extensometerähnlichen Stangen ausgerüstet wurden. Ferner wurde unterhalb des Injektionspfropfens am Steinberghorizont eine Horizontalbohrung in den Niederbruchkamin getrieben, durch welche mittels Neigungsmessung die Bewegung unterhalb des zu verpressenden Pfropfens gemessen werden konnte.

4.4. Termine, Mengen und Erfolgserwartungen

Die durchzuführenden Arbeiten (bergmännische Arbeiten für Strecken und Arbeitskammern, Bohr- und Injektionsarbeiten) hatten einen erheblichen Umfang. Für die Durchführung der Arbeiten standen bis zum frühesten Termin der Schneeschmelze etwa 4 Monate zur Verfügung, in denen mit einem gewissen Vorlauf bergmännische Arbeiten und sodann unter stark beengten Verhältnissen etwa 1.200 m Injektionsbohrung mit Manschettenrohr, etwa 10 t PUR-Schaum-Verpressung und geschätzte 1.100 cbm Feststoff-Verpressung durchgeführt werden mußten. Durch Absprache mit allen Beteiligten wurde der projektierte Zeitplan durchgearbeitet und unter Zusage fester Termine akzeptiert. Natürlich bestand bei der Festlegung der Injektionsmengen wegen der nicht zu klärenden Zusammensetzung des Haufwerkes im Niederbruchkegel ein großer Risikofaktor.

Schließlich wurden trotz der Schwierigkeiten der Arbeit auch Qualitätsver-
einbarungen getroffen, die unter anderem die Reduzierung des Wasserdurch-
flusses auf max. 6 cbm/Std. beinhalteten.

4.5. Beteiligte für die Durchführung

Die Durchführung der Arbeit war unter den oben genannten Bedingungen
und Zielen nur dann erfolgreich möglich, wenn alle Beteiligten in großem Maße
kooperativ zusammenarbeiteten. Die durchzuführenden Arbeiten waren ohnehin
durch die Berghauptmannschaft Leoben zu genehmigen und zu überwachen. Die
bergbehördliche Aufsicht wurde daher vom Leiter der Berghauptmannschaft
Leoben, Dipl.-Ing. Dr. *K. Stadlober*, persönlich übernommen, die Berghauptmannschaft ihrerseits verfügte beratend auf dem Gebiet der Gebirgsmechanik über den
als Verfasser genannten Vorstand des Institutes für Konstruktiven Tiefbau der
Montanuniversität Leoben. Koordinierend und federführend sowie für die gesamte Wasserableitung und die schwierigen Materialtransporte sorgte die Österreichische Salinen AG als Auftraggeber, wobei die Hauptlast der örtliche
Bergdirektor Dipl.-Ing. *H. Wimmer* und die ihm beigestellten Mitarbeiter zu
tragen hatten. Die Beratung des Auftraggebers im Zusammenhang mit diesem
Projekt, sowie die Überwachung der Bohr- und Injektionsarbeiten und damit ver-
bundene Entscheidungen wurden vom gleichfalls als Verfasser genannten Leiter
des Büro Donel Consult, Essen übernommen. Als Generalunternehmer für die gesamten Sanierungsarbeiten sowie zur Durchführung aller bergmännischen Arbeiten war das Österreichische Schacht- und Tiefbauunternehmen (ÖSTU), Fohns-
dorf beauftragt, unter Leitung durch Berginspektor Dipl.-Ing. *Zanker*. Die Bohrarbeiten und die Feststoffinjektionen waren der Fa. INSOND, Salzburg unter
Leitung durch Dipl.-Ing. *Stadler* anvertraut. Die Kunststoffinjektionen führte der
Betrieb VRD-Kunststofftechnik der VÖEST-Alpine, Linz durch unter der Leitung von Abtlgs.-Chef Ing. *Freissler*. Die Gerinneabdichtung schließlich wurde
von Fa. *Haberkorn*, Wien erstellt. In der genannten Zusammensetzung der Beteiligten wurde mit der Ausführung des Projektes im Dezember 1979 begonnen.

5. Ausführung des Projektes

Alle Detailplanungen wurden von den oben genannten ausführenden Firmen
in eigener Verantwortung durchgeführt und lediglich im Gesamtgremium abge-
stimmt. Über die Besonderheiten bei der Durchführung der Arbeit ist folgendes
festzuhalten:

5.1. Streckenauffahrung und Bohrkammern

Noch während relativ großer Wasserzuflüsse durch Föhneinbrüche im Dezember 1979 gelang es, die Zangenstrecke um den Niederbruchkamin aufzuwältigen
und teilweise zu erweitern sowie zwei der vier notwendigen Arbeitskammern
für die Bohr- und Injektionsarbeiten herzustellen. Die übrigen 2 Kammern und
die Auffahrung der Wasserlösungsstrecke wurden trotz der extrem engen Platz-
verhältnisse mit den Bohr- und Injektionsarbeiten überschneidend ausgeführt.

5.2. Bohr- und Injektionsarbeiten

Noch im Dezember wurden die ersten Injektionsbohrungen von den Bohrkammern aus niedergebracht, sodaß Mitte Januar 1980 nach entsprechenden Vorversuchen unter Tage die Injektion des Polyurethan-Schaumes beginnen konnte. Aus Sicherheitsgründen wurden bei der PUR-Injektion ständig Kübeltests zur Prüfung der Reaktion durchgeführt und außerdem jeweils Wasser nachverpreßt, das für die Auslösung der Reaktion notwendig ist. Dies erfolgte, um sicherzugehen, daß auch an nicht wasserdurchflossenen Stellen die Reaktion sicher erfolgte. Die Einpreßmengen bei der PUR-Injektion wurden anhand von Kriterien des Einpreßdruckes festgelegt.

Die Feststoff-Injektion erfolgte von einer Kammer im Steinberghorizont aus, die mit Transportgleisen erreichbar war. Von der Injektionsanlage aus wurde das Mischgut etwa 200 m weit bei 50 m Höhenunterschied zu den Manschettenrohren in den Bohrkammern hochgepumpt. Das Injiziergut wurde eingefärbt, um es bei eventuellen Durchtritten von der Schlotfüllung unterscheiden zu können.

Die Feststoffinjektionen begannen von den Kammern N 1 und S 1 aus unmittelbar nach dem Verpressen mit PUR. Vorerst wurde eine 3 m mächtige Lage auf die PUR-Basis injiziert und dies analog anschließend von den Kammern N 2 und S 2 aus wiederholt. In weiterer Folge wurde der Restbereich in 2 Lagen injiziert, und als die ersten Austritte von Injektionsgut in der Wasserlösungsstrecke auftraten, zeichnete sich deutlich aus den Wasser-Durchflußmengenmessungen auch schon der erste Erfolg ab. Mit einer Hochdruckinjektion (max. 60 bar) in einem Horizont von 3 bis 6 m über dem unteren Rand des Injizierpfropfens, und mit dem Schließen der während des gesamten Injiziervorganges freigehaltenen, den Pfropfen durchquerenden Umflutungsrohre wurde die Injizierarbeit termingerecht mit dem Eintritt der Schneeschmelze abgeschlossen.

5.3. Die Wasserlösung

Der Vortrieb der Wasserlösungsstrecke erfolgte trotz Wasserandrang in den Monaten Januar bis März. Wie immer im Januar trat auch diesmal eine Bewegung im Niederbruchschlot ein. Diesmal gelang es aber zu klären, warum es gerade immer der Januar sein mußte. Es sind die Föhnstürme dieser Jahreszeit, die zu zwar kurzem, aber konzentriertem Schmelzwasserandrang führten. Es kam, ausgelöst von einem Firstenbruch an der Schlotmündung im Lobkoviczwerk, zu einer Rutschung am Kopf des Böschungskegels, die in der Folge eine örtliche Senkung der Schlotfüllung verursachte, die im Steinberghorizont mit etwa 60 cm gemessen wurde und die das horizontal den Schlot querende Meßrohr knickte. Im Arbeitsbereich oben, also am Moosberghorizont, kam es nur zu 2 Anrissen in der (ungewollt) in den Schlotbereich vorkragenden Drosselstrecke und zu Senkungen im 2 cm-Bereich, da der Großteil der Auflockerung durch die gleichzeitig ablaufenden Injizierarbeiten offenbar abgefangen wurde. Der Vortrieb der Wasserlösungsstrecke blieb somit von diesem Vorfall nahezu unbehindert.

5.4. Sicherheitsmaßnahmen

Arbeiten im Bereich des Werkes Lobkovicz waren durch die Hurdenfälle gefährdet. Hier war eine stete Beobachtung der Firste durch einen erfahrenen Bergmann und die jeweilige Verlagerung der Arbeiten auf sicherere Bereiche Voraussetzung.

Arbeiten im Bereich des Niederbruchschlotes wurden laufend durch einfache Nivellementmessungen und deren Überwachung hinsichtlich Absinktendenzen gesichert, sowie durch die von Absenkbewegungen auf Steinberg gesteuerte Warnanlage.

Dauernde Telefonverbindungen mit Obertage und markierte Fluchtwege für den Fall der Überflutung des Zufahrtschachtes wurden ferner vorbereitet.

Für den Fall von Rohrbrüchen waren Notleitungen bereit, die Wassermengen in unschädlichen Bahnen halten.

Nach Abschluß der Arbeiten wurde in jeder Zangenstrecke ein Bohrgerät zurückgelassen, um erforderlichenfalls auch während der Schneeschmelze nachinjizieren zu können.

6. Erstbelastung

Die Arbeiten wurden termingerecht abgeschlossen. Die Schneeschmelze 1980 verursachte einen längeren Wasserzufluß durch den Schlot mit einer Spitze von 200 l/s. Der Dichtpfropfen erfüllte die Erwartungen voll. Die in das Werk Lobkovicz noch zusitzende Wassermenge war auf etwa 1 l/s. abgesunken. Temperaturvergleiche ließen erkennen, daß es sich dabei wahrscheinlich um Wasser handelt, das unterhalb des Pfropfens, vermutlich entlang der Kontaktzone zwischen dem ausgelaugten Haselgebirge und den Allgäuer Schichten zusitzt, und demzufolge zumindest hauptsächlich nicht durch den Pfropfen durchsickert.

Sowohl die Haufwerksbewegungen im Niederbruchkamin am Steinberghorizont als auch die Bewegungen des injizierten Pfropfens selbst sind seit Juni 1980 unter die Millimetergrößenordnung gesunken, was offenbar der nahezu völligen Abschirmung des Niederbruchböschungskegels und dessen Untergrundes vom weiteren Wasserzutritt zu verdanken ist.

7. Rückblick und Vorschau

Zur Erreichung des vorgenannten Erfolges waren 20—30 % mehr Bohr- und Injektionsleistungen als vorgesehen erforderlich, nämlich insgesamt 1.600 lfdm Bohrungen, 100 cbm 1-Komponenten-Polyurethan-Schaum und 1.800 cbm stabilisierte Feststoff-Injektion. Diese Überschreitung gegenüber den vorgesehenen Massen ist aber darauf zurückzuführen, daß sich der Schlotquerschnitt anhand der Beobachtungen beim Bohren als wesentlich größer darstellte, als durch frühere Aufnahmen festgestellt.

In bergmännisch schwierigen Bereichen, wie etwa unter Hurdenwurf im Sinkwerk Lobkovicz oder im durchströmten Haufwerk des Niederbruchschlotes oder in der „Plastischen Zone" des Schlotrandes, wurden Wasserfassungen und Bohrkammern sowie rund 40 m Strecke aufgewältigt oder neu aufgefahren. Es wurde (mit kurzen Unterbrechungen zu den Feiertagen) von Mitte Dezember bis Ende April rund um die Uhr gearbeitet. Der Kostenaufwand lag bei 20 Millionen S. Die Arbeiten verliefen unfallfrei.

Für die Erhaltung des Dichtpfropfens sind Extensometer installiert, die Relativbewegungen zwischen der Haufwerksäule unterhalb des Pfropfens und diesem anzeigen. Für den Fall eines Hohlziehens des Bereiches unter dem Pfropfen stehen betriebsfertige verrohrte Injizierbohrungen zur Verfügung. Eine Hängebahn ermöglicht im Bedarfsfall den Antransport von Geräten in die Bohrkammern, sodaß auch ein eventuelles Nachinjizieren der Schlotrandzonen möglich ist.

Um schließlich auch das unterhalb des Pfropfens (aber noch oberhalb der Salzgrenze) zusitzende Wasser (0,5 % der Schlotwasserschüttung) zu fassen, soll auch noch im Steinberghorizont ein horizontaler Injektionsschleier durch das Schlothaufwerk gezogen werden, der den gleichen Aufbau wie der Pfropfen erhält, jedoch mit wesentlich geringerer Dicke ausgeführt wird.

Zusätzlich ist ein langfristiges Beobachtungsprogramm zur Überwachung der Stabilität der Werkshimmel und des Haufwerkkegels eingeleitet worden, durch welches eventuelle weitere Stabilisierungsmaßnahmen ausgelöst werden.

Außer dem erreichten Erfolg scheint damit auch dessen Fortbestand sichergestellt.

An dieser Stelle danken die Autoren allen Beteiligten für die einsatzfreudige, kooperative und erfolgreiche Zusammenarbeit, insbesonders den in diesem Bericht namentlich angeführten Fachleuten.

Literatur

Donel, M.: Abdichtung durch Injektionen und ihre Grenzen in der Praxis. Tiefbau, Ingenieurbau, Straßenbau; *11*, Bertelsmann, Gütersloh (1978).

Fagerer, H.: Beitrag zur Mechanik und zur analytischen Erfassung des Firstenbruches im Untertagebau. Diss. 1980, Montanuniversität Leoben, Inst. f. Konstruktiven Tiefbau.

Feder, G.: Einfluß von Bauverfahren, Anisotropie und Ausbruchsform auf die Konvergenz und den Stützmittelbedarf tiefliegender Hohlraumbauten. Straßenforschung, Heft *124*, ÖIAV Wien, Eschenbachgasse 9.

Müller-Kirchenbauer, H.: Zur Theorie der Injektionen. Veröffentlichung des Institutes für Bodenmechanik und Felsmechanik der Universität Fridericiana in Karlsruhe; Heft *32* (1968).

Steinfeld, K.: Über den Erddruck auf Schacht- und Brunnenwandungen. Schriftenreihe der Deutschen Gesellschaft für Erd- und Grundbau; 1959 (Baugrundtagung 1958).

Terzaghi, K.: Theoretische Bodenmechanik. Übersetzung aus dem Englischen von *R. Jelinek*. Berlin, Göttingen, Heidelberg: Springer 1954.

Thomanek, K.: Untersuchungen über die Möglichkeiten zur Rationalisierung der Salzgewinnung im alpinen Salzbergbau unter besonderer Berücksichtigung der Bergbaues Altaussee. Diss. 1967, Montanuniversität Leoben, Inst. f. Bergbaukunde.

Wallner, M.: Ausbreitung von sedimentationsstabilen Zementpasten in klüftigem Fels. Veröffentlichung des Instituts für Grundbau, Bodenmechanik, Felsmechanik und Verkehrswasserbau der RWTH Aachen; Heft *2* (1976).

Wittke, W., Pilrau, B., Plischke, B.: Erfahrungen mit Zementpasten bei Injektionsarbeiten in klüftigem Fels. Veröffentlichung des Instituts für Grundbau, Bodenmechanik, Felsmechanik und Verkehrswasserbau der RWTH Aachen, Heft *7* (1978).

Anschriften der Verfasser: Dr.-Ing. *M. Donel*, Donel Consult, Büro für Angew. Grundbautechnik; Renatastraße 8, D-4300 Essen; o. Univ.-Prof. Dr. *G. Feder*, Institut für Konstruktiven Tiefbau der Montanuniversität Leoben, Franz-Josef-Straße 18, A-8700 Leoben, Österreich.